全国专业技术人员新职业培训教程 ● ● ●

云计算
工程技术人员 初级

云计算开发

人力资源社会保障部专业技术人员管理司　组织编写

U0176491

中国人事出版社

图书在版编目（CIP）数据

云计算工程技术人员.初级.云计算开发/人力资源社会保障部专业技术人员管理司组织编写. -- 北京：中国人事出版社，2022

全国专业技术人员新职业培训教程

ISBN 978-7-5129-1784-2

Ⅰ.云…　Ⅱ.①人…　Ⅲ.①计算机网络－软件工程－职业培训－教材

Ⅳ.①TP311.5

中国版本图书馆 CIP 数据核字（2022）第 121482 号

中国人事出版社出版发行

（北京市惠新东街 1 号　邮政编码：100029）

*

保定市中画美凯印刷有限公司印刷装订　　　新华书店经销

787 毫米×1092 毫米　16 开本　26.75 印张　403 千字

2022 年 10 月第 1 版　　2022 年 10 月第 1 次印刷

定价：**70.00 元**

营销中心电话：400-606-6496

出版社网址：http://www.class.com.cn

本书编委会

指导委员会

主　　任：梅　宏

副 主 任：左仁贵　战晓苏　谭建龙

委　　员：李明宇　盛　浩　顾旭峰　沈建国　曹海坤

编审委员会

总 编 审：谭志彬

副总编审：顾旭峰　龚玉涵　曹海坤　咸汝平

主　　编：宋学永

副 主 编：邹　艳　乐明于　吴海军

编写人员：杨　辰　张　兮　刘丽丽　李静远　叶俊杰　王静远　毛莺池

　　　　　张　宏

主审人员：李明宇　黄鹏强

出版说明

当今世界正经历百年未有之大变局，我国正处于实现中华民族伟大复兴关键时期。在全球经济低迷，我国加快形成以国内大循环为主体、国内国际双循环相互促进的新发展格局背景下，数字经济发挥着提振经济的重要作用。党的十九届五中全会提出，要发展战略性新兴产业，推动互联网、大数据、人工智能等同各产业深度融合，推动先进制造业集群发展，构建一批各具特色、优势互补、结构合理的战略性新兴产业增长引擎。"十四五"期间，数字经济将继续快速发展、全面发力，成为我国推动高质量发展的核心动力。

近年来，人工智能、物联网、大数据、云计算、数字化管理、智能制造、工业互联网、虚拟现实、区块链、集成电路等数字技术领域新职业不断涌现，这些新职业从业人员通过不断学习与探索，将推动科技创新、释放巨大能量，推动人们生产生活方式智能化、智慧化、数字化，推动传统产业转型升级，为经济高质量发展注入强劲活力。我国在技术、消费与应用领域具备数字经济创新领先优势，但还存在数字技术人才供给缺口较大、关键核心技术领域自主创新能力不足、数字经济与实体经济融合的深度和广度不够等问题。发展数字经济，推进数字产业化和产业数字化，推动数字经济和实体经济深度融合，急需培育壮大数字技术工程师队伍。

人力资源社会保障部会同有关行业主管部门将陆续制定颁布数字技术领域国家职业标准，坚持以职业活动为导向、以专业能力为核心，遵循人才成长规律，对从业人员的理论知识和专业能力提出综合性、引导性培养标准，为加快培育数字技术人才提供基本依据。根据《人力资源社会保障部办公厅关于加强新职业培训工作的通知》（人社厅发〔2021〕28号）要求，为提高新职业培训的针对性、有效性，进一步发挥新职业培训促进更好就业的作用，人力资源社会保障部专业技术人员管理司组织相关领域的专家学者编写了全国专业技术人员新职业培训教程，供相关领域开展新职业培训使用。

本系列教程依据相应国家职业标准和培训大纲编写，划分初级、中级、高级三个等级，有的职业划分若干职业方向。教程紧贴数字技术人员职业活动特点，定位于全国平均水平，且是相关数字技术人员经过继续教育或岗位实践能够达到的水平，突出该职业领域的核心理论知识、主流技术及未来发展要求，为教学活动和培训考核提供规范和引导，将帮助广大有意或正在从事数字技术职业人员改善知识结构、掌握数字技术、提升创新能力。

希望本系列教程的出版，能够在加强数字技术人才队伍建设、推动数字经济快速发展中发挥支持作用。

目　录 ●●●

第四篇　云安全管理

第一篇
云计算平台开发

本篇主要阐述云计算平台 OpenStack 的开发，第一章从云计算平台 OpenStack 的介绍开始，并以用户角度体验使用 OpenStack 云平台，使用户对 OpenStack 云平台的主要功能产生感性认识。第二章、第三章、第四章完整地实现了一个 OpenStack 云平台计费案例，其中，第二章是需求分析和开发环境搭建，第三章实现计费案例的客户端 UI 显示，第四章实现客户端 UI 对应的服务端功能逻辑。

本篇需具备 Python 语言基础、数据库 SQL 基础、HTML 基础、CSS 基础、JavaScript 基础，以及 Linux 操作系统的基本使用等知识。

通过本篇的学习，可以了解 OpenStack 云平台的核心功能以及常用组件之间的关系，掌握 OpenStack 云平台开发用到的通用技术，掌握 Horizon 组件的定制开发方法，掌握 Nova、Ceilometer、Gnocchi、CloudKitty 等组件的工作流程及其 API 接口调用。

第一章　认识 OpenStack 云计算平台

　　虚拟化技术发展至今已有 50 余年，云计算概念的提出已有 20 余年，而 OpenStack 云平台问世也已 10 年有余。国内云计算的发展大约是从 2011 年开始，国内比较有代表性的公有云厂商有阿里云、腾讯云、华为云等，云计算在国内经过这 10 多年的快速发展，发生了巨大变化。云计算按需付费的特征能让用户像日常使用水电一样，方便地使用 IT 基础设施服务。

　　云计算中的"云"可以被简单地理解为任何可以通过互联网访问的服务，云计算平台提供 IaaS（Infrastructure as a Service，基础设施即服务）服务，即通过互联网向用户提供"基础的计算资源"，包括技术能力、存储空间、网络等。基于 IaaS 服务，用户可从云计算平台中申请到硬件或虚拟硬件，包括裸机（Bare Metal）或虚拟机，然后在上面安装操作系统或其他应用程序。

　　提供 IaaS 服务的云计算平台要解决的问题就是如何自动管理物理主机上虚拟出来的云主机，包括虚拟机的创建、迁移、关闭，虚拟存储的创建和维护，虚拟网络的管理，还包括监控计费、负载均衡、高可用性、安全等。在单独一台物理主机上，可以通过简单的命令和操作完成。但是在大规模网络上或数据中心里，拥有成千上万台物理服务器，仅仅依靠云服务厂商的员工来完成这些管理任务是不现实的，这时就需要软件系统来自动辅助运维人员管理和维护系统的运行，给客户提供虚拟机服务。以上需求是 IaaS 系统产生的初衷，也是 OpenStack 云平台要实现的基本功能。

　　OpenStack 诞生于 2010 年 7 月，第一版仅有 Swift 和 Nova 这两个项目，分别来自

Rackspace 云文件平台和 NASA Nebula 平台，目的是为云计算提供对象存储和计算平台。

经过多年的发展，现在的 OpenStack 有 6 个核心组件，分别是 Nova（计算组件）、Swift（对象存储组件）、Keystone（认证组件）、Cinder（块存储组件）、Neutron（网络组件）和 Glance（镜像组件）。在这 6 个核心组件之外，Horizon（用户界面组件）也是非常重要的一个组件。每个组件都是多个服务的集合，一个服务表示运行中的一个进程，OpenStack 的部署支持单机服务器部署和多台服务器集群部署。

● **职业功能**：云计算平台开发。

● **工作内容**：搭建 OpenStack 平台开发环境。

● **专业能力要求**：能使用 OpenStack 平台创建虚拟机；能配置虚拟网络。

● **相关知识要求**：掌握 OpenStack 的核心组件；掌握 OpenStack 中虚拟机的创建过程。

第一节　OpenStack 组件简介

考核知识点及能力要求：

• 掌握 OpenStack 的核心组件及其功能。

• 能够根据功能描述判断归属组件。

一、 Keystone 认证组件

Keystone 认证组件是 OpenStack 中负责管理身份验证、服务规则和服务令牌功能的模块组件。早期的 OpenStack 版本中，并没有 Keystone 安全认证模块。用户、消息、API 调用的认证，都是放在 Nova 模块中。在后来的开发中，由于各式各样的模块加入 OpenStack 中，安全认证所涉及的面也变得更加广泛，如用户登录、用户消息传递、模块消息通信、服务注册等。处理这些不同的安全认证变得越来越复杂，于是需要一个模块来处理这些不同的安全认证，Keystone 也就应运而生。

无论是私有云还是公有云，都会开放接口给众多的用户。Keystone 在对用户进行认证的同时，也对用户的权限进行了限制。用户访问资源需要验证用户的身份与权限，服务执行操作也需要进行权限检查，这些都是通过 Keystone 来处理的。Keystone 类似于一个服务总线，或者说是 OpenStack 的注册表，其他服务都通过 Keystone 来注册其服务的端点，任何服务之间的调用也需要经过 Keystone 的身份验证，并获得目标服务的端点，从而找到目标服务。

二、 Glance 镜像组件

Glance 镜像组件为 OpenStack 提供虚拟机的镜像服务，但是 Glance 并不负责实际的存储，只是完成一些镜像管理的工作，如提供虚拟镜像的查询、注册和传输等服务，因此它的功能比较单一。一个 OpenStack 云计算平台，可能需要运行成千上万台不同类型的虚拟机，需要有一个 OpenStack 服务专门管理虚拟机的镜像，而 Glance 便应运而生了。

在 OpenStack 中，镜像用于在计算节点生成虚拟机，脱离了镜像服务，就无法创建虚拟机。所以，Glance 是 OpenStack 的一个核心服务。

三、 Nova 计算组件

Nova 计算组件是负责提供计算资源的组件，其主要负责云平台中虚拟机实例的生命周期管理、网络管理、存储卷管理、租户管理及其他相关管理功能。云计算的主要特点是资源（CPU、内存、磁盘）的分配使用，而完成分配使用的工具就是虚拟化技术。Nova 模块在云计算平台管理系统中，直接与底层虚拟化软件交互，管理大量的虚拟机，以供上层服务使用。

Nova 计算组件是 OpenStack 最核心的组件，在早期的 OpenStack 版本中，核心组件就只有 Nova。Nova 的结构复杂度、代码数量和安装部署难度远远超过其他组件，因此掌握了 Nova，也就是抓住了 OpenStack 的核心。

四、 Neutron 网络组件

Neutron 网络组件提供虚拟网络服务，即为 OpenStack 中的虚拟机提供网络访问服务组件。OpenStack 所在的整个物理网络在 Neutron 中被泛化为网络资源池，通过对物理网络资源进行灵活的划分与管理，Neutron 能够为同一物理网络上的每个租户提供独立的虚拟网络环境。

虚拟机的网络功能由虚拟网卡（vNIC，Virtual Network Interface Card）提供，同时虚拟机监控器（Hypervisor）程序可以为每台虚拟机创建一个或多个 vNIC。从虚拟机的角度来看，这些 vNIC 等同于物理的网卡。Neutron 为了实现与传统物理网络等同的网络结构，与网卡（NIC，Network Interface Card）一样，交换机（Switch）也被虚拟化为虚拟交换机（vSwitch），然后将各个 vNIC 连接在 vSwitch 的端口上，最后这些 vSwitch 通过物理服务器（Server）的物理网卡连接外部的物理网络。

五、　Horizon 用户界面组件

Horizon 用户界面组件通过 Dashboard（Business Intelligence Dashboard，商业智能仪表盘）提供了一个方便用户操作的图形化 Web 界面。Dashboard 为管理员和普通用户提供了一套访问和自动化管理 OpenStack 各种资源的图形化界面。它的前端是使用 Python Django 开发的，Web 服务器部署在 Apache 上。Dashboard 需要与其他组件通过 RESTful API 通信。Dashboard 具有很强的可扩展性。可以在 OpenStack 提供的官网发布版本 Horizon 的源代码基础上进行二次开发，如添加自定义模块，或修改 Horizon 中的标准模块。

本书后续章节提供的开发案例，就是通过修改 Dashboard 集成一个计费功能，计费功能是公有云服务最基本的服务之一，OpenStack 作为开源平台，计费功能非常简单。本篇参考公有云的虚拟机购买过程及费用中心功能，开发 OpenStack 的计费服务功能。

六、　Cinder 块存储组件

Cinder 块存储组件为虚拟机提供持久化的块存储能力，用于管理卷以及与 OpenStack 计算服务相互通信，为虚拟机提供存储卷（Volume）的创建、挂载、卸载、快照等功能。

一般情况下，Cinder 块存储组件 API 和调度器服务运行在控制节点上，Cinder 提供了从创建卷到删除卷整个生命周期的管理，挂载在主机上的每一个卷都是一块独立的硬盘。

七、　Swift 对象存储组件

Swift 是 OpenStack 中的对象存储组件，创建虚拟机所使用的镜像可以存储在 Swift

之中。Nova 计算组件实现了 OpenStack 虚拟机调度，并利用主机的本地存储为虚拟机提供"临时存储"。但是，如果虚拟机被删除了，则挂载在这个虚拟机上的所有临时存储都将自动释放。Swift 对象存储组件和 Cinder 块存储组件提供了让虚拟机持久化存储的方案。

Swift 和 Cinder 都是基于 SAN（Storage Area Network，存储区域网络）、NAS（Network Attached Storage，网络附加存储）等不同类型的存储设备来实现的。

Swift 既然是对象存储，它所存储的逻辑单元就是对象（Object），而不是一般概念中的文件。在一个传统的文件系统实现里，文件通常都由两部分组成，分别是文件本身的内容以及与其相关的元数据（Metadata），而 Swift 中的对象包含内容与元数据两部分的内容。

Swift 组件作为一个单独的 OpenStack 中的核心项目，也可以给客户提供单独的存储服务，类似国内的百度网盘、国外的 Dropbox 等服务。

八、 Ceilometer 计量组件

Ceilometer 计量组件能把 OpenStack 内部发生的事件都收集起来，为计费和监控以及其他服务提供数据支撑。Ceilometer 通过计算节点部署的 Compute 服务，轮询其计算节点上的虚拟机实例，获取实例 CPU、网络、磁盘等使用量信息，发送到消息服务器 RabbitMQ，Collector 服务负责接收信息并发送到 Gnocchi 服务进行持久化存储，Gnocchi 服务的存储使用了时序数据库 InfluxDB。此外，从 Ceilometer 中分离出来的一个组件 Aodh 服务，提供告警（Alarm）功能。

Ceilometer 收集数据有两种方式：

1. 主动获取

Ceilometer 启动定时器，定时调用不同的 Pollster 插件提供的 GetSample（）方法，进而调用各个组件服务接口去查询。根据获取指标的不同启用不同的服务，例如，计算节点上启动 agent-compute 服务，收集计算相关监控项指标；在控制节点上启动 agent-central 服务，收集其他监控项指标。

2. 被动获取

监听消息队列，获取各个服务发送的消息。

九、 CloudKitty 计费管理组件

CloudKitty 计费管理组件基于 Ceilometer 等组件收集资源使用数据，配合 CloudKitty 中定义的资源价格，来提供计费服务。在公有云中，计费是非常重要的一个环节。

本书后续章节将使用 CloudKitty 实现计费案例。

第二节　OpenStack 使用体验

考核知识点及能力要求：
- 了解 VMware 虚拟网络的配置步骤。
- 了解 OpenStack 创建虚拟机的过程。
- 能够熟练使用 OpenStack Dashboard。

一、安装 VMware

为了快速体验 OpenStack 云平台，这里将已经安装好的 OpenStack 打包成 VMware 虚拟机镜像，通过 VMWare 虚拟机来体验 OpenStack 云计算平台。在使用 OpenStack 虚拟机镜像之前，请先安装 VMware Workstation Pro。

二、编辑虚拟网络

VMware Workstation Pro 安装完成后，在 VMware 菜单的"编辑→虚拟网络编辑器"

中，打开"虚拟网络编辑器"窗口，选中"VMnet8"，并单击右下角"更改设置"按钮，然后呈现如图 1-1 所示的界面。

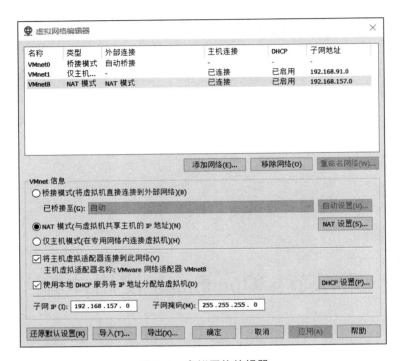

图 1-1　虚拟网络编辑器

修改 VMnet8 的子网 IP 为"192.168.157.0"，子网掩码为"255.255.255.0"，再单击"确定"按钮。

三、打开虚拟机镜像

OpenStack 的 VMware 虚拟机镜像下载到本地后，在 VMware 菜单的"文件→打开"选项卡中，找到 DevStackUnuntu. vmx 并选中打开，等待 VMware 恢复快照。登录虚拟机后，打开虚拟机中 Ubuntu 操作系统自带的 Firefox 浏览器，访问"192.168.157.128/dashboard/"网址，在登录页面中输入用户名"admin"，密码"admin"，登录后的界面如图 1-2 所示。

注意：以上通过虚拟机中 Ubuntu 系统自带浏览器访问 OpenStack Dashboard 的方式，也可以在 VMware 宿主机的浏览器中进行访问。

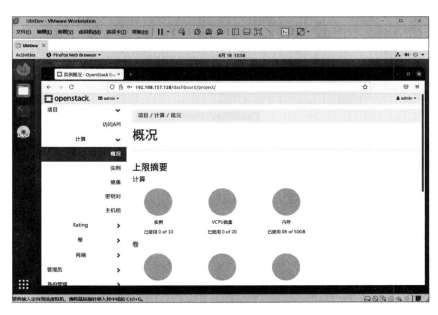

图 1-2　OpenStack Dashboard 主页

在 Dashboard 页面中，可以看到第一节中讲述的 OpenStack 的各个组件所对应的操作界面。例如，"计算"和"实例"对应 Nova 组件，"镜像"对应 Glance 和 Swift 组件，"卷"对应 Cinder 组件，"网络"对应 Neutron 组件，"身份管理"对应 Keystone 组件。

四、创建虚拟机实例

接下来将在 Dashboard 中创建一个计算实例，体验一下 OpenStack 平台。使用公有云的虚拟机，同时熟悉以下流程。

在 Dashboard 页面中单击"实例"，然后在页面右侧单击"创建实例"按钮，按照 Dashboard 的提示，在"详情"中的"实例名称"填上"MyFirstVM"；"源"中"创建新卷"选择"否"；镜像选择系统自带的"cirros-0.5.2-x86_64-disk"镜像，cirros 镜像是一个 Linux 操作系统镜像，特点是体积非常小，不包含用户界面，只有命令行模式，通过该镜像可以快速体验 OpenStack 主机实例的创建，如图 1-3 所示。

"实例类型"中选择一个虚拟机配置"m1.tiny"类型，"网络"中选择"shared"。

最后，单击页面右下角的"创建实例"按钮。稍等片刻，OpenStack 将会按照配

图 1-3　镜像源选择页面

置的需求，创建一个虚拟机实例，即名称为"MyFirstVM"的虚拟机，如图 1-4 所示。

图 1-4　实例列表页面

　　单击"MyFirstVM"，即可查看虚拟机实例详情，单击"控制台"标签，就可以看到 CirrOS 操作系统的命令行页面。在命令行页面中输入用户名"cirros"和密码"gocubsgo"进行登录，进入系统后，可以像其他 Linux 操作系统一样进行操作，如图 1-5 所示。

　　至此，完成了 OpenStack 的核心功能体验，即创建虚拟机实例的操作。

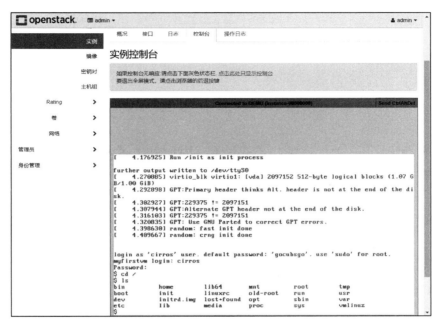

图 1-5 CirrOS 实例控制台页面

思考题

1. OpenStack 的各个组件可以部署在不同的物理机上吗？

2. OpenStack 的版本更新和维护由哪个组织或者公司在做？

3. OpenStack 中的用户与公有云的用户有什么区别？

4. Dashboard 的展示页面可以二次开发吗？

5. 参考公有云，OpenStack 的计费指标应该有哪些？

第二章　云平台计费服务开发准备

本章主要内容为计费服务的需求分析、架构设计、技术选型以及开发环境搭建。OpenStack 经过十多年的发展，功能已经完善并基本稳定。市场上对 OpenStack 核心组件的开发优化，主要集中于提供云服务公有云或私有云的开发公司。对 OpenStack 的二次开发需求，主要体现在客户端界面定制、业务扩展、安全监控及计费管理等。

OpenStack 主要由 Python 语言开发，其中 Dashboard 网页客户端是基于 Python Django 框架实现。本章将讲解计费需求完成开发准备搭建。

●**职业功能**：云计算平台开发。

●**工作内容**：平台需求分析，开发环境搭建。

●**专业能力要求**：能根据设计选用合适的技术框架，能使用 DevStack 安装 OpenStack 开发环境。

●**相关知识要求**：掌握 DevStack 的使用方法，掌握 CloudKitty 的配置方法。

第一节　需求分析

考核知识点及能力要求：

- 了解项目需求的分析方法。
- 了解项目需求与技术框架的选用方法。

一、需求描述

云计算平台的计费是基于预定义的计费策略，结合资源使用数据生成账单的过程。

在实际的计费管理中，首先要根据各类服务的成本、供需关系等因素制定计费策略，策略还包括某些情况下的折扣率；其次要收集计费收据，如使用的硬件资源、网络服务等来计算服务费用，以此基础上计算资费生成账单订单；最终支付方式的选择则比较灵活，对公有云来说，在线支付最方便。

云计算平台的直接费用就是服务器、网络、存储等资源性设备的采购成本和使用损耗；云计算平台的间接费用有供电系统、冷却系统的采购费用和水电费用等，还有开发和运维人员的人力成本以及企业的管理成本。

目前常规的计费方法是针对客户的使用，制定一套通用的模板，将间接费用折算进直接费用中。模板内设定的计费选项和计费方式一般需要云计算服务商和运营商多维度预设置，也可根据客户需求定制专有服务计费模板，甚至可根据实时业务的使用变化，自动化地实现计费策略的对应变化，以提高云计算服务费用计算的灵活性和可扩展性。

由于计费相关的商业行为多变，可从多种维度划分计费方式和策略，见表 2-1。

表 2-1　　　　　　　　　　　　　计费维度

计费维度	计费类型
付费方式	预付费、后付费
时间	按年、月、日、时、分、秒
资源用量	CPU 核心数、磁盘大小、网络带宽
其他	特殊或定制属性

本项目的用户需求定义如下：

• 在创建虚拟机的过程中，根据配置显示虚拟机的价格。

• 根据虚拟机硬盘大小、网络吞吐量、使用时长来实时计费。

二、产品设计

OpenStack 作为开源的云计算平台，很多云计算企业选择其作为私有云平台。云计算平台一个明显的特征就是"按需使用，按量付费"，但是基于 OpenStack 的云平台，在计费方面还是比较欠缺的，CloudKitty 计费项目功能比较简单，处于开发完善阶段。

本案例参考公有云的主机申请的计费页面，基于 OpenStack CloudKitty 服务实现计费的部分功能，在 OpenStack Dashboard 的源码上开发计费效果。基于用户需求描述，产品的功能清单见表 2-2。

表 2-2　　　　　　　　　　　　　产品的功能清单

需求	页面	功能
虚拟机购买	基础配置页面	"可用域"选择
		"计费模式"选择
		"规格"选择
		"镜像"选择
		"系统盘"大小输入
		"创建新卷"选择
		"购买量"输入
		"配置费用"展示
		"下一步"按钮展示

续表

需求	页面	功能
虚拟机购买	网络配置页面	"网络"选择
		"购买量"输入
		"配置费用"展示
		"下一步"按钮展示
	高级配置页面	"云服务器名称"输入
		"用户名"展示
		"密码"和"确认密码"输入
		"安全组"选择
		"从文件中加载配置化脚本"指定
		"定制化脚本"输入
		"磁盘分区"选择
		"驱动配置"选择
		"密钥对"选择
		"购买量"输入
		"配置费用"展示
		"下一步"按钮展示
	确认配置页面	"基础配置"展示
		"网络配置"展示
		"高级配置"展示
		"购买量"输入
		"配置费用"展示
		"立即购买"按钮展示
费用中心	费用账单页面	"产品类型"列表展示
		"项目"列表展示
		"时间"列表展示
		"应付金额"列表展示
		"上一页"按钮展示
		"下一页"按钮展示
		"页码"按钮展示
		"总页"展示
计费配置	HashMap 页面	复用 CloudKitty 页面定义价格

依据表 2-2 的功能清单，产品的界面部分效果如图 2-1、图 2-2 所示。

图 2-1　购买页面

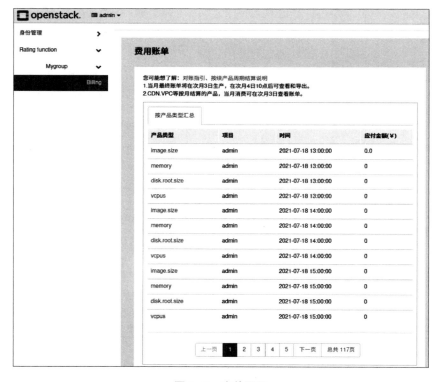

图 2-2　账单页面

第二节　架构设计

考核知识点及能力要求：

• 能够理解 CloudKitty 组件的架构。

• 能够根据设计选用合适的技术框架。

一、架构分析

在公有云中，云资源的财务记账实现需要以下三个步骤。

第一步：计量（Metering），即收集资源的使用数据，包括使用对象、使用者、使用时间、使用量等。

第二步：计费（Rating），即第一步计量阶段所得的资源使用数据，按照商务规则转化为可计费项目并计算费用。

第三步：记账（Billing），即结账开票，根据第二步所得的资源使用费用，进行财务核算，并和国家税务系统对接。

在 OpenStack 所有组件中，Ceilometer 负责收集虚拟机等资源的详细使用数据，充当计量的角色。CloudKitty 从 Ceilometer 端获取计量数据，根据计费规则对使用数据进行计费，为最终的记账提供数据支撑。

本项目分为计量与计费两个步骤。CloudKitty 在整个流程中充当的是计费的角色，所以要完成本项目，就需要掌握 CloudKitty 的架构和功能，了解 OpenStack 的架构，另外还需要掌握 Dashboard 的结构。

CloudKitty 的架构如图 2-3 所示。

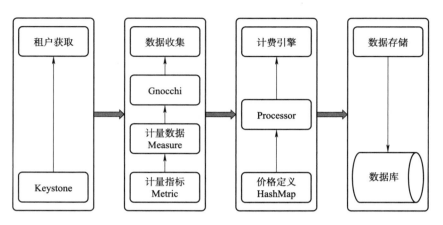

图 2-3　CloudKitty 的架构

CloudKitty 的功能主要包括四个部分：租户获取（Tenant Fetcher）、数据收集（Collector）、计费引擎（Rating Processing）、数据存储（Storage）。

• 租户获取：Tenant Fetcher 是用来获取合法的计费服务对象，即 CloudKitty 要知道需要对谁的资源进行计费。Keystone 是默认的获取计费租户的方式，同时支持 V2 和 V3 版本。具体逻辑是检查 CloudKitty 用户是否在某个 Tenant（租户）内并拥有 Rating 角色。所以，使用 CloudKitty 时，计费的租户需要执行命令 "openstack role add --user cloudkitty --project demo rating"，将 CloudKitty 用户加入名为 "Demo" 的项目中并赋予 Rating 角色。

• 数据收集：负责收集虚拟机等资源的原始使用信息，并转化为 CloudKitty 能够识别的数据格式。Collector 采用插件式设计，可以根据不同的计量组件装载不同的 Collector。

• 计费引擎：CloudKitty 的核心组件，对外提供设定价格的 API 接口，对内负责计算所有虚拟机等资源的使用费用。从 Collector 获取原始的使用记录，然后根据事先设定好的价格及计价策略对这些记录进行费用的计算。最后该模块处理好的计费信息会传递给数据存储和 Report Writer。同样该模块采用插件式设计，具有良好的可扩展性。现在社区实现了一个名为 "HashMap" 的计费模块。

• 数据存储：负责把计费引擎处理好的计费信息持久化存储到后端数据库。由于在设计时引入了 ORM 框架 SQLAlchemy，所以支持多种类型的数据库。另外查询计费信息和创建报表的 API 也封装在该模块中。

CloudKitty 从 Ceilomter 获取资源的使用记录，根据 admin 用户预先设定的计费策略生成计费记录，用户就可以通过 CLI 或 GUI 查询到计费信息。

OpenStack 的架构如图 2-4 所示。

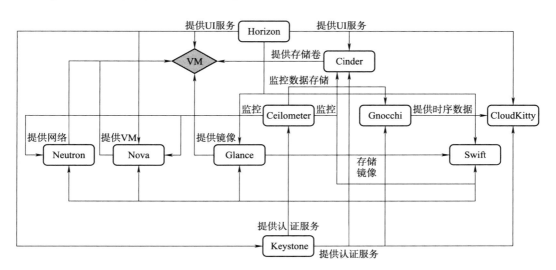

图 2-4　OpenStack 的架构

在 OpenStack 的架构中，关于本项目只需要关注 Horizon、Ceilometer、Gnocchi、CloudKitty 组件的位置，其中，Ceilometer 负责采集计量数据并加工预处理；Gnocchi 主要用来存储时序计量数据和提供资源索引。

最后，Dashboard 页面的结构如图 2-5 所示。

一个 Dashboard（在 Django 里被称为 app）通常由四个组件组成，分别为 panel、tab（可选）、table 和 view。其中，panel、tab 和 table 用于导航，而真正展示数据的在 table/view 里面。四个组件之间的关系是 panel 包含 tab，tab 包含 table，view 包含 table 或者 tab。

二、技术选型

依据需求分析和架构分析，该项目的最终目标是在 OpenStack 及 CloudKitty 的基础上进行二次开发来满足用户需求。OpenStack 主要由 Python 语言开发，其中 Dashboard

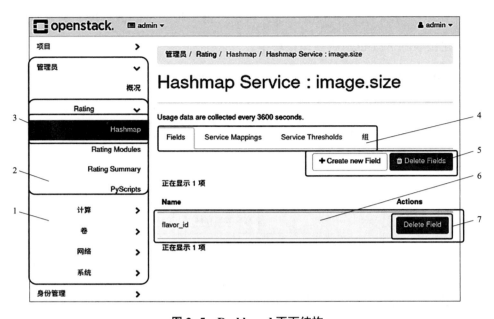

图 2-5　Dashboard 页面结构

1—Dashboard　2—panel group　3—panel　4—tab　5—table actions
6—table　7—row actions

网页客户端是基于 Django 框架实现的。所以，本项目的开发语言选择 Python，前端页面实现用 ElementUI 框架，Web 端用 Django 框架，开发环境使用 DevStack 部署 All In One 的 OpenStack。

第三节　开发环境搭建

考核知识点及能力要求：

• 掌握使用 DevStack 安装 OpenStack 的方法。

- 掌握 CloudKitty 的基本配置方法。
- 能够使用 DevStack 搭建 All In One 的 OpenStack 开发环境。
- 能够配置和启用 CloudKitty 的计费功能。

基于 OpenStack 的二次开发，官方推荐使用 DevStack 来部署 OpenStack 的开发环境。DevStack 是一系列脚本的集合，会自动下载配置文件中指定的 OpenStack 各个组件的源码和对应的 Python 依赖库，可以快速搭建一个 OpenStack 环境，官网地址为"https://docs.openstack.org/devstack/latest/"，推荐安装计算机硬件配置需求如下：

- 英特尔 i7 及以上多核处理器，支持虚拟化。
- 内存 16 GB 及以上。
- 可用硬盘空间 200 GB 及以上。

以下开始按照 DevStack 官方手册安装 OpenStack，采用 VMware Workstations Pro 创建的虚拟机进行 DevStack 安装 OpenStack。

一、 DevStack 安装 OpenStack

在 VMware 中安装 Linux 操作系统，此处使用官方推荐安装的操作系统 Ubuntu 20.04。

Ubuntu 操作系统在 VMware 里面安装好之后，在 Ubuntu 终端执行以下命令创建一个名为"stack"的新用户：

```
$ sudo useradd -s /bin/bash -d /opt/stack -m stack
```

在安装 OpenStack 的过程中，stack 用户需要对操作系统做修改，执行以下命令赋予 stack 用户 sudo 权限，并切换到 stack 用户：

```
$ echo "stack ALL=(ALL) NOPASSWD: ALL" | sudo tee /etc/sudoers.d/stack
$ sudo su - stack
```

安装 Git 源码版本控制工具：

```
$ sudo apt install git
```

使用 Git 下载 DevStack，并进入 devstack 目录中将源码分支切换到稳定的 wallaby 分支：

```
$ git clone https://opendev. org/openstack/devstack
$ cddevstack
$ git checkout -b wallaby origin/stable/wallaby
```

若想使用最新的 DevStack 版本，可以不用执行"git checkout"命令。

创建"local. conf"配置文件：

```
$ vi local. conf
```

输入以下内容：

```
[[local |localrc]]
DOWNLOAD_DEFAULT_IMAGES = False
IMAGE_URLS = "http://download. cirros-cloud. net/0. 5. 2/cirros-0. 5. 2-x86_64-disk. img"
ADMIN_PASSWORD = admin
DATABASE_PASSWORD = $ ADMIN_PASSWORD
RABBIT_PASSWORD = $ ADMIN_PASSWORD
SERVICE_PASSWORD = $ ADMIN_PASSWORD
HOST_IP = xxx. xxx. xxx. xxx
# ceilometer
enable_plugin ceilometer https://opendev. org/openstack/ceilometer. git stable/wallaby
CEILOMETER_BACKEND = gnocchi
enable_plugin aodh https://opendev. org/openstack/aodh stable/wallaby
# cloudkitty
enable_plugin cloudkitty https://opendev. org/openstack/cloudkitty. git stable/wallaby
enable_service ck-api,ck-proc
```

以上配置文件中指定了管理员密码、数据库密码等。考虑会用到 CloudKitty 的计费功能，配置文件中需指定 Ceilometer、Aodh 和 CloudKitty 组件的源码地址及 wallaby 分支；Nova、Swift、Keystone、Cinder、Glance、Neutron 六大核心组件和 Horizon 组件，默认安装，无须配置。若想使用最新的源码，可以删除以上配置文件中的三个"stable/wallaby"后缀。

HOST_ IP 的值修改为虚拟机操作系统的 IP 地址，在 OpenStack 安装完成后，使用该 IP 作为 Host 来访问 Dashboard 页面以及其他 RESTful 接口。

执行安装脚本：

```
$ ./stack.sh
```

在良好的网络情况下，OpenStack 30 分钟左右就会自动安装完毕。若中途出现错误，执行 unstack.sh 脚本卸载和停止已安装的服务，再次执行 stack.sh 脚本继续安装。在安装过程中，noVNC 源码、Gnocchi 源码、etcd 数据库、cirros 系统镜像下载因网络问题可能会超时，按照报错信息中的源地址，手动下载并复制到报错信息中的对应路径下，执行 unstack.sh 后再继续执行 stack.sh 安装脚本即可。

若多次出现 pip 包下载或者"git clone"超时，可以将 pip 和 Git 的全局 timeout 时间设置为 600 秒以上，使用方法如下。

设置 pip 超时时间为 6 000 秒。创建"~/.pip/pip.conf"文件，添加以下内容：

```
[global]
timeout = 6000
```

设置 Git 超时时间为 600 秒。在终端执行以下命令：

```
git config --global http.lowSpeedLimit 1000
git config --global http.lowSpeedTime 600
```

如果网速原因或其他原因导致安装困难，可以使用已经安装好的镜像进行学习。

OpenStack 和 CloudKitty 安装完成后，在浏览器中打开 Dashboard，就可以配置 CloudKitty 的计费信息。

二、 CloudKitty 配置

第一步：使用 admin 用户登录 Dashboard 后，将 Rating Modules 中的 HashMap 设置为 enabled 状态，如图 2-6 所示。

第二步：在 Hashmap 页面中，单击"Create new Service"创建 image.size 服务。

第三步：单击"image.size"服务，再单击"Service Mapping"中的"Create new Mapping"按钮，创建"Type"为"Flat"，"Cost"为"0.001"的 Mapping。创建后如图 2-7 所示。

第四步：按照第二步和第三步的步骤创建"ip.floating""network.incoming.bytes"

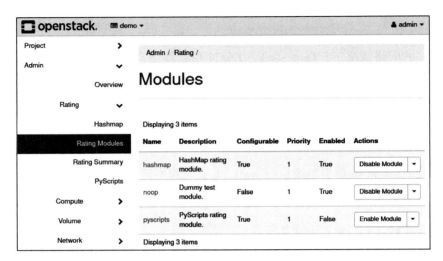

图 2-6　Rating Modules 状态设置

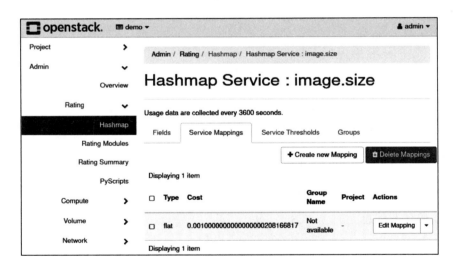

图 2-7　image 按照 size 定义价格

"network. outgoing. bytes" "volume. size" 等服务，各服务 Mapping 对应的价格参考见表 2-3。

表 2-3　　　　　　　　　　　　　　　　　　价格参考

服务	价格/元
ip. floating	0. 1
network. incoming. bytes	0. 000 6
network. outgoing. bytes	0. 000 8
volume. size	0. 001

第五步：创建"instance"服务并在"Fields"中单击"Create new Field"按钮，按照"flavor_id"指定各个配置虚拟机的价格。以 CPU 核心数量和内存大小作为衡量虚拟机价格的依据，具体情况见表 2-4。

表 2-4　　　　　　　　　　　　Flavor 价格参考

CPU 及内存	价格/元
1 核 2 G	0. 18
2 核 4 G	0. 37
4 核 8 G	0. 74
8 核 16 G	1. 48

其他配置的价格参考以上配置可自行定义。"flavor_id"可以在 Dashboard 的 Admin 下面的 Flavors 页面查看。定义完成的虚拟机价格如图 2-8 所示。

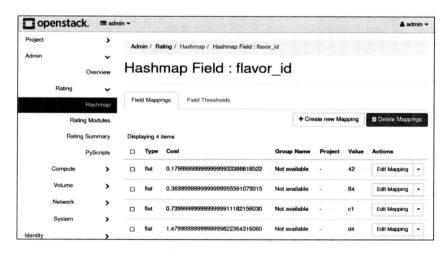

图 2-8　按照 flavor_id 定义虚拟机价格

第六步：在终端执行以下命令启动计费。

```
$ cloudkitty-processor --config-file /etc/cloudkitty/cloudkitty. conf
```

该命令执行后不要关闭终端窗口，每隔 1 小时 CloudKitty 会自动统计资源使用量并计费 1 次。

第七步：登录 Demo 租户，并新建虚拟机。等待一个计费周期（默认 1 小时）后，在 Dashboard 中查看，会出现计费统计信息，如图 2-9 所示，至此 CloudKitty 配置完成。

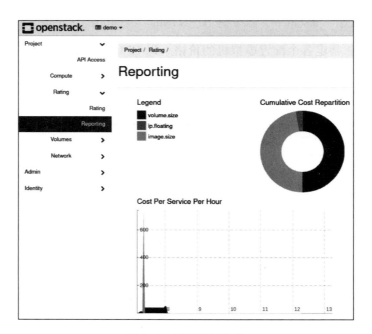

图 2-9　计费统计信息

三、 VSCode 开发工具安装

完成 OpenStack 与 CloudKitty 的安装配置后，通过编写 Python 代码实现定制计费服务，选择 VSCode 作为前端页面以及 Python 集成开发环境（IDE）。VSCode 全称 Visual Studio Code，是微软开发的跨平台免费软件开发工具，以插件的形式支持各种流行的编程语言和开发框架。VSCode 的安装非常简单，支撑 macOS、Windows 与 Linux 安装。本案例在 Ubuntu 桌面版中安装 VSCode，然后打开 Ubuntu Software 商店并搜索"VSCode"，最后单击"Install"进行安装，如图 2-10 所示。

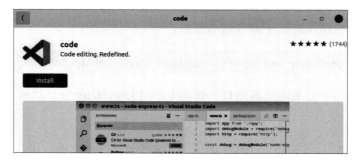

图 2-10　Ubuntu Software 商店中的 VSCode

安装完成后，打开 VSCode，搜索微软官方提供的 Python 插件并安装，同时提供了简体中文插件，可根据需求自行选择是否安装；同样，Django 框架也有插件，搜索并安装；Web 页面开发调试的插件 Live Server，也将其搜索并安装。安装插件后的 VSCode 如图 2-11 所示。

最后使用 VSCode 打开"/opt/stack/horizon"项目，如图 2-12 所示。

至此，OpenStack 开发环境搭建完成。

图 2-11　安装插件后的 VSCode

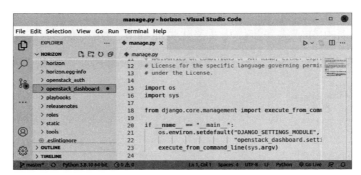

图 2-12　Horizon 项目结构

思考题

1. 在 OpenStack 中，用户和项目的关系是什么？

2. 若给 OpenStack 开发使用手机号注册用户的功能，如何设计注册逻辑？

3. DevStack 的脚本执行了哪些操作？

4. CloudKitty 对比公有云计费，还有哪些功能是缺少的？

5. 除了 VSCode 集成开发环境，前端页面开发还需要什么环境？

第三章　云平台客户端开发

本章将会按照计费需求的 UI 设计图，使用 VSCode 开发工具，利用 Flex 布局进行页面排版，充分使用 BootStrap 框架中的全局样式、组件等技术高效快速实现 UI 主体界面，使用 CSS 原生样式进一步优化及美化页面细节，引入第三方类库完善页面功能。多种 Web 前端开发技术互相结合，灵活搭配，最终取得还原虚拟机购买和费用中心页面的静态页面效果。

- ●**职业功能**：云计算平台开发。
- ●**工作内容**：云平台客户端开发，云平台前端页面开发。
- ●**专业能力要求**：能使用 Web 前端开发框架快速实现页面；能根据云计算平台接口，开发终端命令行工具；能根据云计算平台功能和接口，开发客户端管理界面。
- ●**相关知识要求**：掌握 Web 前端 Bootstrap 的全局样式及组件知识，掌握第三方类库的引用与使用方法。

第一节 实现虚拟机购买页面

考核知识点及能力要求：

• 掌握 Bootstrap 的全局样式及组件知识。

• 能够根据页面需求选择正确的样式与组件完成页面的绘制。

一、项目资源引入

在项目开发之前，需要引入项目所需资源，并创建相关文件。

（一）导入资源

根据项目需求，使用 Visual Studio Code 作为前端开发工具，新建项目文件夹"cloudclientdev"，并引入项目资源。在该项目中新建"fonts""css""html""image""js"文件夹，将资源包中的对应文件放入指定文件夹中，资源包文件目录结构如图 3-1 所示，在 Visual Studio Code 中打开"cloudclientdev"项目文件夹，项目目录结构如图 3-2 所示。

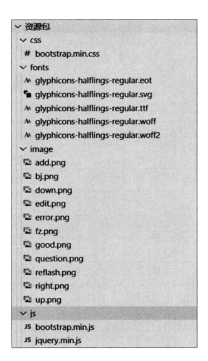

图 3-1 资源包文件目录结构

（二）新建项目所需文件

根据项目需求，新建与项目相关的 HTML 及 CSS 文件，新建项目目录结构如图 3-3 所示。新建文件内容介绍见表 3-1。

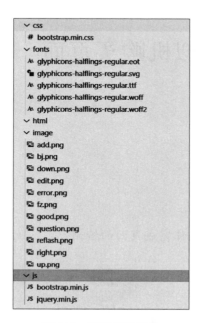

图 3-2　项目目录结构

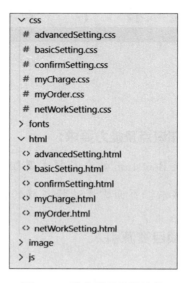

图 3-3　新建项目目录结构

表 3-1　　　　　　　　　　　　新建文件内容介绍

序号	文件名	内容介绍
1	basicSetting. html	基础配置页面 HTML 文件
2	basicSetting. css	基础配置页面 CSS 文件
3	netWorkSetting. html	网络配置页面 HTML 文件
4	netWorkSetting. css	网络配置页面 CSS 文件
5	advancedSetting. html	高级配置页面 HTML 文件
6	advancedSetting. css	高级配置页面 CSS 文件
7	confirmSetting. html	确认配置页面 HTML 文件
8	confirmSetting. css	确认配置页面 CSS 文件
9	myOrder. html	我的订单页面 HTML 文件
10	myOrder. css	我的订单页面 CSS 文件
11	myCharge. html	费用账单页面 HTML 文件
12	myCharge. css	费用账单页面 CSS 文件

二、基础配置页面开发

根据项目需求，该页面需提供计费模式、区域、可用区、CPU 架构、规格、镜像、系统盘的多项选择，最终实现效果如图 3-4 所示。由此，页面可分 3 个模块实现。第一部分为顶部导航栏，用来显示购买页面流程所处的状态的信息；第二部分为内容操作区域，提供页面相关操作；第三部分为价格展示区域，该部分内容会根据用户选择，显示实时的价格信息。

图 3-4　基础配置页面

由此，根据页面需求，在项目的 html 文件夹中打开 basicSetting. html 文件进行页面绘制，引入 basicSetting. css 和 Bootstrap 相关文件。basicSetting. html 文件内容如下：

```
<! DOCTYPE html>
<html lang = "en">
<head>
    <meta charset = "UTF-8">
    <meta http-equiv = "X-UA-Compatible" content = "IE = edge">
    <meta name = "viewport" content = "width = device-width, initial-scale = 1. 0">
    <title>Document</title>
    <link rel = "stylesheet" href = ". . /css/basicSetting. css">
    <link rel = "stylesheet" type = "text/css" href = ". . /css/bootstrap. min. css" />
```

```
</head>
<body>
    <! -- 顶部导航栏 -->
    <! -- 内容操作区域 -->
    <! -- 价格展示区域 -->
</body>
</html>
```

其中，顶部导航栏、内容操作区域、价格展示区域三部分代码在下面陆续完善。

（一）顶部导航栏

根据页面需求，绘制顶部导航栏效果。

1. HTML 页面绘制

在 basicSetting.html 文件中添加如下代码，绘制页面内容，并在内容中引用相关 CSS 样式：

```
<div class = "nav-progress">
    <span class = "active">1</span>
    <span class = "active-text">基础配置</span>
    <span class = "line"></span>
    <span class = "no-active">2</span>
    <span class = "no-active-text">网络设置</span>
    <span class = "line"></span>
    <span class = "no-active">3</span>
    <span class = "no-active-text">高级设置</span>
    <span class = "line"></span>
    <span class = "no-active">4</span>
    <span class = "no-active-text">确认设置</span>
</div>
```

2. CSS 样式使用

在 basicSetting.css 文件中，为基础配置页面的 HTML 文件页面添加 CSS 样式，美化页面效果，选择器名称须与 HTML 内容相对应。

效果内容为水平展示，父组件可使用 Flex 布局，主要命令如下：

```
. nav-progress {
    margin-left: 100px;
    display: flex;
    height: 50px;
    align-items: center;
}
```

当前页面选中效果为整体蓝色调，主要命令如下：

```
. nav-progress span. active {
    width: 20px;
    height: 20px;
    color: white;
    background-color: blue;
    border-radius: 50% ;
    text-align: center;
    line-height: 20px;
}
. nav-progress span. active-text {
    margin: 10px;
    color: blue;
    font-size: 14px;
}
```

未选中效果为整体灰色调，主要命令如下：

```
. nav-progress span. line {
    background-color: #acacac;
    width: 100px;
    height: 2px;
}
```

（二）内容操作区域

根据页面需求，绘制内容操作区域效果。

1. HTML 页面绘制

在 basicSetting. html 文件中添加代码，绘制页面内容，并在内容中引用相关 CSS 样式。

按钮组模块内容，主要命令如下：

```
<div class = "billing-module">
    <div class = "module-title">计费模式</div>
    <div class = "module-select">
        <p class = "active">包年/包月</p>
        <p class = "p-child">按需计费</p>
    </div>
</div>
```

下拉框内容，主要命令如下：

```
<div class = "dropdown">
    < button  class = " btn  btn-default  dropdown-toggle "  type = " button "  id =
"dropdownMenu1"   data-toggle = "dropdown" aria-haspopup = "true" aria-expanded = "true">
最新系列
        <span class = "caret right"></span>
    </button>
    <ul class = "dropdown-menu" aria-labelledby = "dropdownMenu1">
        <li><a href = "#">全部</a></li>
        <li><a href = "#">最新系列 1</a></li>
        <li><a href = "#">最新系列 2</a></li>
        <li><a href = "#">最新系列 3</a></li>
        <li><a href = "#">最新系列 4</a></li>
    </ul>
</div>
```

帮助悬停内容，主要命令如下：

```
<div class = "question-box">
    <img src = ". . /image/question. png" alt = "">
    <div class = "question">帮助内容
    </div>
</div>
```

表格内容，主要命令如下：

```
<table class = "table">
    <thead>
```

```
        <tr>
            <th>规格名称</th>
            <th>vCPUs |内存</th>
            <th>CPU</th>
            <th>
                <div class = "fl">
                        基准 |最大带宽
                    <div class = "question-box" style = "margin-left: 10px;">
                            <img src = ".. /image/question. png" alt = "">
                        <div class = "question">
                            帮助内容
                //此处略,完整代码见项目源码包
            <th>内网收发包</th>
            <th>参考价格</th>
        </tr>
    </thead>
    <tbody >
        <tr>
            <td><input type = "radio" name = "optionsRadios"> tes1</td>
            <td>2vCPUs |1G</td>
            <td>intel 2. 6Hz</td>
            <td>4/4 Gbit/s</td>
            <td>30000</td>
            <td> $ 2222/月 </td>
//此处略,完整代码见项目源码包
```

输入框组内容，主要命令如下：

```
<div class = "module-title-other">规格名称</div>
<div class = "input-group">
        <input type = "text" class = "form-control" placeholder = "Recipient's username"
aria-describedby = "basic-addon2">
        < span  class = " input-group-addon glyphicon glyphicon-search" id = " basic-
addon2"></span>
    </div>
```

数量选择内容，设计需求为两边是可单击的按钮，中间为可自由输入的输入框，主要命令如下：

```
<div class = "input-group" style = "margin-left: 20px;">
        <span class = "input-group-btn">
                        <button class = "btn btn-default" type = "button" disabled>-</button>
        </span>
        <input type = "text" class = "form-control" placeholder = "40" style = "width: 100px; text-align: center;">
        <span class = "input-group-btn">
                <button class = "btn btn-default" type = "button">+</button>
        </span>
</div>
```

2. CSS 样式使用

为页面添加 CSS 样式，美化页面效果，选择器名称须与 HTML 内容相对应。

页面整体左右布局，使用 Flex 布局，主要命令如下：

```
. billing-box . billing-module {
    display: flex;
    margin-bottom: 20px;
}
. billing-box . billing-module . module-title {
    text-align: left;
    color: #2b2b2b;
    font-size: 14px;
    line-height: 35px;
    width: 150px;
}
```

右侧展示内容上下布局效果，使用 Flex 布局，主要命令如下：

```
. billing-module . module-content {
    display: flex;
    flex-direction: column;
}
```

按钮组效果，区分选中和未选中效果，主要命令如下：

```
. billing-box . billing-module . module-select {
    display: flex;
    align-items: center;
}
. billing-box . billing-module . module-select p {
    height: 35px;
    line-height: 35px;
    width: 150px;
    text-align: center;
    border-radius: 2px;
}
. billing-box . billing-module . module-select p. p-child {
    margin-left: 3px;
    background-color: #dfdfdf;
}
```

帮助悬停效果，鼠标悬停的时候，出现帮助内容效果，主要命令如下：

```
. question-box {
    position: relative;
}
. question-box . question {
    margin-left: 10px;
    border: 1px solid grey;
    background-color: grey;
    border-radius: 5px;
    color: white;
    min-width: 400px;
    position: absolute;
    top: 0;
    left: 25px;
    padding: 10px;
    z-index: 10000;
    display: none;
}
. question-box:hover . question {
```

```
    display: block;
}
```

（三）价格展示区域

根据页面需求，绘制价格展示区域效果。

1. HTML 页面绘制

在 basicSetting. html 文件中添加代码，绘制页面内容，并在内容中引用相关 CSS 样式，主要命令如下：

```
<div class = "container-fluid">
        <div class = "total-box">
            <div class = "total-module">
                <div>购买量</div>
                <div class = "input-group" style = "margin-left: 20px;">
                </div>
                <div style = "margin:0 10px;">台</div>
                <div class = "dropdown dropup">
                </div>
                <div class = "module-content">
                </div>
                <div class = "next">
                        <a href = ". . /html/netWorkSetting. html">下一步,网络配置</a>
            //此处略,完整代码见项目源码包
```

2. CSS 样式使用

为页面添加 CSS 样式，美化页面效果，选择器名称须与 HTML 内容相对应。

整体效果水平布局，并且有内外边距效果，主要命令如下：

```
. total-box {
    border-radius: 5px;
    background-color: white;
    margin: 20px 60px 20px 60px;
    padding: 0 40px;
}
. total-box . total-module {
```

```
  display: flex;
  align-items: center;
}
```

价格显示部分为上下布局，主要命令如下：

```
. total-box . module-content {
  display: flex;
  flex-direction: column;
  justify-content: center;
  margin-left: 10px;
}
```

下一步按钮须靠右显示，使用绝对定位实现该效果，主要命令如下：

```
. total-box . next {
  position: absolute;
  right: 30px;
  color: white;
  background: #C8000B;
  padding: 10px 20px;
}
```

三、网络配置页面开发

根据项目需求，该页面需提供网络、扩展网卡、安全组、弹性公网 IP、线路、公网带宽、带宽大小的多项选择，最终实现效果如图 3-5 所示。页面头与页面尾与基础配置页面一致，部分内容稍微调整即可。

打开项目 html 文件夹下 netWorkSetting. html 及 netWorkSetting. css 文件，完善代码。

（一）顶部导航栏

根据页面需求，绘制顶部导航栏效果。

1. HTML 页面绘制

在 netWorkSetting. html 文件中添加如下代码，绘制页面内容，并在内容中引用相关 CSS 样式。

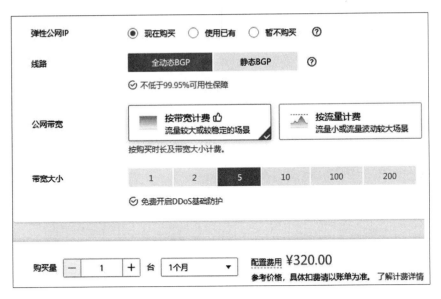

图 3-5　网络配置页面

```
<div class = "nav-progress">
        <span class = "actived">1</span>
        <span class = "active-text">基础配置</span>
        <span class = "lined"></span>
        <span class = "active">2</span>
        <span class = "active-text">网络设置</span>
        <span class = "line"></span>
        <span class = "no-active">3</span>
        <span class = "no-active-text">高级设置</span>
        <span class = "line"></span>
        <span class = "no-active">4</span>
        <span class = "no-active-text">确认设置</span>
    </div>
```

2. CSS 样式使用

在 netWorkSetting. css 文件中，为网络配置页面的 HTML 文件页面添加 CSS 样式，美化页面效果，选择器名称须与 HTML 内容相对应。

已选择过配置的样式为空心圆效果，主要命令如下：

```
. nav-progress span. actived {
    width: 20px;
    height: 20px;
    color: blue;
    background-color: white;
    border-radius: 50% ;
    border: 1px solid blue;
    text-align: center;
    line-height: 20px;
    margin-left: 10px;
}
. nav-progress span. lined {
    background-color: blue;
    width: 100px;
    height: 2px;
}
```

（二）内容操作区域

根据页面需求，绘制内容操作区域效果。

1. HTML 页面绘制

在 netWorkSetting. html 文件中添加代码，绘制页面内容，并在内容中引用相关 CSS 样式。

安全组 Tab 页内容展示，主要命令如下：

```html
<div class = "item-line">
        <span>入方向规则</span>
        <div class = "line"></div>
        <span class = "selected">出方向规则</span>
</div>
```

单选框组内容展示，主要命令如下：

```html
<div class = "item-line">
    <div class = "radio-inline">
        <label for = "buynow">
```

```
            <input type = "radio" name = "ip" id = "buynow">现在购买
        </label>
    </div>
    <div class = "radio-inline">
        <label for = "has">
            <input type = "radio" name = "ip" id = "has">使用已有
        </label>
    </div>
    <div class = "radio-inline">
        <label for = "nobuy">
            <input type = "radio" name = "ip" id = "nobuy">暂不购买
        </label>
    </div>
</div>
```

公网带宽内容展示，主要命令如下：

```
<div class = "item-line item-border isactive">
    <img class = "logo" src = ". . /image/right. png" alt = "">
    <div class = "item-kd">
        <div>
            <span>按宽带计费</span>
            <img src = ". . /image/good. png" alt = "" class = "ml10">
        </div>
        <span>流量较大或稳定的场景</span>
    </div>
    <img class = "select selected" src = ". . /image/right. png" alt = "">
</div>
```

未输入内容时，提示错误信息内容，主要命令如下：

```
<div class = "errnotice-box">
<div class = "errnotice active">
                <img src = ". . /image/error. png" alt = "">输入不能为空
        </div>
    </div>
```

2. CSS 样式使用

为页面添加 CSS 样式，美化页面效果，选择器名称须与 HTML 内容相对应。

安全组 Tab 页选中效果，主要命令如下：

```css
. item . billing-module . item-content . item-line {
    display: flex;
    align-items: center;
    text-align: center;
}
```

单选框组内容展示效果，效果为整体水平布局，主要命令如下：

```css
. item . billing-module . item-content . item-line {
    display: flex;
    align-items: center;
    text-align: center;
}
```

公网带宽内容效果，有边框，选中时右下角有图标显示。主要命令如下：

```css
. other-box . select {
    position: absolute;
    bottom: 0;
    right: 0;
    display: none;
}
. other-box . selected {
    display: block;
}
. other-box . item-border {
    padding: 10px 40px 10px 20px;
    border: 1px solid grey;
    position: relative;
}
. other-box . isactive {
    border: 1px solid blue;
}
```

未输入内容时，提示错误信息效果，主要命令如下：

```
. item . errnotice-box {
    position: relative;
}
. item . errnotice-box . errnotice {
    margin-left: 10px;
    border: 1px solid grey;
    background-color: grey;
    border-radius: 5px;
    color: white;
    min-width: 150px;
    position: absolute;
    top: 0;
    left: 200px;
    padding: 10px;
    z-index: 10000;
    display: none;
}
. item . errnotice-box . errnotice::after {
    content:"";
    width: 0px;
    height: 0px;
    border-top: 5px solid transparent;
    border-bottom: 5px solid transparent;
    border-right: 5px solid grey;
    border-left: 5px solid transparent;
    position: absolute;
    left: -10px;
    top: 30% ;
}
```

四、高级配置页面开发

根据项目需求，该页面需提供云服务器名称、登录凭证、密码、云备份、存储库容量、备份策略、云监控、云服务器组的多项选择，最终实现效果如图3-6所示。页面头与页面尾与基础配置页面一致，部分内容稍微调整即可。

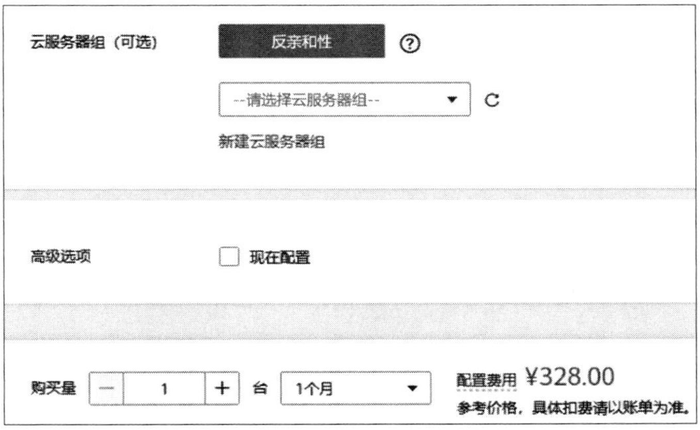

图 3-6　高级配置页面

由此，根据页面需求，在项目的 html 文件夹中打开 advancedSetting. html 文件及 advancedSetting. css 文件进行页面绘制，具体内容可以参考之前各章的内容，本节只介绍重点功能或本节第一次出现的内容效果。

根据页面需求，绘制内容操作区域效果。

1. HTML 页面绘制

在 advancedSetting. html 文件中添加代码，绘制页面内容，并在内容中引用相关 CSS 样式。

云服务器名称内容展示，主要命令如下：

```
<div class = "item-content">
    <div class = "item-line">
        <input type = "text" class = "form-control w300" placeholder = "请输入云服务器名称">
        <label for = "nobuy" style = "margin-left: 10px;">
            <input type = "checkbox" name = "ip" id = "nobuy"> 允许匿名
        </label>
    </div>
    <p class = "notice">购买多台云服务器时,名称自动按序增加 4 位数字后缀</p>
</div>
```

云监控内容展示，主要命令如下：

```
<div class = "item-content">
    <div class = "item-line">
        <label for = "nobuy">
            <input type = "checkbox" name = "ip" id = "nobuy"> 开启详细监控
        </label>
        <span class = "free ml10">免费</span>
        <div class = "question-box    ml10">
            <img src = ". . /image/question. png" alt = "">
            <div class = "question">
                问题介绍问题介绍
            </div>
        </div>
    </div>
    <div class = "item-line">
        <img src = ". . /image/right. png" alt = "">
        <span class = "notice">开启对云服务器 CPU、内存、网络、磁盘、进程等指标
的 1 分钟详细监控</span>
    </div>
</div>
```

2. CSS 样式使用

为页面添加 CSS 样式，美化页面效果，选择器名称须与 HTML 内容相对应。

云服务器名称效果，主要命令如下：

```
. item . billing-module . item-content . item-line {
    display: flex;
    align-items: center;
    text-align: center;
}
```

云监控内容效果，主要命令如下：

```
. monitoring-box . notice {
    margin-left: 10px;
    color: grey;
}
```

```
. monitoring-box . free {
    padding: 0px 5px;
    background-color: #4FD4AB;
    border-radius: 3px;
    color: white;
}
```

五、确认配置页面开发

根据项目需求，该页面需提供配置确认信息并提供购买时长、购买数量等多项选择，最终实现效果如图 3-7 所示。页面头与页面尾与基础配置页面一致，部分内容稍微调整即可。

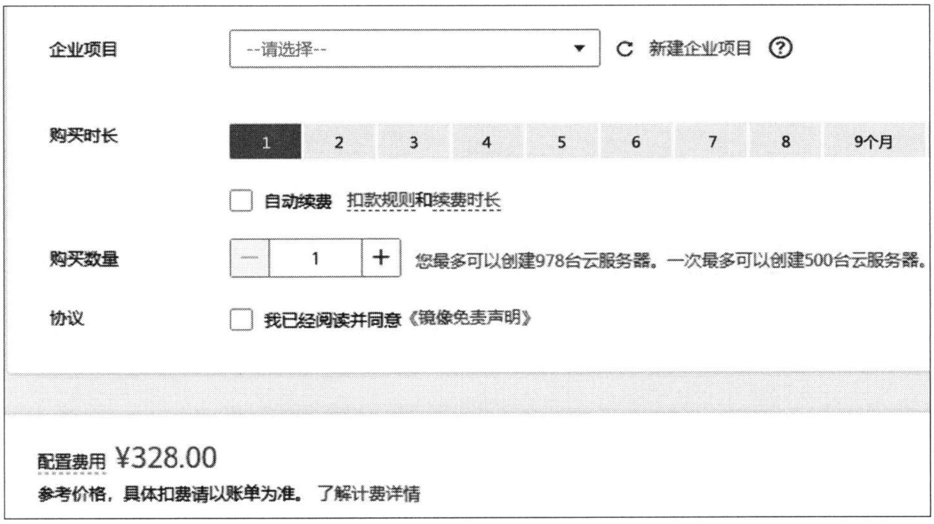

图 3-7　确认配置页面

在项目的 html 文件夹中打开 confirmSetting. html 及 confirmSetting. css 文件，完善代码。

根据页面需求，绘制内容操作区域效果。

1. HTML 页面绘制

在 confirmSetting. html 文件中添加代码，绘制页面内容，并在内容中引用相关 CSS 样式。

配置信息内容展示，主要命令如下：

```html
<div>
    <div class = "item-line">
        <span class = "item-title">网络配置</span>
        <img src = ". . /image/edit. png" alt = "" class = "ml10">
    </div>
    <div class = "item-line">
        <span class = "title">虚拟私有云</span>
        <span class = "content">vpc 公用（172. 16. 0. 0/23）</span>
        <span class = "title">安全组</span>
        <span class = "content">Sys-WebServer</span>
        <span class = "title">主网卡</span>
        <span class = "content">subnet-共用（172. 16. 0. 0/23）</span>
    </div>
    <div class = "item-line">
        <span class = "title">弹性公网 IP</span>
        <span class = "content">全动态 BGP |计费方式:按带宽计费 |带宽 5 Mbit/s</span>
    </div>
    <div class = "line"></div>
</div>
```

协议内容展示，主要命令如下：

```html
<div class = "billing-module">
                <div class = "module-title">协议</div>
                <div class = "item-line">
                    <label for = "accept">
                        <input type = "checkbox" name = "ip" id = "accept"> 我已
经阅读并同意
                    </label>
                    <span class = "free">《镜像免责说明》</span>
                </div>
            </div>
```

2. CSS 样式使用

为页面添加 CSS 样式，美化页面效果，选择器名称须与 HTML 内容相对应。

配置信息展示效果，主要命令如下：

```
. item . billing-module . item-content . item-line {
    display: flex;
    align-items: center;
    text-align: center;
    line-height: 35px;
    width: 100% ;
}
. setting-box . title {
    color: grey;
    width: 10% ;
    text-align: left;
}
. setting-box . content {
    flex: 3;
    text-align: left;
}
```

协议内容效果样式，主要命令如下：

```
. item . billing-module {
    display: flex;
    margin-bottom: 20px;
}
. item . billing-module . module-title {
    text-align: left;
    color: #2b2b2b;
    font-size: 14px;
    line-height: 35px;
    width: 150px;
    flex-shrink: 0;
}
```

第二节　实现费用中心

考核知识点及能力要求：

- 掌握 Flex 弹性布局的使用技巧。
- 掌握第三方类库的引用与使用方法。
- 能够根据页面需求选择正确的第三方类库，减少自定义样式及组件的使用。

一、我的订单页面开发

根据项目需求，该页面需展示云服务、硬件的订单列表，并提供分页和查询的功能。由此，页面可分两个模块实现，第一部分为左侧导航栏，用来显示费用中心信息；第二部分为右侧内容展示区域，提供相关订单信息展示。最终实现效果如图3-8所示。

由此，根据页面需求，在项目的html文件夹中新建 myOrder.html 及 myOrder.css 文件进行页面绘制。

图3-8　我的订单页面

（一）左侧导航栏区域

根据页面需求，绘制左侧导航栏区域效果。

1. HTML 页面绘制

在 myOrder.html 文件中添加代码，绘制页面内容，并在内容中引用相关 CSS 样式。主要命令如下：

```
<div class = "left-box">
    <div class = "module-title">费用中心</div>
    <div class = "module-value active">我的订单</div>
    <div class = "module-value">费用账单</div>
</div>
```

2. CSS 样式使用

为页面添加 CSS 样式，美化页面效果，选择器名称须与 HTML 内容相对应。主要命令如下：

```
. left-box {
    min-height: 100vh;
    width: 13% ;
    background-color: white;
    display: flex;
    flex-direction: column;
    align-items: flex-end;
}
. left-box . module-title {
    text-align: left;
    color: #2b2b2b;
    font-size: 14px;
    padding: 15px 120px 15px 0px ;
    border-bottom: 1px solid gray;
    margin-right: 30px;
}
. left-box . module-value {
    text-align: right;
    color: #2b2b2b;
    margin: 20px 10px 10px 10px;
    padding-right: 80px;
}
. left-box . active {
    border-left: 2px solid #337ab7;
    color: #337ab7;
    padding-left: 10px;
}
```

（二）右侧内容展示区域

根据页面需求，绘制右侧导航栏区域效果。

1. HTML 页面绘制

在 HTML 文件中添加代码，绘制页面内容，并在内容中引用相关 CSS 样式。

顶部导航栏内容展示，主要命令如下：

```
<ul class = "nav nav-tabs">
    <li role = "presentation" class = "active"><a href = "#">全部</a></li>
    <li role = "presentation"><a href = "#">云服务</a></li>
    <li role = "presentation"><a href = "#">硬件</a></li>
</ul>
```

列表中操作一栏内容展示，主要命令如下：

```
<td class = "bl">
    <div class = "fl" >
        <span>支付</span>
        <div class = "line"></div>
        <div class = "btn-group">
            <span    data-toggle = "dropdown" >
                更多 <span class = "caret"></span>
            </span>
            <ul class = "dropdown-menu">
                <li><a href = "#">取消</a></li>
                <li><a href = "#">删除</a></li>
            </ul>
        </div>
    </div>
    <span hidden>详情</span>
</td>
```

底部分页效果展示，主要命令如下：

```
<nav aria-label = "Page navigation">
    <ul class = "pagination">
      <li>
        <a href = "#" aria-label = "Previous">
          <span aria-hidden = "true">&laquo;</span>
        </a>
      </li>
```

```
        <li><a href="#">1</a></li><li><a href="#">2</a></li><li><a href="#">3</a>
</li><li><a href="#">4</a></li><li><a href="#">5</a></li>
        <li>
          <a href="#" aria-label="Next">
            <span aria-hidden="true">&raquo;</span>
//此处略,完整代码见项目源码包
```

2. CSS 样式使用

为页面添加 CSS 样式，美化页面效果，选择器名称须与 HTML 内容相对应。

右侧内容展示布局效果，主要命令如下：

```
. right-box {
    width: 87% ;
    background-color: #e9e9e9;}
. right-box . module-title {
    font-size: 20px;
    font-weight: 600;
    padding: 20px 30px;
}
. right-box . module-content {
    margin: 0px 30px;
    padding: 20px;
    background-color: white;
}
```

列表中操作一栏内容效果，主要命令如下：

```
. right-box . line {
    width: 1px;
    height: 10px;
    background-color: gray;
    margin: 0 5px;
}
. fl {
    display: flex;
    align-items: center;
}
```

二、费用账单页面开发

根据项目需求，该页面需展示该月的流水账单列表和消费汇总列表，并提供分页和查询的功能，最终实现效果如图 3-9 所示。

由此，根据页面需求，在项目的 html 文件夹中打开 myCharge. html 及 myCharge. css 文件进行页面绘制。

图 3-9　费用账单页面

（一）日期选择器组件使用

根据页面需求，绘制日期选择器效果并实现其选择功能。

1. 引入 CSS 样式与 JS 文件

页面中涉及时间选择器的功能，对此选择使用 bootstrap-datetimepicker 第三方组件来完成该功能。使用该组件需要引入相关的 CSS 与 JS 文件，主要命令如下：

```
    <link
href = "https://cdn. bootcss. com/bootstrap-datetimepicker/4. 17. 47/css/bootstrap-datetimepicker.
min. css"
    <script
src = "https://cdn. bootcss. com/moment. js/2. 22. 0/moment-with-locales. js"></script>
    <script
src = " https://cdn. bootcss. com/bootstrap-datetimepicker/4. 17. 47/js/bootstrap-datetimepicker.
min. js"></script>
```

2. HTML 页面绘制

根据页面需求，在 myCharge. html 文件中添加代码，绘制页面内容，并在内容中引用相关 CSS 样式。主要命令如下：

```
<div class = 'input-group date w130'id = 'datetimepicker1'>
    <input type = 'text'class = "timeInput form-control"    />
    <span class = "input-group-addon">
        <span class = "glyphicon glyphicon-calendar"></span>
    </span>
</div>
```

3. 初始化组件属性

使用 bootstrap-datetimepicker 组件时，需要对该组件进行初始化操作，设置组件默认显示时间为当前年月，并且设置组件以"月选择"为视图显示效果，添加如下 JavaScript 代码：

```
<script>
    var myDate = new Date();
    var year = myDate. getFullYear();
    let date = new Date();
    var month = date. getMonth() + 1;
    var months = year + '-'+ month;
    $ ('#datetimepicker1'). datetimepicker({
        format: 'YYYY-MM',
        locale: moment. locale('zh-cn'),
        defaultDate: months
    });
</script>
```

经过如此三步操作，时间选择功能就实现了。

（二）右侧内容展示区域

根据页面需求，绘制右侧内容展示区域效果。

1. HTML 页面绘制

在 HTML 文件中添加代码，绘制页面内容，并在内容中引用相关 CSS 样式。主要命令如下：

```
<div class = "charge-box">
    <div class = "total-money"> ￥19766. 86</div>
    <div class = "charge-status"> = </div>
    <div class = "charge-content">
        <div>现金支付</div>
        <div>￥13123</div>
    </div>
    <div class = "charge-status">+</div>
    <div class = "charge-content">
        <div>代金券抵扣</div>
        <div>￥13123</div>
    </div>
```

```
<div class = "charge-status">+</div>
<div class = "charge-content">
    <div>欠费金额</div>
    <div> ¥ 0. 00</div>
</div>
</div>
```

2. CSS 样式使用

为页面添加 CSS 样式，美化页面效果，选择器名称须与 HTML 内容相对应。主要命令如下：

```
. charge-box{
    display: flex;
    align-items: center;
    padding: 10px;
    . total-money{
        font-weight: 600;
        font-size: 20px;
    }
    . charge-status{
        padding: 10px;
    }
    . charge-content{
        display: flex;
        flex-direction: column;
        text-align: center;
        font-size: 12px;
    }
}
```

思考题

1. 在前端开发中，如何使用 Bootstrap 完成下拉框弹出效果？

2. 如何在页面中插入表格实现表格局部可滑动效果？

3. 在页面开发中，如何实现鼠标悬停出现弹框调试效果？

4. 在使用 Bootstrap 时，如何完成相关资源的导入？需要导入多少资源？

5. 在页面开发中，时间选择器功能是如何实现的？如何设置时间选择器的样式和种类？

第四章　云平台服务端开发

本章基于 Horizon 源码，开发虚拟机实例购买和云计算平台计费功能。Horizon 是基于 Python Django 框架开发的 WSGI（Web Server Gateway Interface ）程序。首先创建 Dashboard 和 panel，然后添加基础设置、网络设置、高级设置和确认设置的页面及相关的功能。用户在四个页面中选择需要购买的虚拟机参数，然后在确认设置页实现购买虚拟机。通过费用中心实现每个实例与项目的计费情况。

- ●**职业功能**：云计算平台开发。
- ●**工作内容**：云平台服务端开发，OpenStack Dashboard 功能开发。
- ●**专业能力要求**：能根据云计算平台功能，开发 RESTful 接口；能根据云计算平台管理需求，开发用户认证授权扩展功能；能根据云计算平台服务需求，开发用户自定义组件功能；能够熟练掌握 Dashboard 开发组件；能够通过 OpenStack 组件的 API 获取虚拟机实例参数。
- ●**相关知识要求**：掌握 Python 技术开发知识，掌握 Django 框架项目开发知识，掌握 HTML 及 CSS 基础知识，掌握 Query 及 JavaScript 语法知识。

第一节　创建 Dashboard 和 panel

考核知识点及能力要求：

• 掌握 Horizon 的结构。

• 能够在 Dashboard 中新增组件。

Horizon 提供了自定义功能命令会创建基本 Dashboard 结构，在 Horizon 项目根目录中运行 Horizon 提供的命令生成样板代码。

一、创建开发环境

开始创建 Dashboard 和 panel 所需要的开发环境，复制 Horizon 工程文件并命名为"horizondev"，命令如下：

```
$ pwd
/opt/stack
$ cp -r horizon horizondev
```

将 horizondev 下的"openstack_dashboard/local/local_settings.py"源码中的"WEBROOT = "/dashboard/""修改为"WEBROOT = "/""，再将"COMPRESS_OFFLINE = True"注释掉"#"。

二、创建 Dashboard

在 horizondev 文件下面创建 Dashboard 工程文件。

创建 ratingfunction 文件夹，命令如下：

```
$ mkdir openstack_dashboard/dashboards/ratingfunction
```

使用命令创建名为"ratingfunction"的 Dashboard 工程文件，命令如下：

```
$ python3 manage. py startdash ratingfunction --target openstack_dashboard/
dashboards/ratingfunction
```

三、创建 panel

在"openstack_dashboard/dashboards/ratingfunction"下创建 panel 工程文件。

创建 billing 文件夹，命令如下：

```
$ mkdir openstack_dashboard/dashboards/ratingfunction/billing
```

使用命令创建名为"billing"的 panel 工程文件，命令如下：

```
$ python3 manage. py startpanel billing
--dashboard = openstack_dashboard. dashboards.ratingfunction
--target = openstack_dashboard/dashboards/ratingfunction/billing
```

由此可知，目录 ratingfunction 会自动填充与生成的 dashboard 相关的文件，并且 billing 目录会自动填充与 dashboard 相关的文件。

使用下面这个命名可以查看目录结构：

```
$ tree openstack_dashboard/dashboards/ratingfunction/


├────── billing
│   ├────── __init__. py
│   ├────── panel. py
│   ├────── templates
│   │   └────── billing
│   │       └────── index. html
│   ├────── tests. py
│   ├────── urls. py
│   └────── views. py
├────── dashboard. py
├────── __init__. py
```

```
        ├──      __pycache__
        │    ├──      dashboard. cpython-38. pyc
        │    └──      __init__. cpython-38. pyc
        ├──      static
        │    └──      ratingfunction
        │           ├──      js
        │           │    └──      ratingfunction. js
        │           └──      scss
        │                └──      ratingfunction. scss
        └──      templates
              └──ratingfunction
                    └──      base. html
```

注意：如果出现"Command 'tree' not found"，请使用 sudo apt install tree 进行安装后再次尝试。

四、定义 dashboard

打开 dashboard. py 文件，如下代码已自动生成：

```python
from django. utils. translation import ugettext_lazy as _
import horizon
class Ratingfunction(horizon. Dashboard):
    name = _("Ratingfunction")
    slug = "ratingfunction"
    panels = ()   # Add your panels here.
    default_panel = ''   # Specify the slug of the dashboard's default panel.
horizon. register(Ratingfunction)
```

Dashboard 类通常包含一个 name 属性（仪表盘的显示名称）、一个 slug 属性（被其他组件引用的内部名称）、面板列表、默认面板等。

五、定义 panel

在 dashboard 中，panels 的类属性中列出的 panel 模块名称，都会通过 panel. py 在相应目录中查找文件。

（一）panel. py 文件结构

上面使用命令创建 panel，其结构如下：

```
├──── __init__. py
├──── panel. py
├──── templates
│        └──── billing
│                  └──── index. html
├──── tests. py
├──── urls. py
└──── views. py
```

（二）查看 panel. py 文件

打开 panel. py 文件，将看到以下自动生成的命令：

```
from django. utils. translation import ugettext_lazy as _
import horizon
from openstack_dashboard. dashboards. ratingfunction import dashboard


class Billing(horizon. Panel):
    name = _("Billing")
    slug = "billing"
dashboard. Ratingfunction. register(Billing)
```

（三）在 dashboard. py 定义 panel

在 Ratingfunction 类上方添加以下代码，此代码定义了 Mygroup 类，并添加了一个名为 "billing" 的面板：

```
class Mygroup(horizon. PanelGroup):
    slug = "mygroup"
    name = _("My Group")
    panels = ('billing',)
```

修改 Ratingfunction 类以包含 Mygroup，并添加 billing 为默认面板：

```
class Ratingfunction(horizon. Dashboard):
```

```
    name = _("My Dashboard")
    slug = "ratingfunction"
    panels = (Mygroup,)   # Add your panels here.
    default_panel = 'billing'   # Specify the slug of the dashboard's default panel.
```

完成的 dashboard. py 文件，全部命令如下：

```
from django. utils. translation import ugettext_lazy as _
import horizon
class Mygroup(horizon. PanelGroup):
    slug = "mygroup"
    name = _("My Group")
    panels = ('billing',)


class Ratingfunction(horizon. Dashboard):
    name = _("My Dashboard")
    slug = "ratingfunction"
    panels = (Mygroup,)   # Add your panels here.
    default_panel = 'billing'   # Specify the slug of the dashboard's default panel.
horizon. register(Ratingfunction)
```

六、启用并显示 dashboard 和 panel

启用并显示 dashboard 采用"可插拔"配置方式。"openstack_dashboard/enabled"
就是可插拔的配置目录，目录中的编号排序代表页面中 panel 的从上到下的排序。例
如，文件"_2020_admin_overview_panel. py"和"_2040_admin_hypervisors_ panel. py"，
2020 在 2040 的前面，而对应界面上 Admin 的 PanelGroup 中，Overview Panel 在
Hypervisors Panel 的上面。

（一）启用并显示 dashboard

接下来创建 ratingfunction 配置文件，在 openstack_dashboard/enabled 中，新建一个
dashboard 的配置文件"_4000_ratingfunction. py"，添加命令如下：

```
# The slug of the dashboard to be added to HORIZON['dashboards']. Required.
DASHBOARD = 'ratingfunction'
```

```
# If set to True, this dashboard will be set as the default dashboard.
DEFAULT = True
# A dictionary of exception classes to be added to HORIZON['exceptions'].
ADD_EXCEPTIONS = {}
# A list of applications to be added to INSTALLED_APPS.
ADD_INSTALLED_APPS = ['openstack_dashboard. dashboards. ratingfunction']
ADD_ANGULAR_MODULES = ['horizon. dashboard. ratingfunction',]
AUTO_DISCOVER_STATIC_FILES = True
```

（二）启用并显示 group

在 enabled 文件下新建文件"_4010_pygroup_panel_group. py"，添加命令如下：

```
from django. utils. translation import ugettext_lazy as _
# The slug of the panel group to be added to HORIZON_CONFIG. Required.
PANEL_GROUP = 'mygroup'
# The display name of the PANEL_GROUP. Required.
PANEL_GROUP_NAME = _('Mygroup')
# The slug of the dashboard the PANEL_GROUP associated with. Required.
PANEL_GROUP_DASHBOARD = 'ratingfunction'
```

代码中"PANEL_GROUP='mygroup'"和"PANEL_GROUP_NAME=_('Mygroup')"实现与 Dsahboard 的'ratingfunction'下的 PanelGroup 的'Mygroup'关联。

（三）启用并显示 panel

在 enabled 文件下新建文件"_4020_ratingfunction_billing_panel. py"，添加命令如下：

```
# The slug of the panel to be added to HORIZON_CONFIG. Required.
PANEL = 'billing'
# The slug of the dashboard the PANEL associated with. Required.
PANEL_DASHBOARD = 'ratingfunction'
# The slug of the panel group the PANEL is associated with.
PANEL_GROUP = 'mygroup'
# Python panel class of the PANEL to be added.
ADD_PANEL =
'openstack_dashboard. dashboards. ratingfunction. billing. panel. Billing'
```

在代码中有 ADD_PANEL 的赋值表示该 Panel Class 的具体实现位于 "'openstack_ dashboard. dashboards. ratingfunction. billing. panel. Billing' "。

（四）修改 index. html 文件

由于已创建的 panel 前端文件出现问题，需要修改前端代码文件 "openstack_ dashboard/dashboards/ratingfunction/billing/templates/billing/index. html"，文 件 内 容 如下：

```
{% extends 'base. html'% }
{% load horizon % }
{% load i18n % }
{% block title % }
{% trans "Billing" % }
{% endblock % }
{% block page_header % }
   {% include "horizon/common/_page_header. html" with title = _("Billing") % }
{% endblock page_header % }
{% block main % }
{% endblock % }
```

Django 的模板用于生成 HTML 文件和其他各种基于文本格式的文档。模板中通常包含变量和标签。变量表示形式为——"｛｛变量｝｝"，标签表示形式为 "｛%标签%｝"。

Django 模板系统支持模板继承与重载。在上面的模板里，"｛%extends %｝"标签表明继承一个基础模板 base. html，整个网站的大部分网页都继承自这个基础模板。"｛% block title %｝""｛%block main %｝"标签分别表示该模板中有这两个标签的网页部分。"｛% include %｝"标签表示在网页的当前位置上包含其他的模板渲染。在"｛% block main %｝"标签中通常显示的是网页的主体内容。

（五）启动服务

使用命令重启 apache2 服务，命令如下：

```
sudo /etc/init. d/apache2 restart
```

重启后在终端上启动 Django 服务，命令如下：

```
python3 manage. py runserver 9000
```

启动后可以看到如图 4-1 所示的页面。

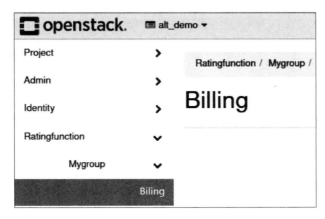

图 4-1 首次启动页面

第二节 基础设置功能开发

考核知识点及能力要求：

• 掌握通过 Nova 组件的 API 获取配置信息的方法。

• 掌握类视图的使用方法。

• 能够调用 API 获取 OpenStack 的数据并展示在前端页面。

一、项目添加前端工程

在 ratingfunction/billing 文件下新建 static 文件夹，把第四章第一节开发的代码包

cloudclientdev 的 static 文件夹中的文件添加到这个文件夹里。static 的文件目录结构如下：

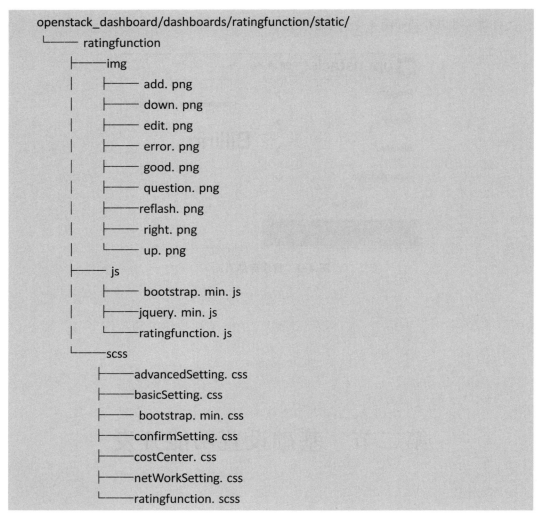

```
openstack_dashboard/dashboards/ratingfunction/static/
└── ratingfunction
    ├── img
    │   ├── add. png
    │   ├── down. png
    │   ├── edit. png
    │   ├── error. png
    │   ├── good. png
    │   ├── question. png
    │   ├── reflash. png
    │   ├── right. png
    │   └── up. png
    ├── js
    │   ├── bootstrap. min. js
    │   ├── jquery. min. js
    │   └── ratingfunction. js
    └── scss
        ├── advancedSetting. css
        ├── basicSetting. css
        ├── bootstrap. min. css
        ├── confirmSetting. css
        ├── costCenter. css
        ├── netWorkSetting. css
        └── ratingfunction. scss
```

添加 HTML 文件到 billing/templates 路径下面，添加完成后的项目结构如下：

```
openstack_dashboard/dashboards/ratingfunction/billing/templates/
└── billing
    ├── advanced_setting
    │   ├── _configuration. html
    │   ├── _key_pairs. html
    │   ├── _security_groups. html
    │   └── _service_password. html
    ├── advanced_setting. html
    ├── basic_setting
```

```
│          ├──── _availble_nova. html
│          ├──── _flavor_charging. html
│          ├──── _images_list. html
│          ├──── _instance_count_button. html
│          └──── _volume_size. html
├──── basic_setting. html
├──── confirm_setting
│          └──── _configuration_list. html
├──── confirm_setting. html
├──── cost_center. html
├──── network_setting
│          ├──── _network_list. html
│          └──── _network_ports. html
└──── network_setting. html
```

这里需把 index. html 删除，并用"basic_setting. html"代替。

文件添加完成之后，要执行收集静态文件的命令，命令如下：

```
python3 manage. py collectstatic
```

将静态文件路径添加到项目里，打开 base. html 找到相应文件进行操作。

（一）添加 CSS 文件路径

在 openstack_dashboard/templates/_stylesheets. html 文件中添加 base. html 中引入的 _stylesheets. html 的 CSS 文件路径，命令如下：

```
{%  compress css % }
<link href = '{{ STATIC_URL }}horizon/lib/bootstrap_datepicker/datepicker3. css'type = 'text/css'media = 'screen'rel = 'stylesheet'/>
<link href = '{{ STATIC_URL }}horizon/lib/rickshaw/rickshaw. css'type = 'text/css'media = 'screen'rel = 'stylesheet'/>
<link href = '{{ STATIC_URL }}ratingfunction/scss/basicSetting. css'type = 'text/css'media = 'screen'rel = 'stylesheet'/>
<link href = '{{ STATIC_URL }}ratingfunction/scss/advancedSetting. css'type = 'text/css'media = 'screen'rel = 'stylesheet'/>
<link href = '{{ STATIC_URL }}ratingfunction/scss/bootstrap. min. css'type = 'text/css'media = 'screen'rel = 'stylesheet'/>
```

```
<link href = '{{ STATIC_URL }}ratingfunction/scss/confirmSetting. css'type = 'text/css'
media = 'screen'rel = 'stylesheet'/>
    <link href = '{{ STATIC_URL }}ratingfunction/scss/netWorkSetting. css'type = 'text/css'
media = 'screen'rel = 'stylesheet'/>
    <link href = '{{ STATIC_URL }}ratingfunction/scss/costCenter. css'type = 'text/css'media =
'screen'rel = 'stylesheet'/>
    {% endcompress % }
```

（二）添加 js 文件路径

在 openstack_dashboard/templates/horizon/_scripts. html 文件中将 base. html 中引入的_scripts. html 的 js 文件路径添加进去，命令如下：

```
<script src = '{{ STATIC_URL }}ratingfunction/js/bootstrap. min. js'></script>
<script src = '{{ STATIC_URL }}ratingfunction/js/jquery. min. js'></script>
```

二、基础设置数据读取

要实现基础设置的后端功能，主要设置 url. py 和 views. py 这两个模块。

（一）在 views. py 中添加 BasicSettingView 类视图。

在定义 BasicSettingView 类视图之前，将 IndexView 改成一个 Baseview，作用是让后面的类视图都继承此类，以实现自动生成字典保存用户选择数据。在类视图外面，定义一个 total_context 字典来存放页面中用户提交的数据，命令如下：

```
total_context = {}
class BaseView(views. APIView):
    def __init__(self):
        super(BaseView, self). __init__()
        self. context = {}
```

定义 BasicSettingView 类视图命令如下：

```
class BasicSettingView(BaseView):
    template_name = 'ratingfunction/billing/basic_setting. html'
    def get_data(self, request, context, * args, ** kwargs):
        # Add data to the context here...
        return context
```

可以看到 BasicSettingView 类视图继承了 Baseview，以后章节中的类视图继承了 Baseview，类属性 template_name 是模板文件地址，get_data 方法是给模板文件传值的。

（二）在 urls. py 中添加 BasicSettingView 类视图的路由

由于修改了 IndexView 类视图函数，为了保障项目正常运行，urls. py 中的代码修改如下：

```
urlpatterns = [
    url(r'^ $ ', views. BasicSettingView. as_view(), name = 'index'),]
```

（三）使用命令对 JS 和 CSS 进行压缩处理

为加快网站的加载速度，通过对 JS 和 CSS 进行压缩处理。Django Compressor 实现 JS/CSS 的自动压缩（需要将 openstack _ dashboard/local/local _ settings. py 文件中的"COMPRESS_OFFLINE = True"取消注释），执行如下命令：

```
python3 manage. py compress
```

（四）启动服务并查看基础设施页面

以上步骤完成后，启动服务，如图 4-2 所示。

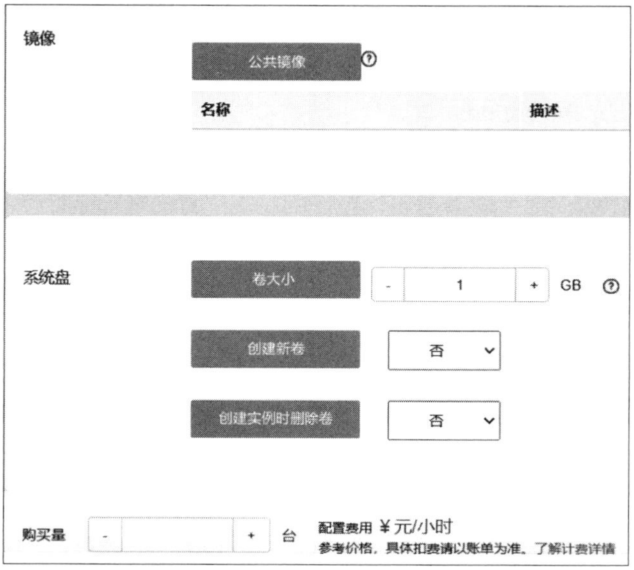

图 4-2 初始化基础设置页面

（五）在类视图 BasicSettingView 中添加功能

这个类视图主要实现给基础设置页面传值和保存用户选择数据功能。在 views. py 文件的 get_date 方法下添加代码以获取可用域、主机规格和镜像等数据，然后在静态页面中把获取的数据传给前端。具体操作如下：

第一步，获取 Nova 接口中可用域的数据并传到前端模板中。

首先需要从 Nova 接口中获取可用域数据。获取到的可用域数据是字典类型，这里需要进行排序处理并将数据变成列表数据类型，命令如下：

```
zones = api. nova. availability_zone_list(request)
zone_list = [zone. zoneName for zone in zones if zone. zoneState['available']]
zone_list. sort()
```

然后把从接口取出的数据传到 "templates/billing/basic_setting/_availble_nova. html" 模板中，全部命令如下：

```
<div class = "module-title">可用域</div>
    <div class = "module-cont">
        <p class = "select">
            < select name = "availability_zone" style = "color: #0a0a0a;width: 150px;
height: 35px;text-align: center">
                {% for nova_obj in nova_list % }
                    <option value = "{{ nova_obj }}" style = "color:
#0a0a0a">{{ nova_obj }}</option>
                {% endfor % }
            </select>
        </p>
```

第二步，需要获取主机规格数据及其各个项目每小时计费数据。其中计费数据放在 CloudKitty 中，在本节中按照 "flavor_id" 指定各个配置虚拟机的价格。

获取 Nova 接口中规格的常规数据名称、内存、磁盘和 CPU 等数据，命令如下：

```
flavors = api. nova. flavor_list(request)
```

每个规格计价的数据在 CloudKitty 的接口，在获取计价数据前，要先获取 service_id，命令如下：

```
from cloudkittydashboard. api import cloudkitty as cloudkitty_api
def get_service_id(self):
        manager = cloudkitty_api. cloudkittyclient(self. request)
        services = manager. rating. hashmap. get_service(). get('services', [])
        services = sorted(services, key = lambda service: service['name'])
        list_services = []
        for s in services:
            list_services. append({
                "id": s['service_id'],
                "name": s['name'],
            })
        return list_services
```

由于 Flavor 对应计价方式是通过 flavor_id 映射计价，所以要获取 field 的列表。上面已经获取了 service_id，这里通过 service_id 获取 field 数据列表，命令如下：

```
def get_fields_data(self, request):
        get_service_id = self. get_service_id()
        service_id = []
        for obj in get_service_id:
            if obj["name"] == "instance":
                id = obj["id"]
                service_id. append(id)

        client = cloudkitty_api. cloudkittyclient(request)
        fields = client. rating. hashmap. get_field(
            service_id = service_id[0])['fields']
        return cloudkitty_api. identify(fields, key = 'field_id')
```

这里通过上面 field 数据列表的 flavor_id 获取在 CloudKitty 接口中每个 Flavor 计价的映射表，命令如下：

```
def add_groupname(self, request, datums):
        client = cloudkitty_api. cloudkittyclient(request)
        groups = client. rating. hashmap. get_group(). get('groups', [])
```

073

```
            full_groups = OrderedDict([(str(group['group_id']), group['name']) for group in
groups])

              for datum in datums:
                  if datum. get('group_id'):
                      if datum['group_id'] in full_groups:
                          datum['group_name'] = full_groups[datum['group_id']]
                      else:
                          group = client. rating. hashmap. get_group(
                              group_id = datum['group_id'])
                          datum['group_name'] = group['name']

      def get_mappings_data(self, request):
          get_fields_data = self. get_fields_data(request)
          field_id = []
          for obj in get_fields_data:
              if obj["name"] == "flavor_id":
                  id = obj["field_id"]
                  field_id. append(id)
          client = cloudkitty_api. cloudkittyclient(request)
      # 获取计费接口中计费映射数据
          mappings = client. rating. hashmap. get_mapping(
              field_id = field_id[0]). get('mappings', [])
      # 处理计费数据
          self. add_groupname(request, mappings)
          return cloudkitty_api. identify(mappings, key = 'mapping_id', name = True)
```

第三步，进行数据处理，便于前端传值。

由于在前端页面既要显示规格的详细参数，又要显示各个规格对应的计价，所以
需要对从两个接口获取到的数据进行处理，生成一个字典，便于前端传值，处理命令
如下：

```
def _get_flavor_list(self, request):
get_mappings_data = self. get_mappings_data(request)   # 获取每个规格的价格字典数据
# 计费映射列表
map_list = []:
```

```
        for m in get_mappings_data
            map_list. append(m["value"])


    flavors_list = []
    flavors = api. nova. flavor_list(request)
    for obj in flavors:
            for map in get_mappings_data:
                if map["value"] == obj. id:    # 判断 flavor 的 id,如果和计费中的 value 相同,
就把 cost 放到 flavors_dict 中
                    flavors_dict = {
                        "name": obj. name,
                        "id": obj. id,
                        "memory_mb": obj. ram,
                        "vcpus": obj. vcpus,
                        "disk": obj. disk,
                        "is_public": obj. is_public,
                        "cost": map["cost"]
                    }
                    flavors_list. append(flavors_dict)
                elif obj. id not in map_list:    # 如果 flavor 的 id 没在计费映射列表里面,就
把 cost 放到 flavors_dict 字典里 cost 置为 0
                    flavors_dict = {
                        "name": obj. name,
                        "id": obj. id,
                        "memory_mb": obj. ram,
                        "vcpus": obj. vcpus,
                        "disk": obj. disk,
                        "is_public": obj. is_public,
                        "cost": 0
                    }
                    flavors_list. append(flavors_dict)
                    break
    return flavors_list
```

第四步，将处理后的数据传到前端模板。

前面已经在接口中拿到数据，使用 Django 的模板语法修改"templates/billing/basic_setting/_flavor_charging. html"中的部分命令如下：

```
<div class = "framework-box">
//此处略,完整代码见项目源码包
              <table class = "table">
//此处略,完整代码见项目源码包
                  <tbody>
              {%  for flavor_dict in flavor_list % }
                  <tr>
                      <td><input name = "flavor_id" type = "radio" required id
= "item"
value = "{{ flavor_dict. id }}">{{ flavor_dict. name }}</td>
                      {# 判断内存大小,大于 1024 的化简 GB #}
                  {%  if flavor_dict. memory_mb < 1024 % }
                      <td>{{ flavor_dict. memory_mb }}M</td>
                  {% elif flavor_dict. memory_mb >= 1024 % }
                      <td>{% widthratio flavor_dict. memory_mb 10241
% }GB</td>
                  {% endif % }
                  <td>{{ flavor_dict. vcpus }}核</td>
                  <td id = "disk">{{ flavor_dict. disk }} GB</td>
                  {%  if flavor_dict. is_public  ==  True % }
                      <td>是</td>
                  {%  else % }
                      <td>否</td>
                  {% endif % }
                  <td id = "money">{{ flavor_dict. cost  | floatformat:3}} 元/
小时</td>
//此处略,完整代码见项目源码包
```

第五步，构建 5 种镜像类型数据并传值到前端模板。

前面已从 Flavor 的数据获取 Nova 接口中镜像的数据。官网的镜像数据类型有 5 种，分别是 Image、Instance Snapshot、Volume、Volume Image、Volume Snapshot，为此需要继续在 views. py 文件中构建字典把值传到前端，命令如下：

```
self._images_cache = {}
images_list = image_utils.get_available_images(request,
context.get('project_id'),
self._images_cache)
source_type_choices = [
        {"source_type": "image_id", "name": _("Image"), "obj_list": images_list,
"description": _("Boot from image")},
        {"source_type": "instance_snapshot_id", "name": _("Instance Snapshot"), "obj_
list":"", "description": _("Boot from snapshot")},
        {"source_type": "volume_id", "name": _("Volume"), "obj_list":"", "description": _
("Boot from volume")},
        {"source_type": "volume_image_id", "name": _("Volume Image"),"obj_list": "",
"description": _("Boot from image (creates a new volume)")},
        {"source_type": "volume_snapshot_id", "name": _("Volume Snapshot"), "obj_
list":"", "description": _("Boot from volume snapshot (creates a new volume)")},]
```

后端代码已经完成，将"templates/billing/basic_setting/_images_list.html"中的代码按照 Django 模板语法修改如下：

```
<div class="framework-box">
    <div class="billing-module">
//此处略,完整代码见项目源码包
<script>
    var source_type = document.getElementsByName("source_type")
    var confirm_source_type = document.getElementsByName("source")
    $("#tb_title").click(function () {
        if (source_type.value == confirm_source_type.value) { //当 source_type 类
型一样的时候,才能出来
            $("#tb-hide").toggle();
            if ( $("#tb-hide").is(':hidden')) {
                $("#img_down").attr("src", "{{ STATIC_URL }}mydashboard/img/
down.png")
            } else {
                $("#img_down").attr("src", "{{ STATIC_URL }}mydashboard/img/
up.png")
            //此处略,完整代码见项目源码包
</script>
```

077

第六步，定义 button_title 和 template_title 两个变量。

最后还需要定义 button_title 和 template_title 两个变量，变量 button_title 控制跳转按钮字体显示，template_title 是为了让前端很好识别是哪个类视图传过来的值：

```
template_title = "basic_setting"
button_title = "下一步,网络配置"
```

除了基础设置页面，其他 3 个页面中都要用到虚拟机数量。前端模板中通过"template_title"来区分用户打开的是哪个页面。如果"template_title = basic_setting"，则说明是基础设置页面，"intance_count"默认为 1。每个虚拟机每小时的计费在基础设置页面选择，其他页面则要处理用户已经选择的数据，当然用户也可以做一些增加修改操作。将"templates/billing/basic_setting/_instance_count_button.html"代码按照 Django 模板语法修改如下：

```
<div class = "container-fluid">
    <div class = "total-box">
        <div class = "total-module">
        <div>购买量</div>
        {%  if template_name  ==  "basic_setting" % }
            <div class = "input-group" style = "margin-left: 20px;">
                <input type = "number" name = "instance_count" class = "form-control" placeholder = "1"
                        style = "width:100px; text-align: center;" value = "1">
            </div>
        {%  else % }
            <div class = "input-group" style = "margin-left: 20px;">
                <input type = "number" class = "form-control" placeholder = "1" style = "width:100px; text-align: center;"
                    value = "{{ total_context. instance_count }}">
            </div>
        {% endif % }
        <div style = "margin:0 10px;">台</div>
        <div class = "module-content">
            <div style = "font-size: 12px;">配置费用 <span style = "color: red; font-size: 16px;"> ￥205</span></div>
```

```
                    <div style = "font-size: 12px;">参考价格,具体扣费请以账单为准。
<span style = "color: blue;">了解计费详情</span></div>
            </div>
            <button class = "next" type = "submit">{{ button_title }}</button>
        </div>
    </div>
</div>
```

最后,给出 BasicSettingView 类视图中 get_data 函数所有代码及前端模板代码供参考。

到此,基础设置的类视图的传值功能已完成,BasicSettingView 类视图中 get_data 函数的所有命令如下:

```
def get_data(self, request, context, * args, ** kwargs):
        # Add data to the context here. . .
        template_title = "basic_setting"
        button_title = "下一步,网络配置"
        zones = api. nova. availability_zone_list(request)
        zone_list = [zone. zoneName for zone in zones if zone. zoneState['available']]
        zone_list. sort()
        self. _images_cache = {}
        images_list = image_utils. get_available_images(request,context. get('project_
id'),self. _images_cache)
        //此处略,完整代码见项目源码包
        flavors_list = self. _get_flavor_list(request)
        context = {"nova_list": zone_list,
                    "flavor_list": flavors_list,
                    "source_type_choices": source_type_choices,
                    "template_title": template_title,
                    "button_title": button_title,}
        total_context["flavors_list"] = flavors_list
        total_context["images_list"] = images_list
        total_context["source_type_choices"] = source_type_choices
        return context
```

基础设置传值成功后的前端页面如图 4-3 所示。

图 4-3　基础设置传值成功后的前端页面

"templates/billing/basic_setting.html" 的部分命令如下：

```
{% extends 'base.html'% }
{% load horizon % }
{% load i18n % }
{% block main % }
    <form action="{% url 'horizon:ratingfunction:billing:index'% }" method="post">
        {% csrf_token % }
        <div class="container-fluid bg">
//此处略,完整代码见项目源码包
        {% block availble_nova % }
                {% include " ratingfunction/billing/basic _ setting/_ availble _
nova.html" % }
//此处略,完整代码见项目源码包
        function setTotal() {
//此处略,完整代码见项目源码包
```

```
                              if (parseInt(volumeSize) > parseInt(diskStr[0])) { // 用户选择的
卷大于每种规格的硬盘大小时需要计费
                              var volumeMoney = parseInt(volumeSize - diskStr[0]) *
0. 001//用户选择增加的系统盘比规格的系统盘大要计费
                              var singleMoney = parseFloat(moneyStr[0]) + parseFloat
(volumeMoney) //一个主机的每小时收费
                              var totalMoney = singleMoney *  intanceCount;
                              var totalMoneyResult = totalMoney. toFixed(3);//保留小
数点后面 3 位
                              $ ("#total_money"). text(" ￥ " +totalMoneyResult + "元/
小时");//给界面传值
                              $ ("#single_money"). val(singleMoney);//给 input 传值,后
面传值到后端
                              } else {
                              var totalMoney = moneyStr[0] *  intanceCount;
                              var totalMoneyResult = totalMoney. toFixed(3);//保留小
数点后面 3 位
                              $ ("#total_money"). text(" ￥ " +totalMoneyResult + "元/
小时");
                              $ ("#single_money"). val(moneyStr[0]);
    //此处略,完整代码见项目源码包
        </script>
{% endblock % }
```

这里说明一下，页面中最下面的计费模块使用 JavaScript 来实现，只要用户在页面上选择每个虚拟机实例规格，或者增加系统盘，主机的每小时的价格就会发生改变。

（六）从实例列表页面跳转到基础设置页面

当用户单击"创建实例"按钮时则会跳转到基础设置页面，只需将"openstack_dashboard/dashboards/project/instances/tables. py"中的 get_link_url 函数返回值改为创建实例的 URL（Uniform Resource Locator，统一资源定位符）即可，修改命令如下：

```
def get_link_url(self, datum = None):
        return "http://127. 0. 0. 1:9000/ratingfunction/"
```

三、基础设置数据保存

把后台数据传到前端后，用户选择好数据，通过提交表单将前端数据提交到后端，后端保存用户提交的数据，BasicSettingView 类视图中 Post 函数的所有命令如下：

```python
def post(self, request):
    flavor_id = request. POST. get("flavor_id")
    source_type = request. POST. get("source_type")
    image_id = request. POST. get("image_id")
    availability_zone = request. POST. get("availability_zone")
    volume_size = request. POST. get("volume_size")
    instance_count = request. POST. get("instance_count")
    single_money = request. POST. get("single_money")
    self. context["single_money"] = float(single_money)
    self. context["instance_count"] = int(instance_count)
    self. context["source_type"] = source_type
    self. context["flavor_id"] = flavor_id
    self. context["image_id"] = image_id
    self. context["availability_zone"] = availability_zone
    self. context["volume_size"] = volume_size
    total_context. update(self. context)
    return redirect("")
```

第三节 网络设置功能开发

考核知识点及能力要求：

• 了解 Neutron 组件获取网络配置信息的方法。

一、网络设置数据获取

完成虚拟机实例基础设置功能后，接下来开发实例的网络设置功能，主要实现用户选择实例的网卡和网络接口。

（一）在 views. py 中添加 NetworkSettingView 类视图

在 views. py 中添加 NetworkSettingView 类视图，命令如下：

```
class NetworkSettingView(BaseView):
    template_name = "ratingfunction/billing/network_setting. html"

    def get_data(self, request, context, * args, ** kwargs):
        return context
```

（二）在 urls. py 中添加 NetworkSettingView 类视图的路由

在 urls. py 中添加 NetworkSettingView 类视图的路由，命令如下：

```
url(r'^network_setting $ ', views. NetworkSettingView. as_view(), name = 'network_setting')
```

添加完成后，urls. py 中命令如下：

```
from django. conf. urls import url
from openstack_dashboard. dashboards. ratingfunction. billing import views
urlpatterns = [
    url(r'^ $ ', views. BasicSettingView. as_view(), name = 'index'),
    url(r'^network_setting $ ', views. NetworkSettingView. as_view(), name = 'network_setting'),]
```

在 BasicSettingView 类视图中 post 的方法中添加网络设置页面路径，让用户提交成功后可以跳转到网络设置页面，命令如下：

```
redirect("horizon:ratingfunction:billing:network_setting")
```

重启服务。单击"下一页，网络设置"按钮查看页面，如图 4-4 所示。

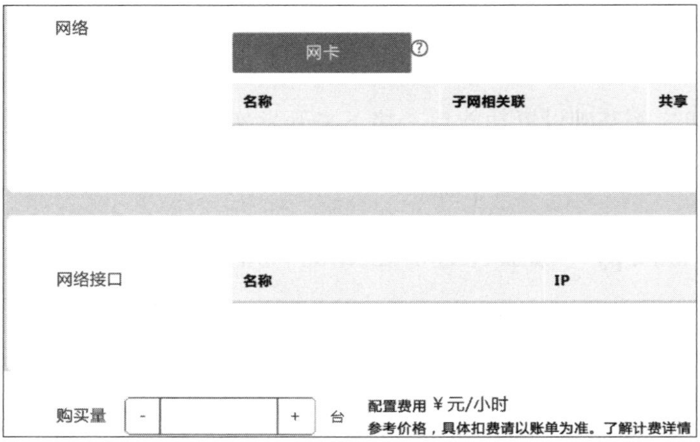

网络			
	网卡 ⑦		
	名称	子网相关联	共享

网络接口	名称		IP

购买量	- [ ] +	台	配置费用 ￥元/小时
			参考价格，具体扣费请以账单为准。了解计费详情

图4-4 初始显示网络设置页面

（三）在类视图 NetworkSettingView 添加功能

类视图 NetworkSettingView 主要实现向网络设置页面传值，保存用户选择数据，把网络和网络接口数据传给前端，操作过程如下。

首先，获取 Neutron 接口中网络数据，命令如下：

```
tenant_id = self. request. user. tenant_id
networks_list = api. neutron. network_list_for_tenant(
            self. request, tenant_id,
            include_external = True,
            include_pre_auto_allocate = True, )
```

将"templates/billing/networking_setting/_network_list. html"中的代码按照 Django 中的模板语言修改如下：

```
<div class = "framework-box">
    <div class = "billing-module">
        <div class = "module-title">网络</div>
        <div class = "module-content" style = "flex-grow:1">
            <div class = "module-select" style = "margin-top: 20px;">
                <p class = "active">网卡</p>
//此处略,完整代码见项目源码包
                {% if network. shared == True %}
                    <td>是</td>
```

```
                              {% else % }
                                  <td>否</td>
                              {% endif % }
                              {% if network. router__external == True % }
                                  <td>是</td>
                              {% else % }
                                  <td>否</td>
                              {% endif % }
                              {% if network. status == "ACTIVE" % }
                                  <td>激活</td>
                              {% else % }
                                  <td>未激活</td>
                              {% endif % }
                              <td>{{ network. admin_state_up }}</td>
                          </tr>
                      {% endfor % }
//此处略,完整代码见项目源码包
</div>
```

然后获取 Neutron 接口中网络接口的数据，命令如下：

```
ports_list = instance_utils. port_field_data(request)
```

将 "templates/billing/networking_setting/_network_ports. html" 中的代码按照 Django
中的模板语言修改如下：

```
<div class = "framework-box">
    <div class = "billing-module">
        <div class = "module-title">网络接口</div>
        <div class = "module-content" style = "flex-grow:1">
            <table class = "table">
                <thead>
                <tr><th>名称</th><th>IP</th><th>状态</th>
                    <th>管理员状态</th></tr>
                </thead>
                <tbody>
                {% for port in ports_list % }
```

```
                              <tr>
                                  <td><input type = "radio" name = "network_port" id =
"item" value = "{{ port. id }}">{{ port. name }}</td>
                                  <td></td>
                              {%  if network. status  ==  "ACTIVE" % }
                                      <td>激活</td>
                              {%  else % }
                                      <td>未激活</td>
                              {% endif % }
                                  <td>{{ network. admin_state_up }}</td>
//此处略,完整代码见项目源码包
```

NetworkSettingView 类视图中， get_data 方法命令如下：

```
def get_data(self, request, context, * args, ** kwargs):
        button_title = "下一步,高级设置"
        try:
                tenant_id = self. request. user. tenant_id
                networks_list = api. neutron. network_list_for_tenant(
                        self. request, tenant_id,
                        include_external = True,
                        include_pre_auto_allocate = True, )
                ports_list = instance_utils. port_field_data(request)
        except Exception:
                ports_list = []
                networks_list = []
        data = copy. deepcopy(total_context)
        context = {"button_title": button_title,
                        "networks_list": networks_list,
                        "ports_list": ports_list,
                        "total_context": data,
                        }
        try:
                context["total_money"] = data["single_money"] *  data["instance_count"]
        except Exception:
                context["total_money"] = 0
```

```
total_context["networks_list"] = networks_list
total_context["ports_list"] = ports_list
return context
```

前后端代码写好之后，打开页面，如图 4-5 所示。

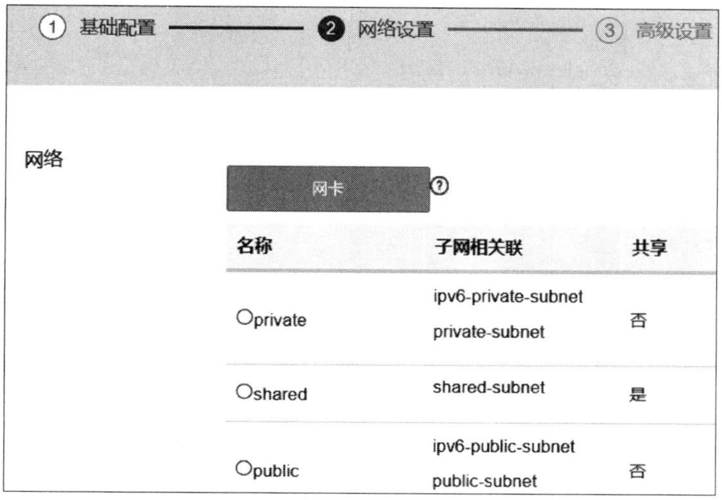

① 基础配置 ────── ❷ 网络设置 ────── ③ 高级设置

网络

网卡 ⑦

名称	子网相关联	共享
○private	ipv6-private-subnet private-subnet	否
○shared	shared-subnet	是
○public	ipv6-public-subnet public-subnet	否

图 4-5　网络设置数据显示页面

网络设置页面中的购买量模块计费功能通过使用 JavaScript 来实现，功能和基础设置页面中相同，该部分 JavaScript 代码放在 "templates/billing/network_setting. html" 中。不仅网络设置页面，高级设置页面、确认设置页面也是如此，而且 3 个页面中的 JavaScript 代码是相同的，后面不再赘述。

"templates/billing/network_setting. html" 的部分命令如下：

```
{% extends 'base. html'% }
{% load horizon % }
{% load i18n % }
{% block main % }
    <form action = "{% url 'horizon:ratingfunction:billing:network_setting'% }" method
= "post">
        {% csrf_token % }
        <div class = "container-fluid bg">
```

```
                        //此处略,完整代码见项目源码包
                        <input type="hidden" name="total_context" value=" {{ total_context }}">
                        {%  block network_list % }
                             {%  include
"ratingfunction/billing/network_setting/_network_list. html" % }
                        {% endblock % }
                        {%  block network_ports % }
                             {%  include
"ratingfunction/billing/network_setting/_network_ports. html" % }
                        {% endblock % }
                </div>
                {%  block instance_count_button % }
                        {%  include
"ratingfunction/billing/basic_setting/_instance_count_button. html" % }
                {% endblock % }
        </form>
        <script>
                {#处理主机数量的大小#}
                var intanceCount =  $ ("#intance_count");
                $ ("#instance_min"). on("click", function () {
                        if (parseInt(intanceCount. val()) > 1) {
                                intanceCount. val(parseInt(intanceCount. val()) - 1)
                        } else {
                                $ ("#min"). attr("disabled", "disabled")
                        }
                        setTotal();
                })
        //此处略,完整代码见项目源码包
        {% endblock % }
```

二、网络设置数据保存

后台数据传到前端后，用户选择数据，通过提交表单将前端数据提交到后端，后端保存用户提交的数据，在 NetworkSettingView 中定义 post 方法，命令如下：

```
    def post(self, request):
        net_id = request. POST. getlist("network_id")
        network_obj = request. POST. getlist("network")
        network_port = request. POST. get("network_port")
        instance_count = request. POST. get("instance_count")
        create_volume_default = request. POST. get("create_volume_default")
# 创建新卷
        vol_delete_on_instance_delete =
request. POST. get("vol_delete_on_instance_delete")   # 创建实例时删除卷
        self. context["instance_count"] = instance_count
        self. context["network_obj"] = network_obj
        self. context["net_id"] = net_id
        self. context["create_volume_default"] = create_volume_default
        self. context["vol_delete_on_instance_delete"] =
vol_delete_on_instance_delete
        self. context["network_port"] = network_port
        total_context. update(self. context)
        return redirect("")
```

类视图 NetworkSettingView 的命令如下：

```
    class NetworkSettingView(BaseView):
    template_name = "ratingfunction/billing/network_setting. html"

    def get_data(self, request, context, * args, ** kwargs):
        button_title = "下一步,高级设置"
        try:
            tenant_id = self. request. user. tenant_id
            networks_list = api. neutron. network_list_for_tenant(
                self. request, tenant_id,
                include_external = True,
                include_pre_auto_allocate = True, )
            ports_list = instance_utils. port_field_data(request)
        except Exception:
            ports_list = []
```

```
                        networks_list = []
                data = copy. deepcopy(total_context)
                context = {"button_title": button_title,
                            "networks_list": networks_list,
                            "ports_list": ports_list,
                            "total_context": data,
                            }
                try:
                    context["total_money"] = data["single_money"] *  data["instance_count"]
                except Exception:
                    context["total_money"] = 0
                total_context["networks_list"] = networks_list
                total_context["ports_list"] = ports_list
                return context


        def post(self, request):
            net_id = request. POST. getlist("network_id")
            network_port = request. POST. get("network_port")
            instance_count = request. POST. get("instance_count")
            create_volume_default = request. POST. get("create_volume_default")
# 创建新卷
            vol_delete_on_instance_delete =
request. POST. get("vol_delete_on_instance_delete")    # 创建实例时删除卷
            self. context["instance_count"] = int(instance_count)
            self. context["net_id"] = net_id
            self. context["create_volume_default"] = create_volume_default
            self. context["vol_delete_on_instance_delete"] =
vol_delete_on_instance_delete
            self. context["network_port"] = network_port
            total_context. update(self. context)
    return redirect("")
```

第四节 高级设置功能开发

考核知识点及能力要求：

- 掌握类视图之间传值的方法。

- 掌握 Neutron 组件获取配置信息的方法。

一、高级设置数据获取

第四章第三节已完成网络设置的功能，下面将实现虚拟机实例高级功能设置。

（一） 在 views. py 中添加 AdvanceSettingView 类视图

在 views. py 中添加 AdvanceSettingView 类视图：

```
class AdvanceSettingView(BaseView):
    template_name = "ratingfunction/billing/advanced_setting. html"
    def get_data(self, request, context, * args, ** kwargs):
        return context
```

（二） 在 urls. py 中添加 AdvanceSettingView 类视图的路由

在 urls. py 中添加 AdvanceSettingView 类视图的路由：

```
url(r'^advanced_setting $ ',views. AdvanceSettingView. as_view(),
name = 'advanced_setting')
```

添加完成后，urls. py 中全部命令如下：

```
from django. conf. urls import url
from openstack_dashboard. dashboards. ratingfunction. billing import views
urlpatterns = [
    url(r'^ $ ', views. BasicSettingView. as_view(), name = 'index'),
    url(r'^network_setting $ ', views. NetworkSettingView. as_view(),
name = 'network_setting'),
    url(r'^advanced_setting $ ', views. AdvanceSettingView. as_view(),
name = 'advanced_setting'),]
```

（三）设置 NetworkSettingView 类视图重定向路由

在 NetworkSettingView 类视图中 post 方法中，添加网络设置页面路径，让用户提交成功后可以跳转到网络设置页面：

```
redirect("horizon:ratingfunction:billing:advanced_setting")
```

（四）重启服务

单击"下一步，高级设置"按钮查看页面，如图 4-6 所示。

图 4-6　初始显示高级设置页面

（五）在类视图 AdvanceSettingView 中添加功能

类视图 AdvanceSettingView 主要实现向高级设置页面传值，保存用户选择数据，静态页面中只需要把网络和网络接口数据传给前端即可，具体操作过程如下：

首先，获取 Neutron 接口中安全组的数据，命令如下：

```
    Projects = [(tenant. id,tenant. name)for tenant in
request. user. authorized_tenants]
    security_groups_list = api. neutron. security_group_list(request)  # 安全组
```

将"templates/billing/advanced_ setting/_ security_ groups. html"中的按照 Django 中的模板语言修改如下：

```
    <div class = "framework-box">
        <div class = "billing-module">
            <div class = "module-title">安全组</div>
            <div class = "module-content" style = "flex-grow:1">
                <table class = "table table-striped">
//此处略,完整代码见项目源码包
                    <tbody>
                    {%  for group in groups_list % }
                        <tr id = "tb_title">
                        <input type = "hidden" name = "security_group"
value = "{{ group }}">
    //此处略,完整代码见项目源码包
                            <td>{{ group. description }}</td>
                             <td >< input  type = "radio"  required name = "security_
group_id" id = "group"
                                        value = "{{ group. id }}"></td>
                        </tr>
                        <table class = "table table-striped" id = "tb-hide"
style = "display: none">
    //此处略,完整代码见项目源码包
                            <tbody>
                            {%  for security in group. security_group_rules % }
                                <tr>
                                    <input name = "id" type = "hidden"
value = "{{ security. security_group_id }}">
    //此处略,完整代码见项目源码包
    <script>
        $ ("#tb_title"). click(function () {
            $ ("#tb-hide"). toggle();
            if ( $ ("#tb-hide"). is(':hidden')) {
                $ ("#img_down"). attr("src",
"{{ STATIC_URL }}ratingfunction/img/down. png")
```

```
            } else {
                $ ("#img_down"). attr("src",
"{{ STATIC_URL }}ratingfunction/img/up. png")
            }
        });
    </script>
```

然后，获取 Nova 接口中 keypairs 数据，命令如下：

```
keypairs_list = api. nova. keypair_list(request)
```

将 "templates/billing/advanced_setting/_key_pairs. html" 中的代码按照 Django 中的模板语言修改如下：

```
<div class = "framework-box">
    <div class = "billing-module">
        <div class = "module-title">密钥对</div>
        <div class = "module-content" style = "flex-grow:1">
            <table class = "table">
                <thead>
                <tr><th>名称</th><th>类型</th><th>指纹</th></tr>
                </thead>
                <tbody>
                {% for keypairs in keypairs_list % }
                    <tr>
                        <td>< input type = "radio" name = "keypairs" id = "item"
value = "{{ keypairs. id }}">{{ keypairs. name }}</td>
                        <td>{{keypairs. key_type }}</td>
                        <td>{{keypairs. public_key }}</td>
                    </tr>
                {% endfor % }
//此处略,完整代码见项目源码包
```

最后，获取当前登录的用户名的值，将其传到前端，命令如下：

```
projects = request. user. tenant_name
```

此处需把基础设置页面的用户提交的数据，传到高级设置页面，类视图 AdvanceSettingView 的 get_data 方法的命令如下：

```
def get_data(self, request, context, * args, ** kwargs):
        button_title = "下一步,确认设置"

        try:
            projects = request. user. tenant_name   # 项目名称(登录用户名)
            security_groups_list = api. neutron. security_group_list(request)  # 安全组
            keypairs_list = api. nova. keypair_list(request)  # 密钥对
        except Exception:
            projects = []
            security_groups_list = []
            keypairs_list = []
        data = copy. deepcopy(total_context)
        context = {"projects": projects,
                    "keypairs": keypairs_list,
                    "groups_list": security_groups_list,
                    "button_title": button_title,
                    "total_context": data}
        try:
            context["total_money"] = data["single_money"] *  data["instance_count"]
        except Exception:
            context["total_money"] = 0
        total_context["security_groups_list"] = security_groups_list
        total_context["keypairs_list"] = keypairs_list
        return context
```

完成前后端代码编写后，打开页面，如图 4-7 所示。

云服务器名称	instance			
用户名	demo			
密码	123			
确认密码	123			

安全组	名称		描述	选择
	∧ default		Default security group	⦿

直连	以太网类型	协议	最小端口	最大端口
ingress	IPv4	-	-	-

图 4-7 网络设置数据显示页面

"templates/billing/advanced_setting. html" 中命令如下：

```
{% extends 'base. html'% }
{% load horizon % }
{% load i18n % }
{% block main % }      <form action = "{% url
"horizon:ratingfunction:billing:advanced_setting" % }" method = "post">
        {% csrf_token % }
        <input type = "hidden" name = "total_context" value =
" {{ total_context }}">
        {#            {{ total_context }}#}
        <div class = "container-fluid bg">
//此处略,完整代码见项目源码包
    </form>
    <script>
        {#处理主机数量的大小#}
        var intanceCount =  $ ("#intance_count");
        $ ("#instance_min"). on("click", function () {
            if (parseInt(intanceCount. val()) > 1) {
                intanceCount. val(parseInt(intanceCount. val()) - 1)
            } else {
                $ ("#min"). attr("disabled", "disabled")
            }
            setTotal();
        })
        $ ("#instance_max"). on("click", function () {
            intanceCount. val(parseInt(intanceCount. val()) + 1);
            $ ("#min"). removeAttr("disabled");
            setTotal();
        })

        function setTotal() {
            var intanceCount =  $ ("#intance_count"). val();
```

```
                var singleMoney = $ ("#single_money"). val();
                var totalMoney = singleMoney * intanceCount;
                var totalMoneyResult = totalMoney. toFixed(3)//保留小数点后面 3 位
                $ ("#total_money"). text(" ￥ " +totalMoneyResult + "元/小时");
            }
        </script>
{% endblock % }
```

二、高级设置数据保存

至此已完成了数据传值，用户选择好数据，通过提交表单将前端数据提交到后端，
后端保存用户提交的数据。

由于密钥对存在用户上传脚本的情况，所以需要开发处理用户提交数据的脚本文
件功能，命令如下：

```
def clean_uploaded_files(self, prefix, files):
        upload_str = prefix + "_upload"

        if upload_str not in files:
            return None

        upload_file = files[upload_str]
        script = upload_file. read()
        if script ! = "":
            try:
                if not isinstance(script, str):
                    script = script. decode()
                normalize_newlines(script)
            except Exception as e:
                pass
        return script


def _script_data(self, request):
```

```
        files = request. FILES
        script_data = self. clean_uploaded_files("script", files)
        return script_data
```

这里在 AdvanceSettingView 中定义 post 方法，主要功能是保存传过来用户提交的数据，命令如下：

```
def post(self, request):
        instance_name = request. POST. get("instance_name")
        admin_password = request. POST. get("password")
        security_group_ids = request. POST. getlist("security_group_id")
        security_group = request. POST. getlist("security_group")
        keypairs_id = request. POST. getlist("keypairs")
        server_group = request. POST. getlist("server_group")
        config_drive = request. POST. get("config_drive")
        disk_config = request. POST. get("disk_config")
        script_data = self. _script_data(request)
        instance_count = request. POST. get("instance_count")
        self. context["instance_count"] = instance_count
        self. context["instance_name"] = instance_name
        self. context["admin_password"] = admin_password
        self. context["security_group_ids"] = security_group_ids
        self. context["security_group"] = security_group
        self. context["keypair_id"] = keypairs_id
        self. context["server_group"] = server_group
        self. context["script_data"] = script_data
        self. context["config_drive"] = config_drive
        self. context["disk_config"] = disk_config
        total_context. update(self. context)
        return redirect("")
```

类视图 AdvanceSettingView 的命令如下：

```python
class AdvanceSettingView(BaseView):
    template_name = "ratingfunction/billing/advanced_setting. html"

    def clean_uploaded_files(self, prefix, files):
        upload_str = prefix + "_upload"

        if upload_str not in files:
            return None

        upload_file = files[upload_str]
        script = upload_file. read()
        if script ! = "":
            try:
                if not isinstance(script, str):
                    script = script. decode()
                normalize_newlines(script)
            except Exception as e:
                pass
        return script

    def _script_data(self, request):
        files = request. FILES
        script_data = self. clean_uploaded_files("script", files)
        return script_data

    def get_data(self, request, context, * args, ** kwargs):
        button_title = "下一步,确认设置"

        try:
            projects = request. user. tenant_name    # 项目名称(登录用户名)
            security_groups_list = api. neutron. security_group_list(request)   # 安全组
            keypairs_list = api. nova. keypair_list(request)   # 密钥对
        except Exception:
            projects = []
```

```python
        security_groups_list = []
        keypairs_list = []
    data = copy. deepcopy(total_context)
    context = {"projects": projects,
                "keypairs": keypairs_list,
                "groups_list": security_groups_list,
                "button_title": button_title,
                "total_context": data
                }
    try:
        context["total_money"] = data["single_money"] *  data["instance_count"]
    except Exception:
        context["total_money"] = 0
    total_context["security_groups_list"] = security_groups_list
    total_context["keypairs_list"] = keypairs_list
    return context


def post(self, request):
    instance_name = request. POST. get("instance_name")
    admin_password = request. POST. get("password")
    security_group_ids = request. POST. getlist("security_group_id")
    keypairs_id = request. POST. getlist("keypairs")
    config_drive = request. POST. get("config_drive")
    disk_config = request. POST. get("disk_config")
    script_data = self. _script_data(request)
    instance_count = request. POST. get("instance_count")
    self. context["instance_count"] = int(instance_count)
    self. context["instance_name"] = instance_name
    self. context["admin_password"] = admin_password
    self. context["security_group_ids"] = security_group_ids
    self. context["keypair_id"] = keypairs_id
    self. context["script_data"] = script_data
    self. context["config_drive"] = config_drive
    self. context["disk_config"] = disk_config
    total_context. update(self. context)
    return redirect("")
```

第五节 实例创建功能开发

考核知识点及能力要求：

- 掌握 Nova 组件创建虚拟机的参数配置方法。

- 掌握 CloudKitty 组件获取监控计费信息的方法。

一、确认设置

第四章第四节已经完成高级设置的功能，下面将实现用户确认功能设置。

（一）在 views. py 中添加 ConfirmSettingView 类视图

类视图代码如下，完整代码见项目源码包：

```
class ConfirmSettingView(BaseView):
    template_name = "ratingfunction/billing/confirm_setting. html"
    def get_data(self, request, context, * args, ** kwargs):
        return context
```

（二）在 urls. py 中添加 ConfirmSettingView 类视图的路由

路由代码如下，完整代码见项目源码包：

```
url(r'^confirm_setting $ ', views. ConfirmSettingView. as_view(), name = 'confirm_setting')
```

添加完成后，urls. py 中命令如下：

```
from django. conf. urls import url
from openstack_dashboard. dashboards. ratingfunction. billing import views
urlpatterns = [
    url(r'^ $ ', views. BasicSettingView. as_view(), name = 'index'),
    url(r'^network_setting $ ', views. NetworkSettingView. as_view(), name =
'network_setting'),
    url(r'^advanced_setting $ ', views. AdvanceSettingView. as_view(), name =
'advanced_setting'),
    url(r'^confirm_setting $ ', views. ConfirmSettingView. as_view(), name =
'confirm_setting'),
```

（三）在类视图的 post 方法中添加重定向路径

修改 AdvanceSettingView 类视图中 post 方法中的 Redirect 函数，添加确认页面的路径代码，让用户提交成功后可以转调到确认设置页面。

```
redirect("horizon:ratingfunction:billing: confirm_setting ")
```

（四）重启服务

单击"下一步，确认设置"按钮查看页面，如图 4-8 所示。

（五）在类视图 AdvanceSettingView 中添加功能

该类视图主要实现向高级设置页面传值，保存用户选择数据。

在上面 3 个页面中，用户已经选择好创建实例的数据，并保存在 total_context 字典里。现将 total_context 字典中保存的数据显示在确认设置页面中，如下所示。

图 4-8　初始显示确认设置页面

```
data = copy. deepcopy(total_context)
context = {
    "button_title": button_title,
    "total_context": data,
}
```

将"templates/billing/_ confirm _ setting/_ configuration _ list. html"中的代码按照 Django 模板语言修改如下：

```html
<div class = "item setting-box">
    <div class = "billing-module">
        <div class = "module-title">配置</div>
        <div class = "item-content">
            //此处略，完整代码见项目源码包
            <div>
                <div class = "item-line">
                    <span class = "item-title">高级配置</span>
                    <img src = "{{ STATIC_URL }}ratingfunction/img/edit. png" alt = ""
class = "ml10">
                </div>
                <div class = "item-line">
                    <span class = "title">云服务器名称</span>
                    <span
class = "content">{{ total_context. instance_name }}</span>
                    <span class = "title">登录凭证</span>
                    <span class = "content">密码</span>
                </div>
                <div class = "item-line">
                    <span class = "title">安全组</span>
                    {% for foo in total_context. security_group % }
                        <span class = "content">{{foo. name }}</span>
                    {% endfor % }
                </div>
                <div class = "line"></div>
//此处略，完整代码见项目源码包
```

Views. py 中类视图 AdvanceSettingView 中的 get_ data 方法命令如下：

```python
def get_data(self, request, context, * args, ** kwargs):
    button_title = "立即购买"
    data = copy. deepcopy(total_context)
    context = {
        "button_title": button_title,
        "total_context": data,
```

```
        }
    try:
            context["total_money"] = data["single_money"] *  data["instance_count"]
    except Exception:
            context["total_money"] = 0
    return context
```

前后端代码编写完成后，打开页面，如图4-9所示。

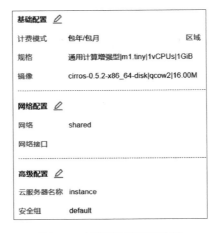

图4-9　确认页面显示数据

"templates/billing/confirm_setting. html" 的命令如下：

```
    {%  extends 'base. html'% }
    {%  load horizon % }
    {%  load i18n % }
    {%  block main % }
        <form action = "{%  url "horizon:ratingfunction:billing:confirm_setting" % }" method
= "post">
            {% csrf_token % }
            <div class = "container-fluid bg">
    //此处略,完整代码见项目源码包
                {% block   configuration_list % }
                    {%  include
"ratingfunction/billing/confirm_setting/_configuration_list. html" % }
                {% endblock % }
        </div>
```

```
            {% block instance_count_button % }
                {% include
"ratingfunction/billing/basic_setting/_instance_count_button. html" % }
            {% endblock % }
        </form>
        <script>
    //此处略，完整代码见项目源码包
            function setTotal() {
                var intanceCount = $ ("#intance_count"). val();
                var singleMoney = $ ("#single_money"). val();
                var totalMoney = singleMoney * intanceCount;
                var totalMoneyResult = totalMoney. toFixed(3)//保留小数点后面 3 位
                $ ("#total_money"). text("￥" +totalMoneyResult + "元/小时");
            }
        </script>
{% endblock % }
```

（六） 保存用户网络设置页面的数据

在数据确定页面，用户唯一提交的数据就是实例数量，其他数据只能查看，用户无法修改。类视图 AdvanceSettingView 中的 post 方法命令如下：

```
    def post(self, request):
        instance_count = request. POST. get("instance_count")
        self. context["instance_count"] = int(instance_count)
        total_context. update(self. context)
return redirect("")
```

二、创建实例

完成用户提交数据的确认操作后，需要进行实例创建。创建实例只需要调用 Nova 接口中 server_create 方法即可。同时，需要说明的是该方法需要的数据保存在 total_context 中，下面创建 handle 方法来实现实例创建，命令如下：

```
    def handle(self, request, context):
        custom_script = context. get('script_data', '')
```

```
dev_mapping_1 = None
dev_mapping_2 = None

image_id = ""
# Determine volume mapping options
source_type = context. get('source_type', None)
if source_type in ['image_id', 'instance_snapshot_id']:
    image_id = context['image_id']
elif source_type in ['volume_id', 'volume_snapshot_id']:
    # Volume source id is extracted from the source
    volume_source_id = context['source_id']. split(':')[0]
    device_name = context. get('device_name', ''). strip() or None
    dev_source_type_mapping = {
        'volume_id': 'volume',
        'volume_snapshot_id': 'snapshot'
    }
    dev_mapping_2 = [
        {'device_name': device_name,
         'source_type': dev_source_type_mapping[source_type],
         'destination_type': 'volume',
         'delete_on_termination':
             bool(context['vol_delete_on_instance_delete']),
         'uuid': volume_source_id,
         'boot_index': '0',
         'volume_size': context['volume_size']
         }
    ]
elif source_type == 'volume_image_id':
    device_name = context. get('device_name', ''). strip() or None
    dev_mapping_2 = [
        {'device_name': device_name,   # None auto-selects device
         'source_type': 'image',
         'destination_type': 'volume',
         'delete_on_termination':
             bool(context['vol_delete_on_instance_delete']),
         'uuid': context['source_id'],
```

```
                'boot_index': '0',
                'volume_size': context['volume_size']
                }
        ]

netids = context. get('net_id', None)
if netids:
        nics = [{"net-id": netid, "v4-fixed-ip": ""}
                    for netid in netids]
else:
        nics = None

availability_zone = context. get('availability_zone', None)
instance_name = context. get("instance_name", "-")
instance_count = context. get("instance_count", 1)
scheduler_hints = {}
server_group = context. get('server_group', None)
if server_group:
        scheduler_hints['group'] = server_group

ports = context. get('network_port')
if ports:
        if nics is None:
            nics = []
        nics. extend([{'port-id': port} for port in ports])

try:
        api. nova. server_create(request,
                                instance_name,
                                image_id,
                                context['flavor_id'],
                                context['keypair_id'],
                                normalize_newlines(custom_script),
                                context['security_group_ids'],
                                block_device_mapping = dev_mapping_1,
                                block_device_mapping_v2 = dev_mapping_2,
```

```
                                          nics = nics,
                                          availability_zone = availability_zone,
                                          instance_count = int(instance_count),
                                          admin_pass = context['admin_password'],
                                          disk_config = context. get('disk_config'),
config_drive = context. get('config_drive'),
                                          scheduler_hints = scheduler_hints)
            return True
        except Exception:
            exceptions. handle(request)
        return False
```

将虚拟机实例创建方法 handle 添加到 ConfirmSettingView 类视图中的 post 方法里面，并在 post 函数里使用 redirect 重定向到虚拟机实例列表页面，post 方法所有命令如下：

```
def post(self, request):
        instance_count = request. POST. get("instance_count")
        self. context["instance_count"] = int(instance_count)
        total_context. update(self. context)
        self. handle(request, total_context)
        return redirect("horizon:project:instances:index")
```

views. py 中 ConfirmSettingView 类视图的命令如下：

```
class ConfirmSettingView(BaseView):
    template_name = "ratingfunction/billing/confirm_setting. html"

    def get_data(self, request, context, * args, ** kwargs):
        button_title = "立即购买"
        //此处略，完整代码见项目源码包
        return context

    def post(self, request):
        //此处略，完整代码见项目源码包
    def handle(self, request, context):
        custom_script = context. get('script_data', '')
        dev_mapping_1 = None
```

```
dev_mapping_2 = None

image_id = ""
# Determine volume mapping options
source_type = context. get('source_type', None)
if source_type in ['image_id', 'instance_snapshot_id']:
    image_id = context['image_id']
elif source_type in ['volume_id', 'volume_snapshot_id']:
    # Volume source id is extracted from the source
    volume_source_id = context['source_id']. split(':')[0]
    device_name = context. get('device_name', ''). strip() or None
    dev_source_type_mapping = {
        'volume_id': 'volume',
        'volume_snapshot_id': 'snapshot'
    }
    dev_mapping_2 = [
        {'device_name': device_name,
         'source_type': dev_source_type_mapping[source_type],
         'destination_type': 'volume',
         'delete_on_termination':
             bool(context['vol_delete_on_instance_delete']),
         'uuid': volume_source_id,
         'boot_index': '0',
         'volume_size': context['volume_size']
        }
    ]
//此处略,完整代码见项目源码包
```

至此，已经完成了实例创建，单击"立即购买"按钮后，页面会转调到实例列表页面，说明实例创建成功，如图 4-10 所示。

	Project	Host	Name	Image Name
☐	admin	UbtD	instance	cirros-0.5.2-x86_64-disk

显示 1 项

显示 1 项

图 4-10　成功创建实例

三、费用中心

成功创建实例后，为了能够让用户了解使用主机的收费情况，下面创建用户费用中心。费用中心的数据是实时显示用户每小时的费用情况，需要启动计费服务，然后从接口中获取数据，下面进行具体介绍。

（一）在 views. py 中添加 CostCenterView 类视图

类视图代码如下，完整代码见项目源码包：

```
class CostCenterView(BaseView):
    template_name = "ratingfunction/billing/cost_center. html"

    def get_data(self, request, context, * args, ** kwargs):
        return context
```

（二）在 urls. py 中添加 CostCenterView 类视图的路由

由于费用中心的实时数据量比较大，为了用户体验需要翻页，因此定义 URL 时增加变量 page，用于记录页码：

```
url(r'^cost_center/(? P<page>[0-9]+)/ $ ',views. CostCenterView. as_view(), name =
'cost_center'),
```

添加完之后，urls. py 中命令如下：

```
from django. conf. urls import url
from openstack_dashboard. dashboards. ratingfunction. billing import views

urlpatterns = [
    url(r'^ $ ', views. BasicSettingView. as_view(), name = 'index'),
    url(r'^network_setting $ ', views. NetworkSettingView. as_view(),
name = 'network_setting'),
    url(r'^advanced_setting $ ', views. AdvanceSettingView. as_view(),
name = 'advanced_setting'),
    url(r'^confirm_setting $ ', views. ConfirmSettingView. as_view(),
name = 'confirm_setting'),
    url(r'^cost_center/(? P<page>[0-9]+)/ $ ', views. CostCenterView. as_view(), name
= 'cost_center'),]
```

（三）添加费用中心入口

为了增加用户体验，费用中心入口显示在页面右上角。该部分代码在"openstack_ dashboard/templates/header/_user_menu. html"中，这里只需在"_user_menu. html"中 setting 的 li 标签下面，添加 li 标签实现链接即可，命令如下：

```
<li>
        <a href="{% url 'horizon:ratingfunction:billing:cost_center'
page=1 % }" target="_self">
        <span class="fa fa-cog"></span>
            费用中心
        </a>
    </li>
```

（四）重启服务

前后端代码编写完成后，重启服务就会看 到如图 4-11 所示的内容。

（五）在类视图 CostCenterView 中添加功能

静态页面只需将 CloudKitty 中用户实时使用 虚拟机费用数据传给前端即可。

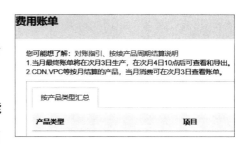

图 4-11 初始用户费用中心

首先，获取 CloudKitty 从 1970 年到现在的用户虚拟机每小时费用情况，命令如下：

```
import calendar
import collections
import copy
import datetime
import decimal
import time
from collections import OrderedDict


today = datetime. datetime. today()
day_start, day_end = calendar. monthrange(today. year, today. month)
begin = "1970-01-01T00:00:00"
end = "% 4d-% 02d-% 02dT23:59:59" % (today. year, today. month, day_end)
client = cloudkitty_api. cloudkittyclient(request)
```

```
data = client. storage. get_dataframes(
begin = begin, end = end, tenant_id = request. user. tenant_id)
```

其次，将接口中获取的 data 数据放到 _do_init_data 函数中进行处理，返回一个可以正常处理的字典数据，命令如下：

```
def _do_init_data(self, data):
    services = {}
    # 这些变量将跟踪用来填充字典的时间跨度
    start_timestamp = None
    end_timestamp = None
    for dataframe in data. get('dataframes', []):
        begin = dataframe['begin']
        timestamp = int(time. mktime(
            datetime. datetime. strptime(begin[:16],
                                    "% Y-% m-% dT% H:% M"). timetuple()))
        if start_timestamp is None or timestamp < start_timestamp:
            start_timestamp = timestamp
        if end_timestamp is None or timestamp > end_timestamp:
            end_timestamp = timestamp

        for resource in dataframe['resources']:
            service_id = resource['service']
            service_data = services. setdefault(
                service_id, {'cumulated': 0, 'hourly': {}})
            service_data['cumulated'] + =
decimal. Decimal(resource['rating'])
            hourly_data = service_data['hourly']
            hourly_data. setdefault(timestamp, 0)
            hourly_data[timestamp] + = float(resource['rating'])

    service_names = services. keys()
    t = start_timestamp
    if end_timestamp:
        while t < = end_timestamp:
            for service in service_names:
                hourly_d = services[service]['hourly']
                hourly_d. setdefault(t, 0)
```

```
        t += 3600
    #给字典排序
    //此处略,完整代码见项目源码包
    # 开始处理从接口里面取出的数据
    //此处略,完整代码见项目源码包
```

由于前端中需要传入产品类型、项目、时间、应付金额 4 个字段,需将项目数据添加 dict_list,并重新进行数据处理,最终返回 total_list。命令如下:

```python
def _get_product_data(self,dict_list, request):
    """得到同一时间产品类型的计费数据"""
    projects = request. user. tenant_name    # 项目名称(登录用户名)
    # 获取时间列表,用于后面提取数据
    hour_list = []
    for obj in dict_list:
        for i in obj["data"]:
            hour_list. append(i["hour"])
            break
    # 将产品类型、时间、计费放到同一个字典里
    lis = []
    for obj in dict_list:
        for dic in obj["data"]:
            dic["name"] = obj["name"]
            dic["projects"] = projects
            dic["date"] = time. strftime("%Y-%m-%d %H:%M:%S",
time. localtime(dic["hour"]))
            lis. append(dic)

    # 将产品类型根据相同时间放在同一个列表里
    total_list = []
    for i in hour_list:
        lis_ = []
        for j in lis:
            if i == j["hour"]:
                lis_. append(j)
        total_list. extend(lis_)
    return total_list
```

由于接口数据量较大，为了用户体验，需分页处理。分页处理数据使用 Django 的库 paginator，把分页数据传给前端，设置每页 12 条数据，每页显示 5 个页码，命令如下：

```python
from django. core. paginator import Paginator
def _page_data(self, request, project_cost_list):
        """处理分页数据"""
        paginator = Paginator(project_cost_list, 12)    # 实例化分页对象,每页 12 条数据
        total_page_num = paginator. num_pages    # 总页码
        current_page_num = int(self. kwargs["page"])    # 当前页,默认显示第一页
        page_data = paginator. page(current_page_num)
        page_range = paginator. page_range    # 确定页面范围,以便进行模板渲染
使用页码
        # 当前页
        if total_page_num > 5:    # 当总页码大于 5 时
            if current_page_num < 4:    # 当前页小于 4 时,页码范围是（1,5）
                page_range = range(1, 6)
            elif current_page_num + 3 > total_page_num:    # 当前页码是倒数第 3 页时
                page_range = range(current_page_num - 2, total_page_num + 1)
            else:
                page_range = range(current_page_num - 2, current_page_num + 3)
        return page_data, page_range, current_page_num, total_page_num
```

CostCenterView 类视图的 get_data 的全部命令如下：

```python
def get_data(self, request, context, * args, ** kwargs):
        today = datetime. datetime. today()
        day_start, day_end = calendar. monthrange(today. year, today. month)
        begin = "1970-01-01T00:00:00"
        end = "% 4d-% 02d-% 02dT23:59:59" % (today. year, today. month, day_end)
        client = cloudkitty_api. cloudkittyclient(request)
        data = client. storage. get_dataframes(
            begin = begin, end = end, tenant_id = request. user. tenant_id)
        parsed_data = self. _do_this_month(data)
        # 开始处理从接口里面取出的数据
        dict_list = []
        for i, j in parsed_data. items():
            dic = {}
            dic["name"] = i
```

```
        ls = []
        for hour, cost in j["hourly"]. items():
            d = {}
            d["hour"] = hour
            d["cost"] = cost
            ls. append(d)
            dic["data"] = ls
        dict_list. append(dic)
    # 得到同一时间产品类型的计费数据
    project_cost_list = self. _get_product_data(dict_list, request)
    # 处理分页数据
    page_data, page_range, current_page_num, total_page_num = self. _page_
data(request, project_cost_list)
    context = {
        "page_data": page_data,
        "page_range": page_range,
        "current_page_num": current_page_num,
        "total_page_num": total_page_num,
    }
    return context
```

将 "templates/billing/cost_center. html" 中的代码按照 Django 模板语言修改如下：

```
{% extends 'base. html'% }
{% load horizon % }
{% load i18n % }
{% block main % }
//此处略,完整代码见项目源码包
                    <table class = "table" style = "margin-top: 10px;">
                        <thead>
                        <tr>
                            <th>产品类型</th>
                            <th>项目</th>
                            <th>时间</th>
                            <th>应付金额(￥)</th>
                        </tr>
                        </thead>
```

```
                              <tbody>
                     {% for project_dict in page_data % }
    //此处略,完整代码见项目源码包
                                          id = "default-datatable_next">
                                      <a href = "{%  url
"horizon:ratingfunction:billing:cost_center" page = page_data. next_page_number % }"
                                    class = "page-link">下一页</a></li>
                     {% else % }
                              <li class = "paginate_button page-item
next disabled"
                                    id = "default-datatable_next"><a
href = "#"
class = "page-link">下一页</a></li>
                     {% endif % }
                     <li><a class = "page">总页
{{ total_page_num }}</a></li>
    //此处略,完整代码见项目源码包
    {% endblock % }
```

前端代码改好后，打开页面，如图 4-12
所示。

思考题

1. 一个 Dashboard 通常由哪几部分组成？
命令生成的 Dashboard 中有哪几个模块？

2. 每个页面最下方的虚拟机计费功能是
怎么实现的？

3. 创建虚拟机实例时需要调用 Nova 接
口，那么创建虚拟机时需要哪些参数？哪些参数需要从其他接口中获取？

4. 创建虚拟机实例时需要大量接口数据，用户创建过程中数据保存在哪里？

5. 在类视图中，"get_data"和"post"这两个方法的作用分别是什么？

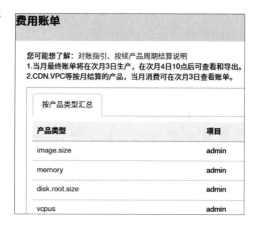

图 4-12　收费中心数据显示

第二篇
云计算应用开发

　　"云应用"是"云计算"概念的子集，是云计算技术在应用层的体现。"云应用"的工作原理是把传统软件"本地安装、本地运算"的使用方式转变为"即取即用"的服务方式，是通过互联网或局域网连接并操控远程服务器集群，完成业务逻辑或运算任务的一种新型应用。"云应用"的主要载体为互联网技术，用户通过 Web 浏览器、移动 App、桌面应用程序、智能终端等方式使用"云应用"提供的服务。"云应用"不但可以帮助用户降低 IT 成本，而且可以大大提高工作效率，因此传统软件向"云应用"转型的革新浪潮趋势已经不可阻挡。

　　学习本篇内容之前，需要掌握 Java 基础知识、SQL 基础、Vue2.0 基础、HTML和 CSS 的基础、JavaScript 基础，以及 Linux 操作系统的基本使用。

　　通过本篇的学习，能够了解 Vue CLI 搭建前端项目的使用，了解 VSCode 前端开发工具及 Vue 组件的创建和使用。了解后端 Java 开发 Spring、Spring Boot 框架；掌握 Spring Boot 快速搭建 Java 项目及后端开发工具 IDEA 的使用；掌握 RESTful 接口风格，能够进行基础 CRUD 后端接口开发；掌握 Kubernetes、OpenStack 的 SDK的常用接口开发及调试。

第五章　云管应用系统开发准备

　　项目需求分析是一个项目的开端，也是项目建设的基石，需求分析的基本任务是准确地回答"系统必须做什么"。本章从传统 IT 环境入手，详细分析了传统 IT 技术环境下企业所面临的主要困难，然后从国家战略、信息技术领域等方面介绍了云计算这个新兴产业的影响及前景，以及对比传统的技术所具有的优势。最后，通过一个案例，引出云管应用系统的需求，完成该需求的分析及整个平台的架构设计、功能设计、开发环境的准备及一些工具的介绍与使用。

●**职业功能**：云计算应用开发（需求分析、架构设计）。

●**工作内容**：云应用需求分析及架构设计。

●**专业能力要求**：能根据前端技术需求，搭建云应用前端开发框架；能调用云平台 API，完成接口对接；能根据前端功能需求，完成功能开发；能根据后端技术需求，搭建云应用后端框架；能根据功能开发需求，完成后端简单功能开发；能根据开发技术规范，编写 API 文档，并测试联调。

●**相关知识要求**：掌握前端开发知识、接口调用知识、API 开发知识、联调测试知识；掌握云平台镜像应用知识、云平台云服务器应用知识。

第一节　需求分析

考核知识点及能力要求：

• 了解需求分析及转化过程。

• 了解程序基础架构及功能。

• 熟悉开发环境搭建。

一、需求描述

云计算作为信息技术领域的一种创新应用模式，自其诞生以来一直备受关注。由于其具备低成本、弹性、易用、高可靠性、按需服务等特点，近年来被看作是新一代信息技术变革和商业模式变革的核心，国家也从政策层面推进企业上云。

随着云计算的深入发展和加速落地，目前云平台已经成为更多行业用户的基础环境和业务承载平台，越来越多的行业客户认识到云计算的价值。云平台最大的价值在于改变传统的资源交付模式，实现了 IT 服务从资源到服务的转型。

企业上云涉及搭建自己私有云、接入公有云，对云资源进行成本管理与效率管理。企业主流采用 OpenStack 平台、Kubernetes 平台搭建自己的私有云管理平台，通过统一的云管应用系统，实现多种云资源集中式管理。

基于以上需求，从需求角度来看，云管应用系统应具备以下能力：

• 具备跨云、混合云管理能力。

• 具备异构资源管理能力。

- 具备资源全生命周期管理能力。

- 具备资源监控、安全告警能力。

- 具备资源成本分析、统计、优化能力。

- 全面的 DevOps（Development Operations，是一组过程、方法与系统的统称）支持能力。

基于以上需求及分析，本次开发对以下功能进行实现，功能清单见表5-1。

表5-1　　　　　　　　　　　　　云管应用系统功能清单

模块	菜单	功能
Kubernetes	集群管理	Kubernetes 集群管理，能新增、修改、删除、查询集群，管理多个集群
	命名空间	OpenStack 命名空间管理，能对不同集群的命名空间新增、删除
	容器组	根据选择的集群和命名空间，新增、删除指定镜像的容器组
OpenStack	集群管理	OpenStack 集群管理，能新增、修改、删除、查询集群，管理多个集群
	实例类型管理	管理 OpenStack 的 Flavors，能新增、删除 Flavors
	实例管理	OpenStack 实例管理，能启动指定 Flavor 的实例，并对该实例的生命周期进行管理，包括开机、关机、重启、删除

二、产品界面设计

根据需求及功能清单进行产品界面设计，如图5-1所示。

图5-1　云管应用系统界面设计

第二节　架构设计

考核知识点及能力要求：

• 了解架构设计。

技术选型如下：

• 前端：Vue2.0、Element UI。

• 后端：JDK8、MySQL5.7。

（一）前端设计

云管应用系统界面主要渲染场景都是表格和表单，采用管理系统设计风格，基于 Vue 组件化思路，前端设计如图 5-2 所示。

（二）数据库设计

设计数据库名为"cloud_manage"，总共两个表，用以承载两种服务的集群信息，本地数据库不保存服务的实例等信息，如图 5-3 所示。

（三）接口设计

接口设计如图 5-4 所示。

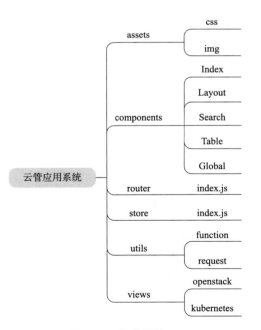

图 5-2　前端设计

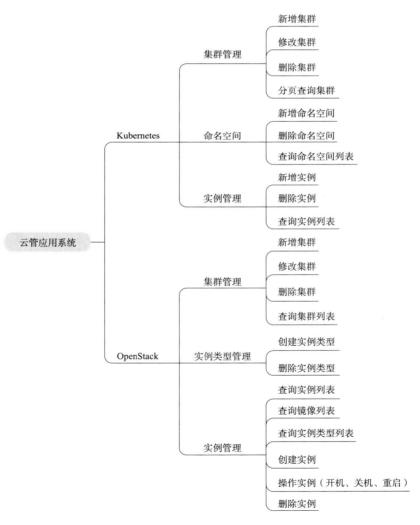

图 5-3　数据库设计

图 5-4　接口设计

最后，整体架构设计如图 5-5 所示。

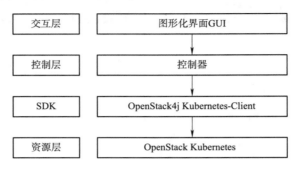

图 5-5　整体架构设计

- 交互层：用户交互界面。
- 控制层：具体的业务模块流程的控制。
- SDK：OpenStack4j、Kubernetes-Client 软件开发工具包。
- 资源层：OpenStack、Kubernetes 集群。

第三节　开发环境搭建

考核知识点及能力要求：

- 掌握前端开发环境搭建。
- 掌握后端开发环境搭建。
- 掌握常用开发工具的使用。

一、 JDK 安装

JDK（Java Development Kit）是 Java 语言的软件开发工具包，访问 "https://

www.oracle.com/cn/java/”网站，选择下载 Windows JDK8-291 版本。下载后按照步骤安装，直到安装完毕，之后，单击 Windows 开始菜单，打开 CMD（命令提示符）窗口，输入命令“java -version”，如图 5-6 所示。

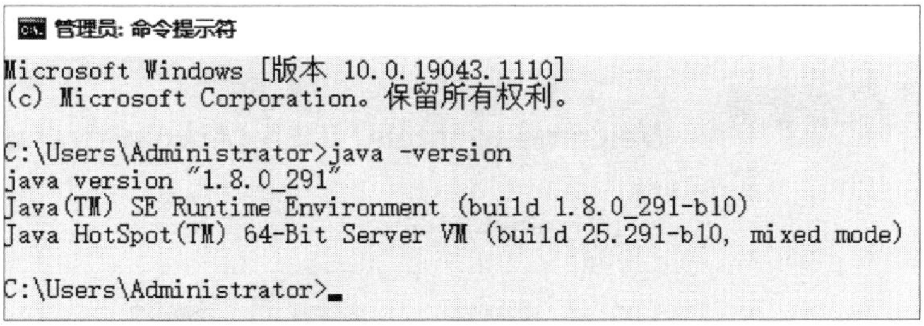

管理员: 命令提示符
Microsoft Windows [版本 10.0.19043.1110]
(c) Microsoft Corporation。保留所有权利。
C:\Users\Administrator>java -version
java version "1.8.0_291"
Java(TM) SE Runtime Environment (build 1.8.0_291-b10)
Java HotSpot(TM) 64-Bit Server VM (build 25.291-b10, mixed mode)
C:\Users\Administrator>

图 5-6　Java 安装完成检验

此时，JDK 安装完毕。

二、 IDEA 开发工具安装

IDEA 全称 IntelliJ IDEA，是 Java 编程语言开发的集成环境。IntelliJ IDEA 在业界被公认为最好的 Java 开发工具，尤其是在智能代码助手、代码自动提示、重构、JavaEE（Java Enterprise Edition，是 Java 语言的软件开发工具包企业版）支持、各类版本工具（如 Git、SVN、CVS、SVN 等）整合与代码分析方面。

在浏览器中打开“https://www.jetbrains.com/zh-cn/idea/”。

单击下载，如图 5-7 所示。

JET BRAINS
开发者工具
团队工具
学习工具
解决方案
在线商店
IntelliJ IDEA
最新变化
功能
资源
购买
下载
IntelliJ IDEA
功能强大，符合人体工程学的 JVM IDE
下载

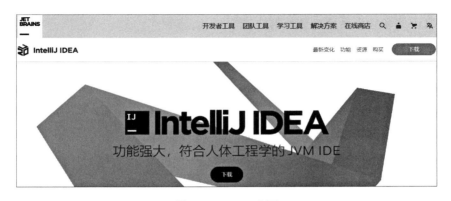

图 5-7　IDEA 主页

下载并安装 IDEA Community 版本。

安装完成后，打开 IDEA，如图 5-8 所示。

图 5-8　首次打开 IDEA

至此，IDEA 安装完毕。

三、 MySQL 安装

数据库（Database）是按照数据结构组织、存储和管理数据的仓库。每个数据库都有一个或多个不同的 API（应用程序编程接口）用于创建、访问、管理、搜索和复制所保存的数据。也可以将数据存储在文件中，但是在文件中读写数据速度较慢。所以，现在一般使用关系型数据库管理系统（RDBMS，Relational Database Management System）来存储和管理系统业务数据。

MySQL 是最流行的关系型数据库管理系统，在 Web 应用方面，MySQL 是最好的 RDBMS 应用软件之一。

在浏览器中打开"https://dev.mysql.com/downloads/installer/"，下载并以 Server only 方式安装 MySQL 5.7.34 版本，如图 5-9 所示。

MySQL 安装程序会检测需要安装的依赖服务，如 Microsoft Visual C++ 2013（简称 Visual C++、MSVC、VS 或 VC，是微软公司的免费 C++开发工具）等。如果已安装，则忽略此步骤；如果未安装，则单击"Execute"，MySQL 会尝试安装需要的依赖。

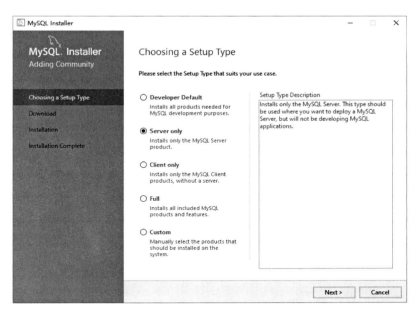

图 5-9　安装 MySQL

安装完成后，继续单击"Next>"，直到出现 Accounts and Roles 界面。输入 root 账户的密码，然后单击"Next>"，如图 5-10 所示。

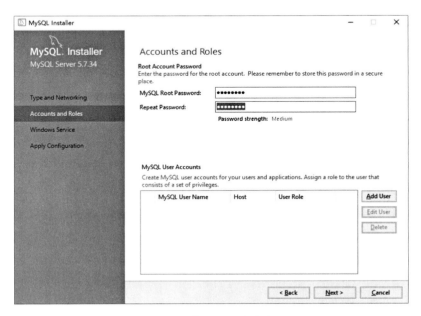

图 5-10　输入 root 账户密码

单击"Next>"，直到 MySQL 安装完成。

在日常开发中，为了方便通常会使用数据库可视化管理工具管理数据库，这里采用 MySQL Workbench 管理工具，MySQL Workbench 是 MySQL 官方提供的免费的可视化数据库管理工具，功能简捷、强大，使用非常简单。

软件下载地址"https://dev.mysql.com/downloads/workbench/"，下载安装包完成后打开工具，单击上方菜单栏中的"Database"，然后选择"Connect to Database..."。

在"Stored Connection"选项中，选择"Local instance MySQL57"，然后单击"OK"，如图 5-11 所示。

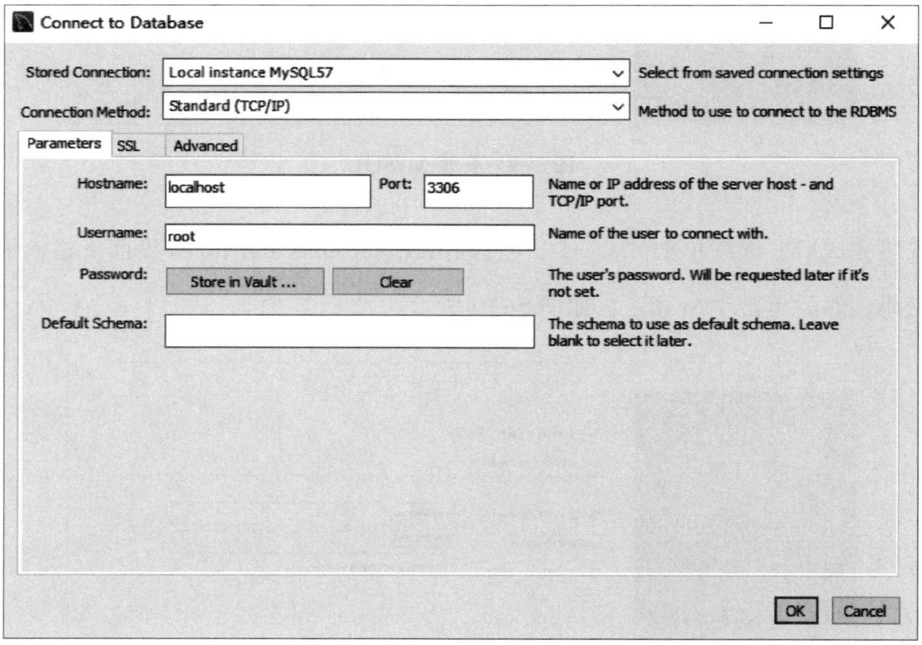

图 5-11　连接数据库

在 Password 输入框中输入安装 MySQL 数据库时设置的密码，勾选"Save password in vault"，单击"OK"，便进入了 Workbench 的主界面。

单击左边界面下方的"Schemas"，然后在空白处单击鼠标右键，选择"Create Schema..."新建一个 Schema。

新建 Schema 后，在 Name 输入框中，输入 test 这个数据库名称，然后在 Charset/

Collation 后选择字符编码"utf8mb4"，再选择"utf8mb4_general_ci"作为排序规则，如图 5-12 所示。

图 5-12　新建数据库

依次单击"Apply→Apply→Finish"，就可以在左边的界面中看到建好的数据库。然后双击"test"数据库，在"Tables"选项单击右键，选择"Create Table"，如图 5-13 所示。

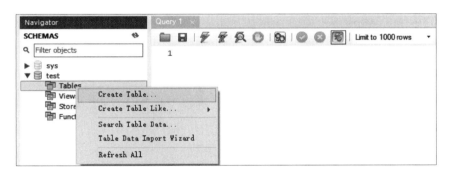

图 5-13　新建 Table

在 Table 创建界面，输入 Table 名称、注释，然后输入对应的字段和名称，再选择字段的类型和长度，单击"Apply"即可，如图 5-14 所示。

除了以上方式外，很多时候也会用 SQL 语句直接新建数据表，在顶部菜单栏选择"Query→New Tab to Current Server"，将以下 SQL 语句复制到界面中，然后单击执行按钮或键盘输入"Ctrl+Enter"执行该 SQL 语句：

```
CREATE TABLE `test_user` (
    `id`varchar(32) NOT NULL COMMENT '主键 ID',
    `name`varchar(100) DEFAULT NULL COMMENT '用户名称',
    `age` int DEFAULT NULL COMMENT '年龄',
    PRIMARY KEY (`id`)
```

>) ENGINE = InnoDB DEFAULT CHARSET = utf8mb4 ROW_FORMAT = COMPACT COMMENT =
> '测试用户表';

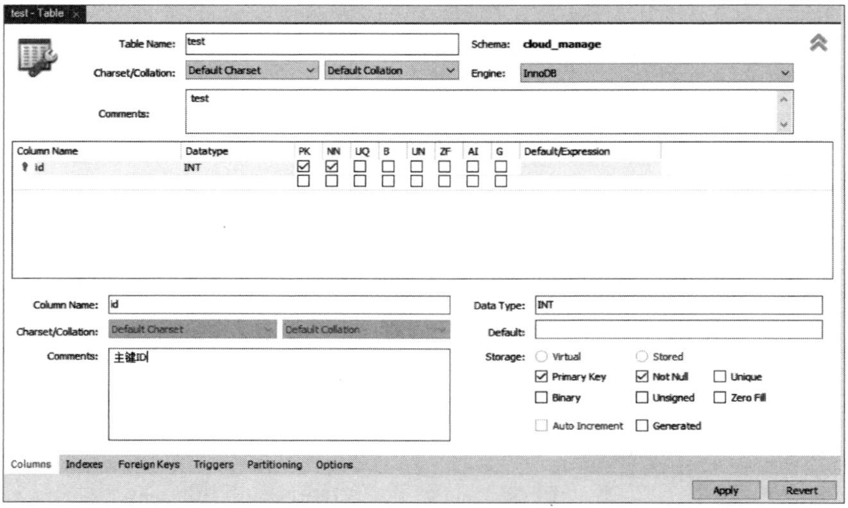

图 5-14   设置 Table 属性

在左边"Tables"菜单，单击鼠标右键，选择"Refresh All"，展开 Tables，就能
看到建立的数据表。如图 5-15 所示。

图 5-15   创建 test_ user 数据表

四、 Node.js 安装

Node.js 是一个基于 Chrome V8 引擎的 JavaScript（简称 JS，是一种具有函数优先
的轻量级，解释型或即时编译型的编程语言）运行环境。Node.js 使用了一个事件驱

动、非阻塞式 I/O 的模型，使其轻量又高效。Node. js 的包管理器 NPM（Node Package Manager，是一个 Node. js 包管理和分发工具），是全球最大的开源库生态系统。

在浏览器中打开"https://nodejs. org/zh-cn/"。单击下载长期支持版，并使用默认配置安装。

安装完毕后，按组合键"Win+R"后输入 cmd 打开命令提示符，输入"node – v"和"npm – v"命令，查看是否安装成功，如图 5-16 所示。

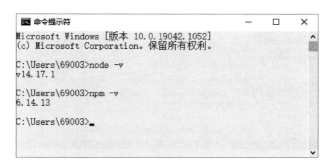

图 5-16　查看 Node. js 版本号

若显示版本号，则 Node. js 安装成功。为提高 npm 依赖包下载速度，可以将 npm 更换成淘宝镜像源，命令如下：

```
npm config set registry https://registry. npm. taobao. org
```

五、 VSCode 开发工具安装

本案例基于 VSCodeIDE 工具进行前端程序开发，以下介绍如何在 Windows 下安装 VSCode。

在浏览器中打开"https://code. visualstudio. com/"。单击下载 stable 稳定版，并以默认设置进行安装。完成后运行 VSCode，点开左侧菜单中的扩展，搜索开发 Vetur（Vue. js 开发的插件）并安装该插件，如图 5-17 所示。

VSCode 有许多便利的开发插件，可自行寻找并安装合适自己的插件。常用的插件如下：

• Chinese（Simplified）Language Pack for Visual Studio Code（简体中文语言包）。

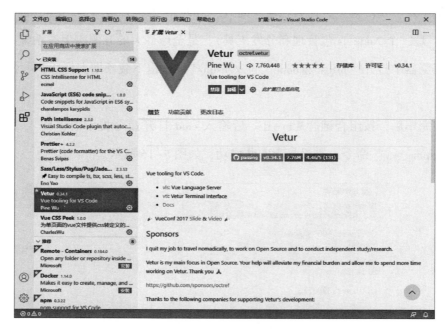

图 5-17　Vetur 插件安装

- JavaScript（ES6）code snippets。

- HTML CSS Support。

- CSS Peek。

至此，前端开发的环境已搭建完成。

思考题

1. 软件项目的要素是什么？

2. 好的需求特征有哪些？

3. 架构设计应该遵循哪些原则？

4. JDK 有什么作用？

5. 为什么要使用 NPM？

第六章　云应用前端开发

扩展开发云主机、容器、网络和存储。学习本章的前提是需要熟悉 JavaScript、CSS、HTML，对 Vue.js、Vuex（专门为 Vue.js 设计的状态管理库）、Vue-Router（Vue.js 官方的路由管理器）、ECMAScript 6（简称 ES6，是于 2015 年 6 月正式发布的 JavaScript 语言的标准，正式名为 ECMAScript 2015，简称 ES2015，也泛指 ES2015 及之后的新增特性）、Axios、ElementUI、SASS（Syntactically Awesome Stylesheets，是一个将脚本解析成 CSS 的脚本语言）有一定的了解。

● **职业功能**：云计算应用开发（云应用前端开发）。

● **工作内容**：熟练使用前端开发工具和编程语言完成云应用前端的开发。

● **专业能力要求**：能根据前端技术需求，搭建云应用前端开发框架；能调用云平台 API，完成接口对接；能根据前端功能需求，完成功能开发。

● **相关知识要求**：掌握前端开发知识，掌握接口调用知识。

133

第一节　搭建前端项目

考核知识点及能力要求：

- 了解 Vue CLI 如何搭建前端项目。
- 了解 VSCode 的简单使用。
- 能够安装、封装以及使用前端项目的依赖包。
- 掌握如何搭建前端项目的整体布局。

一、 Vue CLI 搭建项目

使用 NPM 安装 Vue CLI（一个基于 Vue.js 进行快速开发的完整系统），通过快捷键 "Win+R"，打开 "运行" 对话框，然后输入 "cmd"，打开命令提示符，先执行 "npm install -g @vue/cli@4.5.13" 命令，接着执行 "vue ui" 命令，会启动 Vue CLI 的图形化界面。图形化界面启动成功后，不要关闭命令窗口。然后打开浏览器，输入如图 6-1 所示的网址，即 "http://localhost：8000"。

图 6-1　启动 Vue CLI 图形化界面

进入 Vue CLI 的图形化页面，单击"创建"，选择存放项目的路径，单击"+在此创建新项目"，进入创建项目界面，接着输入项目名，单击"下一步"，进入项目创建的预设界面，如图 6-2 所示。

图 6-2 项目创建预设界面

选择默认，单击"√创建项目"，等待一段时间后，便会提示项目创建成功。

二、 VSCode 启动项目

打开 VSCode，此时 VSCode 已安装简体中文语言包插件，单击左上角菜单栏中的"文件（F）"，然后单击"打开文件夹"，选择创建的项目名文件夹，便可在 VSCode 开发该前端项目。

通过单击 VSCode 顶部菜单栏中的"终端"，出现一个编辑终端窗口，如图 6-3 所示。

在正下方的"终端"里输入"npm install"，按回车键后，便会自动下载项目启动所需要的依赖包。等待下载完毕，继续在"终端"里输入"npm run serve"，便可启动项目；或者在左侧资源管理器选项中，单击"NPM 脚本"下"package.json"中的"serve"的启动按钮（三角符号），也可启动项目。

三、安装项目所需依赖

此时，虽然项目可以启动，但为了便捷开发，还需要安装一些依赖。

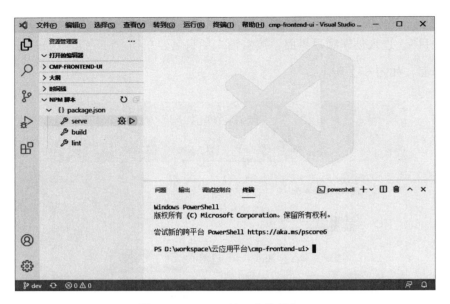

图 6-3　VSCode 的一个终端窗口

（一）Vuex 安装

Vuex 是一个专为 Vue. js 应用程序开发的状态管理模式。其采用集中式存储管理应用所有组件的状态，使用相应的规则，保证状态以一种可预测的方式发生变化。Vuex 一般用来管理项目的一些全局变量。

这个状态自管理应用包含以下几个部分：

- state：驱动应用的数据源。

- view：以声明方式将 state 映射到视图。

- actions：响应在 view 上的用户输入导致的状态变化。

Vuex 可在 VSCode 的"终端"里输入"npm install vuex --save"进行安装。如果安装失败，可以配置 cnpm 进行安装，在"终端"里输入"npm install -g cnpm --registry = https://registry. npm. taobao. org"执行，完成后输入"cnpm -v"执行，看 cnpm 是否安装成功，如果 cnpm 报错，则重新配置 cnpm，步骤如下：

- 以管理员身份运行 VScode，打开"终端"。

- 输入"get-ExecutionPolicy"执行，显示 Restricted，表示状态是禁止的。

- 输入"set-ExecutionPolicy RemoteSigned"执行。

• 这时再执行 "get-ExecutionPolicy", 就显示 RemoteSigned, 此时便可以使用 cnpm 命令。

cnpm 安装成功后, 可在 "终端" 里输入 "cnpm install vuex --save" 进行安装。

(二) Vue-Router 安装

Vue-Router 可在 VSCode 的 "终端" 里输入 "npm install vue-router" 进行安装。

(三) ElementUI 安装

ElementUI 可在 VSCode 的 "终端" 里输入 "npm i element-ui -S" 进行安装。

(四) Axios 安装

Axios 可在 VSCode 的 "终端" 里输入 "npm install axios" 进行安装。

(五) SASS 安装

SASS 是一门强大的 CSS 扩展语言, 能够完全兼容所有版本的 CSS。可以无缝使用任何可用的 CSS 库, 可以在 "终端" 里输入 "npm install sass@1.26.5 --save-dev" 和 "npm install sass-loader@8.0.2 --save-dev" 进行安装。

四、封装和使用依赖

依赖安装完毕后, 接下来就是依赖的使用和代码逻辑封装。

(一) Vuex 的使用

可在 VSCode 的资源管理器下的项目中开发项目, 在项目文件夹下创建 src \ store \ index. js 文件, 命令如下:

```
import Vue from 'vue'
import Vuex from 'vuex'
Vue. use(Vuex)
export default new Vuex. Store({
    state: {},
    mutations: {},
    actions: {}
})
```

import 表示引入文件；export 表示暴露变量；其中 state 是单一状态树，用一个对象则可包含全部的应用层级状态。而更改 Vuex 中的 store 的状态的唯一方法是提交 mutation。action 类似于 mutation，但两者并不完全相同。其不同点在于 action 提交的是 mutation，而不是直接变更状态，并且 action 可以包含任意异步操作。

在项目文件夹下的 src \ main. js（即项目的入口文件）中添加并修改代码，命令如下：

```
// ...
import store from '. /store/index'
new Vue({
    store,
    render: h = > h(App)
}). $ mount('#app')
```

完成后，便可以在项目中使用 Vuex。

（二）Vue-Router 的使用

在项目文件夹下创建"src \ router \ index. js"文件，命令如下：

```
import Vue from 'vue'
import VueRouter from 'vue-router'
// 重写路由 push 方法
const originalPush = VueRouter. prototype. push
VueRouter. prototype. push = function push(location) {
    return originalPush. call(this, location). catch(err = > err)
}
// 重写路由 replace 方法
const originalReplace = VueRouter. prototype. replace
VueRouter. prototype. replace = function replace(location) {
    return originalReplace. call(this, location). catch(err = > err)
}
Vue. use(VueRouter)
// 路由
const routes = []
const router = new VueRouter({
```

```
    mode: 'history',
    routes
})
export default router
```

const 表示定义变量，Vue. use（Vue-Router）表示 Vue. js 使用 Vue-Router 插件。其中，重写路由的 push 和 replace 方法可以避免单击相同路由而出现的控制台报错。routes 用来存放项目中页面的路由，mode 为 history，表示路由使用 history 模式而不是哈希模式。

在项目文件夹下的 src \ main. js 中添加并修改代码，命令如下：

```
// ...
import router from '. /router/index'
new Vue({
    router,
    store,
    render: h = > h(App)
}). $ mount('#app')
```

在项目入口文件中引用路由文件，完成后便可以在项目中使用 Vue-Router。

（三）ElementUI 的使用

修改项目文件夹下的 src \ main. js 文件，命令如下：

```
// ...
import ElementUI from 'element-ui';
import 'element-ui/lib/theme-chalk/index. css';
Vue. use(ElementUI);
// ...
```

由于在项目中已经安装好 ElementUI，在 Vue 文件中可以直接使用 ElementUI 的组件。

（四）Axios 的封装和使用

在项目文件夹下创建 "src \ utils \ request \ axios. js" 文件，命令如下：

```
import axios from 'axios';
const instance = axios. create({
    baseURL: '后台地址',
    timeout: 60000,
    headers: {'Content-Type': 'application/json;charset = UTF-8'},
});
export default instance
```

其中，baseURL 是对应项目的后台接口地址；timeout 是请求超时时间，单位是毫秒。

完成后，在 request 文件夹下再新增一个 interceptor. js 文件，用作请求拦截，内容如下：

```
import axios from '. /axios'
import { Message } from 'element-ui';
// 请求拦截
axios. interceptors. request. use(config = > {
    return config
})
// 响应拦截
axios. interceptors. response. use(
    response = > {
        if(response. data. code == 200 | |response. data. code == 202){
            return Promise. resolve(response. data)
        }else{
            Message({
                showClose: true,
                message: response. data. msg | |response. data. fault,
                type: 'error'
            });
            return Promise. reject(response. data)
        }
    },
    error = > {
        if (error && error. response) {
            switch (error. response. status) {
```

```
// ...
case 404:error. message = '服务器找不到给定的资源';break
// ...
case 500:error. message = '服务器内部错误,无法完成请求';break
// ...
        }
    } else {
        error. message = '连接服务器失败！'
    }
    Message({
        showClose: true,
        message: error. message,
        type: 'error'
    });
    return Promise. reject(error. data)
  }
)
export default axios
```

在 axios. interceptors. request 请求拦截中，可以修改传参和传输标识等，此处不再详述。在"axios. interceptors. response"响应拦截中，resolve 的作用是将 Promise 对象的状态从未完成变为成功（即从 pending 变为 resolved），在异步操作成功时调用，并将异步操作的结果作为参数传递出去；reject 的作用是将 Promise 对象的状态从未完成变为失败（即从 pending 变为 rejected），在异步操作失败时调用，并将异步操作的报错，作为参数传递出去。

当请求成功进入成功状态时，会进入 response 的成功回调中，然后在正常返回数据中拦截 code 不是 200 和 202 的数据，通过 Promise. reject 将 Promise 状态变为失败，当 Promise 状态为失败时，用 ElementUI 中的 Message 组件来做请求消息提示，并提示失败的错误消息。当请求失败进入错误状态时会进入 error 的错误回调中，选择错误消息并通过 Message 组件提示在页面上。上一步代码中只有 status 为 404 和 500 时的错误信息，以下还有一些其他状态的信息。

```
case 301:error. message = '请求的数据具有新的位置且更改是永久的';break
case 302:error. message = '请求的数据临时具有不同 URI';break
case 304:error. message = '未按预期修改文档';break
case 305:error. message = '必须通过代理来访问请求的资源';break
case 400:error. message = '请求中有语法问题,或不能满足请求';break
case 402:error. message = '所使用的模块需要付费使用';break
case 403:error. message = '当前操作没有权限';break
case 407:error. message = '客户机首先必须使用代理认证自身';break
case 415:error. message = '请求类型不支持,服务器拒绝服务';break
case 417:error. message = '未绑定登录账号,请使用密码登录后绑定';break
case 426:error. message = '用户名不存在或密码错误';break
case 429:error. message = '请求过于频繁';break
case 501:error. message = '服务不支持请求';break
case 502:error. message = '网络错误,服务器接收到上游服务器无效响应';break
case 503:error. message = '服务器无法处理请求';break
case 504:error. message = '网络请求超时';break
case 999:error. message = '系统未知错误,请反馈给管理员';break
```

完成后，在 request 文件夹下再新增 request. js 文件，封装 GET、POST、PUT、DELETE 请求，实现向后台请求数据时显示加载和提示效果，内容如下：

```
import axios from '. /interceptor'
import { Loading, Message } from 'element-ui';
class Request {
loadingMap = new Map()
  // 开启 Loading
  // ...
  // 关闭 Loading
  // ...
  constructor() {
    this. axios = axios
    // get 请求
    this. get = (url, data = {}, loading = false, tip = false, config = {}) =>
{
      loading&&this. openLoading(loading,url,data)
      return new Promise((resolve,reject) = >{
        this. axios. get(url,{. . . config,params:data}). then(res = >{
          loading&&this. closeLoading(loading,url,data)
```

```
                    tip&&Message. success(res. msg||'成功')
                    resolve(res)
                }). catch(err = >{
                    loading&&this. closeLoading(loading,url,data)
                    reject(err)
                })
            })
        }
        // post 请求
        this. post = (url, data = {}, loading = false, tip = false, config = {}) = >
{

            loading&&this. openLoading(loading,url,data)
            return new Promise((resolve,reject) = >{
                this. axios. post(url,data,{. . . config}). then(res = >{
                    loading&&this. closeLoading(loading,url,data)
                    tip&&Message. success(res. msg||'成功')
                    resolve(res)
                }). catch(err = >{
                    loading&&this. closeLoading(loading,url,data)
                    reject(err)
                })
            })
        }
        // put 请求
        // . . .
        // delete 请求
        // . . .
    }
}
const request = new Request
export default request
```

　　这里的 this. get 和 this. post 便是封装的 GET 和 POST 请求。而 DELETE 和 GET 请求类似，只是将"this. axios. get"改为"this. axios. delete"；PUT 和 POST 也类似，将"this. axios. post"改为"this. axios. put"。

　　此处，运用 ElementUI 中的 Loading 和 Message 组件来做请求加载和提示效果。每次请求时都会判断 loading 和 tip 是否为 true，默认为 false。如果 tip 为 true，请求结果返回时会有响应消息提示，false 则不提示。loading 可为 Boolean 类型，也可为对象类型。当 loading 为 Boolean 类型时，会根据 document. body 显示 loading 效果；当 loading 为对象类型时，会根据对象（其参考 ElementUI 中 Loading 组件的 API）中的数据针对某个 dom 元素渲染 loading 效果，然后在请求响应的 then 或 catch 中关闭 loading 效果。开启和关闭 loading 效果的命令如下：

```javascript
// 开启 Loading
openLoading(config,url,data){
    if (typeof config === 'boolean') {
        let body = Loading. service({ lock:true,fullscreen:true, text: '加载中 . . . '});
        if(!this. loadingMap. has('body')){
            this. loadingMap. set('body',body)
        }
    }else{
        const {lock,fullscreen,target,text} = config
        let div = Loading. service({ lock,fullscreen, target:
target?? document. body, text: text?? '加载中 . . . '});
        let key = url+JSON. stringify(data)
        if(!this. loadingMap. has(key)){
            this. loadingMap. set(key,div)
        }
    }
}
// 关闭 Loading
closeLoading(config,url,data){
    if (typeof config === 'boolean') {
        if(this. loadingMap. has('body')){
            this. loadingMap. get('body'). close()
            this. loadingMap. delete('body')
        }
    }else{
        let key = url+JSON. stringify(data)
        if(this. loadingMap. has(key)){
```

```
            this. loadingMap. get(key). close()
            this. loadingMap. delete(key)
        }
    }
}
```

具体怎么调用请求触发 loading 效果，将会在本章第二节实现请求的学习中介绍。

最后在项目文件夹下的 src \ main. js 中添加如下内容：

```
import request from '. /utils/request/request'
Vue. prototype. $ request = request
```

如此，便可以在 Vue 文件中通过 this. $request 去使用 Axios。

（五）SASS 的使用

在项目文件夹下创建"src \ assets \ css \ public. scss"文件，然后在项目文件夹下新增一个 vue. config. js，命令如下：

```
module. exports = {
    css: {
        loaderOptions: {
            scss: {
                prependData: ' @ import "~ @ /assets/css/public. scss";'
            },
        }
    },
}
```

这里补充说明一下，在 public. scss 中，可以任意编写需要应用到全局的 CSS 样式，非常方便。但是，上述代码展示的是全局使用 SASS，而局部使用 SASS 需要在 Vue 文件添加如下内容：

```
<style lang = "scss" scoped>
</style>
```

scoped 表示该 CSS 样式只作用于本 Vue 文件；不添加 scoped，则表示加载该文件后该 CSS 样式将作用于全局。

五、项目布局搭建

项目布局的搭建是整个前端页面效果的重中之重，页面渲染出来的效果、加载速度与布局搭建息息相关。

（一）设置 CSS

由于 HTML 标签在不同浏览器中解析出来的默认样式有所不同，例如，ul 标签在 IE、firefox、chrome 浏览器下默认边距是不一样的，所以同一个标签在不同浏览器中会显示出不同的效果，给页面布局带来一定的麻烦。这就需要统一设置所有浏览器的默认样式。

在项目文件夹下创建"src \ assets \ css \ reset. css"文件，命令如下：

```
html, body, div, span, applet, object,iframe,
h1, h2, h3, h4, h5, h6, p,blockquote, pre,
a, abbr, acronym, address, big, cite, code,
del,dfn, em, img, ins, kbd, q, s, samp,
small, strike, strong, sub, sup, tt, var,
b, u, i, center,
dl, dt, dd, ol, ul, li,
fieldset, form, label, legend,
table, caption,tbody, tfoot, thead, tr, th, td,
article, aside, canvas, details, embed,
figure,figcaption, footer, header, hgroup,
menu,nav, output, ruby, section, summary,
time, mark, audio, video {
    margin: 0;
    padding: 0;
    border: 0;
    vertical-align: baseline;
}
/*  HTML5 display-role reset for older browsers * /
article, aside, details,figcaption, figure,
footer, header,hgroup, menu, nav, section {
```

```
        display: block;
}
body {
    line-height: 1;
}
ol, ul {
    list-style: none;
}
blockquote, q {
    quotes: none;
}
blockquote:before, blockquote:after,
q:before, q:after {
    content: '';
    content: none;
}
table {
    border-collapse: collapse;
    border-spacing: 0;
}
/*   custom * /
html {
    box-sizing: border-box;
    font-size: 14px;
}
* , * :before, * :after {
    box-sizing: inherit;
}
a{
    text-decoration: none;
    backface-visibility: hidden;
}
::-webkit-scrollbar{
    width: 5px;
    height: 5px;
}
```

```
::-webkit-scrollbar-track-piece{
    background-color:rgba(0, 0, 0, 0. 2);
    border-radius: 6px;
}
::-webkit-scrollbar-thumb:vertical{
    height: 5px;
    background-color:rgba(125, 125, 125, 0. 7);
    border-radius: 6px;
}
::-webkit-scrollbar-thumb:horizontal{
    width: 5px;
    background-color:rgba(125, 125, 125, 0. 7);
    border-radius: 6px;
}
html, body{
    width: 100% ;
    font-family: "Arial", "MicrosoftYaHei", "黑体", "宋体", "微软雅黑", sans-serif;
}
body{
    line-height: 1;
    -webkit-text-size-adjust: none;
    -webkit-tap-highlight-color: rgba(0, 0, 0, 0);
}
```

在 src \ main. js 文件中引入，添加如下内容：

```
import '. /assets/css/reset. css'
```

为方便开发，在 src \ assets \ css 文件夹下新增一个 color. scss 文件，其中内容
如下：

```
$ baseColor: #409EFF;
$ whiteColor: #FFFFFF;
$ mainBgColor: #eff3f9;
```

为了统一管理项目中的颜色配置，需要设置 color. scss，也可自定义一些颜色。完
成后可以在 CSS 文件夹下的 public. scss 文件中添加以下内容：

```
@ import './color. scss';
. base-shadow{
    box-shadow: 0 2px 4px rgba(0, 0, 0, . 12), 0 0 6px rgba(0, 0, 0, . 04);
}
. light-shadow{
    box-shadow: 0 2px 12px 0 rgba(0, 0, 0, 0. 1);
}
. flex-a-cen {
    display: flex;
    align-items: center;
}
//以下略,完整代码见项目源码包
```

这里是对常用的 CSS 中的 flex 布局和阴影等样式进行创建。

（二）创建全局布局组件

云管应用系统布局如图 6-4 所示。其主要由三部分组成，即 header（顶部）、aside（左侧菜单）和 main（主要内容），其中，main 的头部由切换左侧菜单收缩的按钮和访问历史的面包屑组件组成。

图 6-4 云管应用系统布局

左侧菜单栏的菜单可以通过路由生成。由于其收缩效果需要变量控制，单击后显示当前菜单的标题，便创建 menu 作为左侧菜单的渲染数据，menuCollapse 用作控制收缩的变量，breadcrumb 用作面包屑的渲染数据，将 3 个数据放入 Vuex 中进行全局控制。可以在 src \ store \ index.js 文件中添加和修改如下内容：

```
// . . .
state: {
  menuCollapse: false,
  menu: [],
  breadcrumb: [],
},
mutations: {
  updateMenuCollapse(state, payload){
    state. menuCollapse = payload
  },
  updateMenu(state, payload){
    state. menu = payload
  },
  updateBreadcrumb(state, payload){
    state. breadcrumb = payload
  }
},
// . . .
```

这里创建了 3 个 mutation 方法，用来修改 state 中 menuCollapse、menu 和 breadcrumb 变量。

可以在 src \ router \ index.js 文件里添加和修改如下内容：

```
import store from '@ /store/index'
// . . .
// 菜单路由
const menuRoutes = []
// 路由
const routes = []
// 通过路由设置左侧菜单
```

```
const getMenu = (arr)=>{
    let list = arr. map(el=>{
        let { name, meta, children } = el
        if(meta&&meta. menu){
            if(children){
                return { name, meta, children:getMenu(children) }
            }else{
                return { name, meta }
            }
        }
    })
    return list. filter((el)=>el)
}
store. commit('updateMenu',getMenu(menuRoutes))
const router = new VueRouter({
    mode: 'history',
    routes
})
// 路由卫士,跳转路由后执行
router. afterEach((to) => {
    if(to. meta){
        if(to. meta. menu){
            store. commit('updateBreadcrumb',[to])
        }else if(to. meta. title){
            store. commit('updateBreadcrumb',[. . . store. state. breadcrumb,to])
        }
    }
})
// . . .
```

通过 menuRoutes 存放左侧菜单的路由，生成左侧菜单。其中 getMenu 将 menuRoutes 进行递归遍历，返回对应的 menu 信息，并通过 Vuex 中 API 方法（即 commit）调用 mutations 中的 updateMenu 方法来修改 state 中的 menu 变量。而 router. afterEach 是路由跳转后，判断是否是左侧菜单。如果是，则将其存入 state 的 breadcrumb 中；如果不是，但又有标题，则会将之前数据和当前数据合并存入 state 的

breadcrumb 中。这里使用了 ES6 的箭头函数（（）＝＞ ｛｝）和扩展运算符（...），
ES6 的语法在开发中会多次用到，需要了解一下。

完成后，再创建"src ＼ components ＼ Layout ＼ BaseLayout. vue"文件，命令如下：

```scss
//... 完整代码见项目源码包
<style lang = "scss" scoped>
  . container{
   $ headerHeight: 60px;
   $ footerHeight: 60px;
  width: 100vw;
  min-width: 1200px;
  height: 100vh;
   . header{
     height: $ headerHeight;
   }
   . aside{
     height: calc(100vh - #{ $ headerHeight});
   }
   . main{
     flex: 1;
     height: calc(100vh - #{ $ headerHeight});
   }
   . footer{
     background-color: $ whiteColor;
   }
  }
</style>
```

其中 style 标签中的 calc 是 CSS 语言中的计算函数。此处的 el-container（el-开头一
般都是 ElementUI 的组件，组件具体的 API 请查看 ElementUI 官网）标签是 ElementUI
中的组件，并且代码中还局部注册了 3 个组件，因此需要在 Layout 文件夹下添加一个
components 文件夹。其中，新增的 3 个文件分别是 BaseHeader. vue、BaseAside. vue 和
BaseMain. vue。

BaseHeader. vue 文件命令如下：

```
<template>
    <header class = "header base-shadow flex-a-cen-j-be">
        <div class = "left">
            <h1>云管应用系统</h1>
        </div>
    </header>
</template>
<script>
export default {}
</script>
<style lang = "scss" scoped>
. header{
    position: relative;
    padding: 0 20px;
    background-color: $ baseColor;
    z-index: 500;
    . left{
        color: $ whiteColor;
    }
//以下略,完整代码见项目源码包
```

BaseAside. vue 文件内主要是左侧菜单的内容，其 HTML 部分命令如下：

```
<template>
    <aside class = "aside base-shadow scroll-hover">
        <! -- 导航菜单 -->
            <el-menu
class = "menu" : default-active = "activeMenu" : collapse = "menuCollapse" unique-opened
router background-color = "#545c64" text-color = "#fff" active-text-color = "#ffd04b">
        <template v-for = "item in menu">
            <el-submenu
v-if = "item. children" :key = "item. name" :index = "item. name">
            <template #title>
                <i v-if = "item. meta. icon" :class = "item. meta. icon"></i>
                <span>{{item. meta. title}}</span>
            </template>
```

```
                    <template v-for = "sitem in item. children">
                        <el-submenu
v-if = "sitem. children" :key = "sitem. name" :index = "sitem. name">
                            <template #title>
                                <i v-if = "sitem. meta. icon" :class = "sitem. meta. icon"></i>
                                <span>{{sitem. meta. title}}</span>
                            </template>
                            <el-menu-item v-for = "fitem in
sitem. children" :key = "fitem. name" :index = "fitem. name" :route = "{name:fitem. name}">
//以下略,完整代码见项目源码包
```

此组件用到了 Vue 的插槽、v-bind（简写为 " : "）、v-for、v-if 和 v-else，还使用了 el-menu 组件。左侧菜单通过获取 Vuex 下 state 中的 menu 数据，动态渲染到页面上，activeMenu 则是路由卫士跳转路由后设置的 Vuex 下 state 中的 breadcrumb 里的 item 的 name 值。template 标签中的 " #title " 表示使用 Vue 的插槽。BaseAside. vue 文件 JS 部分的命令如下：

```
<script>
export default {
  computed:{
    menuCollapse(){
      return this. $ store. state. menuCollapse
    },
    menu(){
      return this. $ store. state. menu
    },
//以下略,完整代码见项目源码包
```

还需要设置此文件 CSS 部分的代码，其命令如下：

```
<style lang = "scss" scoped>
. aside{
  position: relative;
  overflow-y: auto;
  overflow-x: hidden;
  z-index: 200;
```

```
        background-color: $ whiteColor;
        . menu{
            min-height: 100% ;
            &:not(. el-menu--collapse) {
                width: 206px;
//以下略,完整代码见项目源码包
```

整个项目的主要内容就在 BaseMain. vue 这个组件下，其 HTML 部分命令如下：

```
<template>
    <main class = "main">
        <header class = "header base-shadow flex-a-cen">
            <div class = "menu flex-cen" @ click = "handleMenuCollapse">
                <i
class = "el-icon-s-fold" :class = "[menuCollapse? 'close':'open']"></i>
            </div>
            <! -- 分割线 -->
            <el-divider direction = "vertical"></el-divider>
            <! -- 面包屑 -->
            <el-breadcrumb separator = "/">
                <el-breadcrumb-item v-for = "(item,index) in
breadcrumb" :key = "index" :to = "{ path:
item. fullPath }">{{item. meta. title}}</el-breadcrumb-item>
            </el-breadcrumb>
        </header>
        <main class = "content scroll-hover">
            <! -- 过渡 & 动画 -->
            <transition name = "el-fade-in" mode = "out-in">
                <! -- 动态组件 -->
                <keep-alive>
                    <! -- 嵌套路由 -->
                    <router-view/>
//以下略,完整代码见项目源码包
```

menuCollapse 为控制左侧菜单的收缩变量，从 Vuex 的 state 中获取。方法中的 handleMenuCollapse 用于改变左侧菜单的收缩。breadcrumb 为 el-breadcrumb 组件的渲染数据，是从 Vuex 的 state 中获取的。transition 标签是 Vue 的过渡动画，其 name 是

ElementUI 里的过渡动画。router-view 标签表示的是嵌套路由。keep-alive 标签表示的是动态组件。此文件 JS 部分的命令如下：

```
<script>
export default {
  computed:{
    menuCollapse(){
      return this. $ store. state. menuCollapse
    },
    breadcrumb(){
      return this. $ store. state. breadcrumb
    },
  },
  methods:{
    handleMenuCollapse(){
      this. $ store. commit('updateMenuCollapse',! this. menuCollapse)
//以下略,完整代码见项目源码包
```

这里就是通过 computed 获取 Vuex 中的变量，再通过 commit 改变 Vuex 中的变量。

此外，还需要部分 CSS 样式来布局，命令如下：

```
<style lang = "scss" scoped>
. main{
  position: relative;
  width: 100% ;
  background-color: $ mainBgColor;
  . header{
    position: relative;
    height: 50px;
    z-index: 10;
    background-color: $ whiteColor;
    . menu{
      margin-left: 10px;
      width: 40px;
      height: 40px;
//以下略,完整代码见项目源码包
```

此时，就完成了项目的整体布局。

（三）创建首页

目前项目仍为空白页面，因此这里需要创建一个首页页面。将 src \ App. vue 文件的内容修改为如下内容：

```
<template>
  <router-view/>
</template>
```

然后创建"src \ views \ home \ index. vue"文件作为首页，命令如下：

```
<template>
  <div ref = "mainContent" class = "view-container flex-cen">
    <h1>欢迎进入云管应用系统</h1>
  </div>
</template>
<script>
export default {}
</script>
<style lang = "scss" scoped>
. view-container{
  width: 100% ;
  min-height: 100% ;
  padding: 10px;
  h1{
    font-size: 3rem;
    font-weight: bold;
  }
}
</style>
```

完成后，在 src \ router \ index. js 文件中添加并修改如下内容：

```
// ...
// 菜单路由
const menuRoutes = [
```

```
    {
        path: 'home',
        name: 'home',
        meta: {
            title: '首页',
            icon: 'el-icon-house',
            menu: true,
        },
        component: () = > import(/* webpackChunkName: "home" * /
' @ /views/home/index. vue'),
    },
]
// 路由
const routes = [
    {
        path: '/',
        redirect: '/admin',
    },
    {
        path: '/admin',
        name: 'admin',
        component: () = > import(/* webpackChunkName: "system" * /
'@ /components/Layout/BaseLayout. vue'),
        redirect: '/admin/home',
        children:menuRoutes
    },
]
// . . .
```

路由里最主要的是 path 和 component，path 表示页面相对的 URL 路径，component 表示该 URL 对应的路由组件。这里的 routes 是指路由数据，当浏览器访问项目地址（即 path 为/）时，会直接跳到 redirect 的路由下（即/admin），之后再跳到 redirect 的路由下（即/admin/home），该地址是 children 下的嵌套路由（即菜单路由 menuRoutes）里的地址。

完成后，启动项目，在浏览器上访问项目地址即可进入首页页面，如图 6-5 所示。

图6-5 项目首页

(四) 表格混入

用表格显示和控制 Kubernetes、OpenStack 服务更为方便。表格有一些通用的变量和方法，所以可以使用 Vue.js 的混入进行开发。创建"src \ utils \ mixin \ table.js"文件，命令如下：

```
export default {
  data(){
    return {
      // 页码数据
      page:{
        current:2,
        page:1,
        size:10,
        total:500
      },
    }
  },
  methods: {
    // 每页数量发生改变时触发
    handleSizeChange(val) {
```

```
        this. page. size = val
        this. page. page = 1
        this. getTableData()
    },
    // 页码改变时触发
    handleCurrentChange(val) {
        this. page. page = val
        this. getTableData()
    },
    // 时间格式化
    timeFormat (val = +new Date(), dateType = 'YYYY-MM-DD hh:mm:ss') {
        //将字符串转换成数字
        let timeStamp,dateStr, str
//以下略,完整代码见项目源码包
```

这样混入文件就编写完成。其中 data 中的 page 是分页数据，而 methods 中的 handleSizeChange 和 handleCurrentChange 是页码或数量改变时的调用，timeFormat 是对后台传入的时间数据进行格式化。其中，getTableData 方法并未定义，但也不会报错，因为此方法将会在引入使用这个混入文件的页面中定义。

第二节　对接 Kubernetes 云平台

考核知识点及能力要求：

- 了解 Vue 中混入的使用。

- 熟悉 Vue 组件的创建和使用。

- 熟悉 Vue-Router 的嵌套路由。

- 熟悉 Vue 中父子组件之间的相互传参。

- 熟悉 Vue 中插槽的使用。

- 能够在 Vue 项目中发送请求。

一、集群管理页面开发

本次前端开发版本号为 v1.0，代码库为 Git。以第一节内容搭建的前端项目为基础。

(一) 表格页面

Kubernetes 集群可通过一个 HTML 表格进行管理实现，创建"src \ views \ kubernetes \ clusterManage \ list. vue"文件，该文件 HTML 部分的命令如下：

```
<template>
  <div ref = "mainContent" class = "view-container">
    <el-card class = "main-container" shadow = "hover">
      <! -- 顶部搜索 -->
      <MySearch class = "search" :query. sync = "query" :setting = "searchSetting">
        <template #action>
          <el-button class = "btn" icon = "el-icon-search" type = "primary"
@ click = "handleSearch"></el-button>
          <el-button class = "btn" icon = "el-icon-refresh" type = "primary"
@ click = "handleReset">重置</el-button>
        </template>
      </MySearch>
      <! -- 顶部操作栏 -->
      <div class = "top-action">
        <el-button class = "btn" icon = "el-icon-plus" type = "primary"
@ click = "handleAdd">新增</el-button>
      </div>
      <! -- 表格 -->
      <div class = "table">
        <el-table
```

```
            :data = "tableData"
            stripe fit border>
        <el-table-column
            v-for = "item in tableColumn"
            :key = "item. prop"
            :prop = "item. prop"
            :label = "item. label"
//以下略,完整代码见项目源码包
```

此处的 el-table 标签便是表格，其中最重要的是 data 属性，表格数据用来赋值给 data。该标签下的 el-table-column 标签则表示表格的每一列，其中最重要的是 label 和 prop 属性，label 用于表头显示，prop 用于每列的数据显示。此处是通过 v-for 循环 tableColumn 数据渲染的 column，当然也可以一列一列写上去，还可以通过 Vue 插槽去自定义每列数据的显示。这里就是通过插槽重新定义了时间的格式显示和操作栏的按钮显示。

此处还通过 el-pagination 实现分页功能，并引入和使用混入，结合本章第一节项目布局搭建里的表格混入文件中的 data 和 method 可知，每次触发分页时便会调用 getTableData 方法。其 JS 部分的命令如下：

```
//... 完整代码见项目源码包
// 获取表格数据
    async getTableData(current){
        let data =
{page:current?? this. page. page,size:this. page. size,.. this. query}
        let loading = {fullscreen:false,target:this. $ refs. mainContent}
        //传参请求,并将结果解构赋值
        const {data:{current:page,size,total,records}} = await
this. $ request. get('/kubernetes/page',data,loading)
        this. tableData = records ||[]
        this. page = {page,size,total}
        this. $ router. replace({query:{.. data}})
    },
    // 单击编辑
    handleEdit(row) {
```

```
        this. dialogSetting = { show:true, type:'edit', data:row }
    },
//此处略,完整代码见项目源码包
    mounted(){
        this. init()
    }
}
</script>
```

mounted 是 Vue 的一个生命周期函数，每当进入此页面时便会执行 init 方法。Vue 的生命周期非常重要，其中比较重要的是 beforeCreate、created、beforeMount、mounted 等，这里不再详述。此处使用 mounted 来实现 loading 效果，通过将 dom 元素挂载到页面上，如果使用 created 就获取不到需要显示 loading 效果的 dom 元素。每当执行 init 方法，便会使用 ES6 中的扩展运算符（...）重新赋值，然后触发 getTableData 方法。由于请求后 URL 会根据请求而改变，因此即使刷新页面，也依然会重新加载页面执行 init 方法，并获取参数去请求相同的数据。当然，每次请求都传入 loading 参数，其中 target 为需要显示 loading 效果的 dom 元素。每次 getTableData 请求成功时，便会通过 this. $router. replace 替换 URL，并在其后加上此次请求的参数。

HTML 代码中的 ClusterManagementForm 组件是用来添加和编辑表单弹框的。其添加、编辑以及显示等都是通过 dialogSetting 控制的，将 dialogSetting 数据传入 ClusterManagementForm 组件中，然后通过 prop 提取出来。prop 是自顶向下的数据流。dialogSetting 中可以设置 type 为 add 和 edit，以便区别添加和编辑两种操作。

此处 Vue. js 文件的 CSS 样式比较简单，命令如下：

```
<style lang = "scss" scoped>
. view-container{
    width: 100% ;
    min-height: 100% ;
    padding: 10px;
}
. main-container{
```

```
. search,. top-action{
    margin-bottom: 20px;
}
. search,. top-action{
    . btn{
        margin-left: 20px;
        &:first-of-type{
            margin-left: 0;
        }
    }
}
. table{
    . action-btn{
        margin-right: 20px;
    }
}
. pagination{
    margin-top: 20px;
    display: flex;
    justify-content: flex-end;
}
}
</style>
```

注意： 所有表格页面 CSS 样式基本上都是这样的，以下不再赘述。

创建 "src \ components \ Search \ MySearch. vue" 文件，命令如下：

```
<template>
    <div class = "search-container">
        <el-row :gutter = "20">
            <template v-for = "item in setting">
                <el-col
v-if = "item. type == 'input'" :span = "item. span | |4" :key = "item. key">
                    <el-input v-model = "query[item. key]"
clearable :placeholder = "item. placeholder | |'请输入'"></el-input>
                </el-col>
```

```
                    <el-col
v-if = "item. type == 'select'" :span = "item. span | |4" :key = "item. key">
                    <el-select v-model = "query[item. key]"
clearable :placeholder = "item. placeholder | |'请选择'" style = "width:100% ">
                    <el-option
                    v-for = "sitem in item. list"
                    :key = "sitem. value"
                    :label = "sitem. label"
                    :value = "sitem. value">
                    //以下略,完整代码见项目源码包
```

这里的 el-row 和 el-col 是 ElementUI 中 layout 布局，表示行与列的布局。其中，el-row 中的 gutter 表示行内每列的间距；el-col 中的 span 则表示所占比重，一行 24 列，span 为 12 则表示一半。

此处的搜索功能封装了 3 种搜索条件，输入框、select 框和时间间隔搜索，通过已学的 list. vue 中的 searchSetting 可以看出，集群管理只有输入框搜索。这里的 Query 和 setting 都是传入的数据，但 Query 却不一样，其在 list. vue 文件对应的 MySearch 组件进行传参中多了 ". sync" 修饰符。prop 一般是自顶向下的数据流，但多了 ". sync" 修饰符，便变成了双向数据流，即在子组件改变了值，父组件中的值也会随之发生改变。

完成后需将 list. vue 引入路由中，router 中添加如下内容：

```
// ...
// 菜单路由
const menuRoutes = [
  {
   // ... 首页
  },
  {
    path: 'kubernetes',
    name: 'kubernetes',
    meta: {
      title: 'kubernetes',
      icon: 'el-icon-bank-card',
```

```
        menu: true,
      },
      component: () => import(/* webpackChunkName: "kubernetes" */
'@/components/Index/index. vue'),
      children: [
        {
          path: 'clusterManage',
          name: 'kubernetes-clusterManage',
          meta: {
            title: '集群管理',
            menu: true,
          },
          component: () => import(/* webpackChunkName: "kubernetes" */
'@/views/kubernetes/clusterManage/list. vue'),
        },
      ]
    },
  ]
  // ...
```

其中引入的"components \ index. vue"命令如下：

```
<template>
  <router-view/>
</template>
```

（二）表单弹框

Kubernetes 集群新增和编辑功能可通过 HTML 表单实现。在 clusterManage 下创建
"form. vue"文件，其 HTML 部分的命令如下：

```
<template>
  <el-dialog
    ref = "dialog"
    title = "Kubernetes 集群信息"
    :visible. sync = "setting. show"
    width = "50% "
```

```
            append-to-body
            destroy-on-close
            center>
            <el-form :model = "formData" :rules = "formRules" ref = "form" label-width = "100px">
                <el-row :gutter = "20">
                    <el-col :span = "12">
                        <el-form-item label = "集群名称" prop = "name">
                            < el-input  v-model. trim = " formData. name "  autocomplete = " off "
placeholder = "集群名称"></el-input>
                        //以下略,完整代码见项目源码包
```

  此处通过 el-dialog 标签实现弹框，主体为 el-form 表单，底部使用 Vue 插槽实现保存和取消按钮。el-form-item 标签中 prop 对应 formData 的属性，在需要校验表单时才需要去写 prop，而校验表单是通过 el-form 中的 rules 去校验的。输入框中双向绑定（v-model）的 ". trim" 修饰符表示去掉输入值的左右的空字符。其 JS 部分的命令如下：

```
<script>
    export default {
        props:{
            // 新增或编辑
            setting:{
                type:Object,
                required:true
            }
        },
        data() {
            return {
                // 表单数据
                formData:{
                    id:'',
                    //... 完整代码见项目源码包
                },
                // 表单效验
```

```
        formRules:{
          name:[
              { required: true, message: '请输入集群名称', trigger: 'blur'},
          ],
        //... 完整代码见项目源码包
      methods:{
        // 初始化
        init(){
          if(this. setting. type === 'add'){
            console. log('add')
          }else{
            console. log('edit')
            this. formData  = {. . .this. setting. data}
        //... 完整代码见项目源码包
```

从 props 获取到表单类型与数据、初始化（init）时判断类型，编辑便把传入数据赋给表单数据，这样可以实现回显所要修改的表单数据。在保存成功时触发 this. $emit（'success'），即触发前面父组件（list. vue）中的 ClusterManagementForm 标签里的@ success 方法，实现编辑和保存后刷新数据的功能。

在 data 中，formData 是表单数据，formRules 是表单校验的规则并对应表单数据的部分属性，哪些属性需要进行校验就对应相应的属性编写校验规则。

二、命名空间管理页面开发

命名空间是 Kubernetes 集群所属的下级数据，一般情况下，下级数据放置在上级数据所属的列表中管理，为了方便操作，在设计中将命名空间抽离成单页面的菜单进行管理。

（一）表格页面

Kubernetes 命名空间可通过一个 HTML 表格进行管理来实现。创建"kubernetes \ namespace \ list. vue"文件，其 HTML 部分的命令如下：

```
<template>
  <div ref = "mainContent" class = "view-container">
```

```
        <el-card class="main-container" shadow="hover">
        //... 完整代码见项目源码包
            <template v-if="item. slot=='action'">
              <el-link class="action-btn" slot="reference"
icon="el-icon-wallet" type="primary" @click="handlePods(scope. row)">容器组</el-link>
              <el-popconfirm
                title="确定删除吗?"
                @confirm="handleDelete(scope. row)">
                <el-link slot="reference" icon="el-icon-delete"
type="danger">删除</el-link>
            //... 完整代码见项目源码包
        <! -- 表单 -->
        <template v-if="dialogSetting. show">
          <ClusterManagementForm :setting="dialogSetting"
@success="getTableData(1)"></ClusterManagementForm>
    //... 完整代码见项目源码包
    </template>
```

此部分与讲解过的集群管理页面的 HTML 部分类似，但不同的是少了分页以及改变了 el-table-column 标签下的 template 中的内容。其 JS 部分的命令如下：

```
<script>
import MySearch from '@/components/Search/MySearch. vue'
import ClusterManagementForm from '. /form. vue'
export default {
  components:{MySearch,ClusterManagementForm},
  data(){
    return {
      // 搜索参数
      query:{
        kubernetesId:'',
      },
      //... 完整代码见项目源码包
    // 获取表格数据
    async getTableData(){
```

```
                let loading = {fullscreen:false,target:this. $ refs. mainContent}
                const {data} = await
this. $ request. get('/kubernetes/namespaces',this. query,loading)
                this. tableData = data ||[]
                this. $ router. replace({query:{. . . this. query}})
            },
            //. . . 完整代码见项目源码包
        // 容器组
            handlePods(row){
                this. $ router. push({
                    name:'kubernetes-pod',
                    query:{. . . this. query,namespace:row. metadata. name}
            //. . . 完整代码见项目源码包
```

此部分与讲解过的集群管理页面的 JS 部分类似。其中通过 searchSetting 可以看出，这里的搜索条件是通过 select 框来选择搜索的。从 init 方法可以看出，这里的搜索条件必须有值才能发起请求，然后搜索对应的数据。因此，重置功能里便去除了执行 getTableData 方法。此外还增加了单击进入容器组的表格管理页面功能，并将页面所需参数通过路由的 query 方式传进去。

完成后，router 中添加以下内容：

```
//. . . 完整代码见项目源码包
children: [
//. . . 完整代码见项目源码包
        path: 'namespace',
        name: 'kubernetes-namespace',
        meta: {
            title: '命名空间',
            menu: true,
        },
        component: () = > import(/* webpackChunkName: "kubernetes" * /
'@ /views/kubernetes/namespace/list. vue'),
        //. . . 完整代码见项目源码包
```

（二）表单弹框

Kubernetes 命名空间新增功能可通过 HTML 表单来实现。在 namespace 下创建 form. vue 文件，其 HTML 部分的命令如下：

```
<template>
    <! -- ... -->
        <el-form :model = "formData" :rules = "formRules" ref = "form"
label-width = "100px">
            <el-form-item label = "集群" prop = "kubernetesId">
                < el-select v-model = "formData. kubernetesId" clearable placeholder = "请选
择" style = "width:100% ;">
                    <el-option
                      v-for = "item in kubernetesIdList"
                      :key = "item. value"
                      :label = "item. label"
                      :value = "item. value">
                    </el-option>
                </el-select>
            </el-form-item>
            <el-form-item v-if = "setting. type === 'add'" label = "实例名称"
prop = "name">
                <el-input v-model. trim = "formData. name" autocomplete = "off"
placeholder = "实例名称"></el-input>
            </el-form-item>
        </el-form>
    <! -- ... -->
</template>
```

此部分与讲解过的集群管理的表单弹框 HTML 部分大致相同，由于需要输入和保存的数据不同，el-form 部分则不相同。其 JS 部分的命令如下：

```
<script>
//... 完整代码见项目源码包
        // 表单效验
        formRules:{
            kubernetesId:[
```

```
                { required: true, message: '请选择集群', trigger: 'blur'},
            ],
            name:[
                { required: true, message: '请输入名称', trigger: 'blur'},
                { pattern: /[a-z0-9]([-a-z0-9]* [a-z0-9])? /, message: '格式不正确',
trigger: 'blur'},
    //... 完整代码见项目源码包
        methods:{
            // 初始化
            init(){
                this. getSelectLists()
                if(this. setting. type === 'add'){
                    console. log('add')
                }
            },
    //... 完整代码见项目源码包
```

此部分与讲解过的集群管理的表单弹框 JS 部分大致相同，不同的是，在表单校验 formRules 的 name 中多了一个正则匹配的校验以及少了编辑功能。没有编辑功能，是因为命名空间表格管理本身没有编辑的入口。

（三）容器组表格页面

Kubernetes 容器组可通过一个 HTML 表格进行管理来实现，在 namespace 下创建 "podList. vue" 文件，其 HTML 部分的命令如下：

```
<template>
    <div ref = "mainContent" class = "view-container">
        <el-card class = "main-container" shadow = "hover">
    //... 完整代码见项目源码包
<span>{{scope. row. status. containerStatuses[0]. restartCount}}</span>
            </template>
            <template v-if = "item. slot == 'metadata. creationTimestamp'">
<span>{{ $ fun. timeFormat(scope. row. metadata. creationTimestamp,
'YYYY-MM-DD hh:mm:ss')}}</span>
            </template>
```

```
            <template v-if = "item. slot == 'action'">
                <el-popconfirm
                    title = "确定删除吗?"
                    @ confirm = "handleDelete(scope. row)">
                    <el-link slot = "reference" icon = "el-icon-delete"
type = "danger">删除</el-link>
                    //... 完整代码见项目源码包
```

此部分与讲解过的命名空间管理页面的 HTML 部分很类似, 不同的是 el-table-column 标签下的 template 中的内容。其 JS 部分的命令如下:

```
    //... 完整代码见项目源码包
    // 表格数据
        tableData:[],
            // 表格列设置数据
            tableColumn:[
                {prop:'metadata. name',label:'名称'},
                {prop:'status. containerStatuses',label:'就绪
',slot:'status. containerStatuses'},
                {prop:'status. hostIP',label:'所在节点',slot:'status. hostIP'},
                {prop:'status. podIP',label:'IP 地址'},
                {prop:'status. phase',label:'Phase'},
                {prop:'status. state',label:'容器状态',slot:'status. state'},
                {prop:'status. restartCount',label:'已重启
',slot:'status. restartCount'},
                {prop:'metadata. creationTimestamp',label:'创建时间
',slot:'metadata. creationTimestamp'},
                {prop:'action',label:'操作
',width:'100',slot:'action',fixed:'right'},
            ],
    //... 完整代码见项目源码包
```

此部分与讲解过的命名空间管理页面的 JS 部分大致相同, 不同的是 tableColumn 以及部分 JS 业务内容, 但代码内容改变程度并不大。

完成后, router 中添加以下代码内容:

```
//... 完整代码见项目源码包
  {
      path: 'pod',
      name: 'kubernetes-pod',
      meta: {
        title: '容器组',
        menu: false,
      },
      component: () => import(/* webpackChunkName: "kubernetes" * /
'@ /views/kubernetes/namespace/podList. vue'),
  //... 完整代码见项目源码包
```

（四）容器组表单弹框

Kubernetes 容器组新增功能可通过 HTML 表单来实现。在 namespace 下创建 "podForm. vue" 文件，其 HTML 部分的命令如下：

```
<template>
  <! -- ... -->
      <el-form :model = "formData" :rules = "formRules" ref = "form"
label-width = "100px">
        <el-form-item label = "容器组名称" prop = "podName">
            < el-input  v-model. trim = " formData. podName"  autocomplete = " off "
placeholder = "容器组名称"></el-input>
        </el-form-item>
        <el-form-item label = "镜像名称" prop = "imageName">
            < el-input  v-model. trim = " formData. imageName"  autocomplete = " off "
placeholder = "镜像名称"></el-input>
        </el-form-item>
      </el-form>
  <! -- ... -->
</template>
```

此部分与讲解过的表单弹框 HTML 部分大致相同，虽然需要输入和保存的数据不同，但是 el-form 部分则基本一致。其 JS 部分的命令如下：

```
<script>
  // ...
    data() {
      return {
        // 表单数据
        formData:{ kubernetesId:'', namespace:'', podName:'',
imageName:'', },
          // 表单效验
          formRules:{
            podName:[
              { required: true, message: '请输入容器组名称', trigger: 'blur'},
            ],
            imageName:[
              { required: true, message: '请输入镜像名称', trigger: 'blur'},
//... 完整代码见项目源码包
      methods:{
          // 初始化
          init(){
            this. getSelectLists()
            if(this. setting. type === 'add'){
              console. log('add')
              this. formData = {... this. formData,... this. setting. data}
            }
          },
          // 获取 select 下拉框数据
          getSelectLists(){
            this. $ request. get('/kubernetes'). then(res = >{
              this. kubernetesIdList = res. data. map(el = >{
                return {label:el. name,value:el. id}
              })
            })
          },
          //... 完整代码见项目源码包
```

此部分与讲解过的表单弹框 JS 部分很类似，不同的是在 podList. vue 新增
（handleAdd）方法中传入新增容器组所需要的部分参数，在初始化中获取并赋值。

第三节　对接 OpenStack 云平台

考核知识点及能力要求：

• 熟悉 Vue 中 watch 的使用。

• 能够在 Vue 插槽中通过变量控制不同 dom 元素的显示。

一、集群管理页面开发

在 OpenStack 的服务中，集群也是服务管理的基础，所以也同样先对集群信息进行管理。

（一）表格页面

OpenStack 集群可通过一个 HTML 表格进行管理实现。创建 "src \ views \ openstack \ clusterManage \ list. vue" 文件，该文件 HTML 部分的命令如下：

```
<template>
//... 完整代码见项目源码包
    <div class = "table">
      <el-table
        :data = "tableData"
        stripe fit border>
        <el-table-column
          v-for = "item in tableColumn"
          :key = "item. prop"
```

```
                      :prop = "item. prop"
                      :label = "item. label"
                      show-overflow-tooltip
                      :width = "item. width"
                      :fixed = "item. fixed | |false">
                      <template v-if = "item. slot" #default = "scope">
                        <template v-if = "item. slot == 'gmtCreate'">
                          <span>{{timeFormat(scope. row. gmtCreate,
'YYYY-MM-DD hh:mm:ss')}}</span>
                        </template>
                        <template v-if = "item. slot == 'action'">
                          <el-link class = "action-btn" icon = "el-icon-edit"
type = "primary" @ click = "handleEdit(scope. row)">编辑</el-link>
                          <el-popconfirm
                            title = "确定删除吗?"
                            @ confirm = "handleDelete(scope. row)">
                            <el-link slot = "reference" icon = "el-icon-delete"
type = "danger">删除</el-link>
                                      //... 完整代码见项目源码包
```

此部分与讲解过的集群管理页面的 HTML 部分很类似, 不同的是改变了 el-table-
column 标签下的 template 中的内容。其 JS 部分的命令如下:

```
<script>
import tableMixin from '@ /utils/mixin/table'
import ClusterManagementForm from '. /form. vue'
export default {
//... 完整代码见项目源码包
      // 表格数据
    tableData:[],
      // 表格列设置数据
    tableColumn:[
      {prop:'name',label:'集群名称'},
      {prop:'gmtCreate',label:'创建时间',slot:'gmtCreate'},
      {prop:'action',label:'操作
',width:'150',slot:'action',fixed:'right'},],
```

```
//... 完整代码见项目源码包
methods:{
    // 初始化
    init(){
        if(this. $ route. query){
            const {page,size} = this. $ route. query
            this. page = {... this. page,page:+page | |1,size:+size | |10}
        }
        this. getTableData()
    },
    //... 完整代码见项目源码包
```

此部分与 Kubernetes 集群表格页面 JS 部分很类似，这里不用通过集群名称查询的
功能。

完成后，还需将其引入路由中，router 中添加以下内容：

```
// ...
// 菜单路由
const menuRoutes = [
    {
        // 首页
        // ...
    },
    {
        //kubernetes
        // ...
    },
    {
        path: 'openstack',
        name: 'openstack',
        meta: {
            title: 'openstack',
            icon: 'el-icon-data-analysis',
            menu: true,
        },
```

```
        component: () = > import(/* webpackChunkName: "openstack" * /
'@ /components/Index/index. vue'),
        children: [
          {
            path: 'clusterManage',
            name: 'openstack-clusterManage',
            meta: {
              title: '集群管理',
              menu: true,
            },
            component: () = > import(/* webpackChunkName: "openstack" * /
'@ /views/openstack/clusterManage/list. vue'),
          },
        ]
      },
    ]
    // . . .
```

（二）表单弹框

OpenStack 集群新增和编辑功能可通过 HTML 表单来实现，在 clusterManage 下创建
"form. vue" 文件，其 HTML 部分的命令如下：

```
    <template>
      <! -- . . . -->
        <el-form :model = "formData" :rules = "formRules" ref = "form"
label-width = "80px">
          <el-row :gutter = "20">
            <el-col :span = "12">
              <el-form-item label = "集群名称" prop = "name">
                  < el-input  v-model. trim = " formData. name" autocomplete = " off"
placeholder = "集群名称"></el-input>
              </el-form-item>
            </el-col>
            <el-col :span = "12">
              <el-form-item label = "端点信息" prop = "endpoint">
```

```
                        < el-input  v-model. trim = "formData. endpoint" autocomplete = "off"
placeholder = "端点信息"></el-input>
                    //... 完整代码见项目源码包
    </template>
```

此部分与讲解过的集群管理表单弹框的 HTML 部分类似，不同的是 el-form 下的内容。其 JS 内容如下：

```
<script>
// ...
    data() {
        return {
            // 表单数据
            formData:{
                id:'',
                name:'',
                endpoint:'',
                identity:'',
                credential:'',
                domainId:'',
                projectId:'',
                description:'',
            },
            // 表单效验
            formRules:{
                name:[
                    { required: true, message: '请输入集群名称', trigger: 'blur'},
                ],
                //... 完整代码见项目源码包
```

此部分与讲解过的 Kubernetes 集群管理的表单弹框的 JS 部分类似，所以这里不再赘述。

二、实例类型管理页面开发

实例类型是 OpenStack 实例的基本配置信息。

（一）表格页面

每一个 OpenStack 实例都会有其各自的 OpenStack 实例类型，OpenStack 实例类型可通过一个 HTML 表格进行管理实现。在项目文件夹下创建"src \ views \ openstack \ exampleTypeManage \ list. vue"文件，该文件 HTML 部分的命令如下：

```
<template>
  <div ref = "mainContent" class = "view-container">
    <el-card class = "main-container" shadow = "hover">
        //... 完整代码见项目源码包
            <template v-if = "item. slot" #default = "scope">
                <template v-if = "item. slot == 'action'">
                    <el-popconfirm
                        title = "确定删除吗?"
                        @ confirm = "handleDelete(scope. row)">
                        <el-link slot = "reference" icon = "el-icon-delete"
type = "danger">删除</el-link>
    //... 完整代码见项目源码包
  </template>
```

此部分与讲解过的 Kubernetes 命名空间管理页面的 HTML 部分类似，不同的是 el-table-column 标签下的 template 中的内容。其 JS 内容如下：

```
<script>
// ...
  data(){
    return {
      // 搜索参数
      query:{
        openstackId:'',
      },
      // 查询设置
      searchSetting:[
        {key:'openstackId',type:'select',placeholder:'请选择集群',list:[]},
        {key:'action',type:'slot',span:8},
      ],
      // 表格数据
      tableData:[],
      // 表格列设置数据
```

```
        tableColumn:[
            {prop:'name',label:'名称'},
            {prop:'vcpus',label:'VCPU 数量'},
            {prop:'ram',label:'内存（单位:MB）'},
            {prop:'disk',label:'根磁盘（单位:GB）'},
            {prop:'action',label:'操作',slot:'action',fixed:'right'},
        ],
    //... 完整代码见项目源码包
```

此页面与 Kubernetes 的命名空间管理的表格页面极其类似，因此这里不再详述。

完成后还需将其引入路由中，router 中添加以下内容：

```
// ...
// 菜单路由
const menuRoutes = [
//... 完整代码见项目源码包
    children: [
        {
            // 集群管理
            // ...
        },
        {
            path: 'exampleTypeManage',
            name: 'openstack-exampleTypeManage',
            meta: {
                title: '实例类型管理',
                menu: true,
            },
            component: () => import(/* webpackChunkName: "openstack" */
'@ /views/openstack/exampleTypeManage/list. vue'),
    //... 完整代码见项目源码包
```

（二）表单弹框

OpenStack 实例类型新增功能可通过 HTML 表单来实现。在 exampleTypeManage 下创建"form. vue"文件，其 HTML 部分的命令如下：

```
<template>
    <!-- ... -->
        <el-form :model = "formData" :rules = "formRules" ref = "form"
label-width = "100px">
            <el-form-item label = "集群" prop = "openstackId">
                //... 完整代码见项目源码包
            <el-form-item label = "根磁盘" prop = "disk">
                < el-input  v-model. number = " formData. disk "  autocomplete = " off "
placeholder = "（单位：GB）"></el-input>
            </el-form-item>
        </el-form>
    <!-- ... -->
</template>
```

此部分与 Kubernetes 的命名空间管理的表单弹框 HTML 部分大致相同，由于需要
输入和保存的数据不同，因此 el-form 部分便不相同。其 JS 部分的命令如下：

```
<script>
// ...
    data() {
        return {
            // 集群列表
            openstackIdList:[],
            // 表单数据
            formData:{ openstackId:'', name:'', ram:'', disk:'', cpu:'', },
            // 表单效验
            formRules:{
                openstackId:[
                    { required: true, message: '请选择集群', trigger: 'blur'},
            //... 完整代码见项目源码包
        methods:{
            // 初始化
            init(){
                this. getSelectLists()
                if(this. setting. type === 'add'){
                    console. log('add')
                }
            },
```

```
// 获取 select 下拉框数据
getSelectLists(){
    this. $ request. get('/openstack'). then(res = >{
        this. openstackIdList  =  res. data. map(el = >{
            return {label:el. name,value:el. id}
    //... 完整代码见项目源码包
</script>
```

此部分与 Kubernetes 的命名空间管理的表单弹框 JS 部分类似，所以这里不再赘述。

三、实例管理页面开发

实例是 OpenStack 的最小核心管理单元。

（一）表格页面

OpenStack 实例可通过一个 HTML 表格进行管理来实现。创建 "src \ views \ openstack \ exampleManage \ list. vue" 文件，该文件 HTML 部分的命令如下：

```
<template>
    <div ref = "mainContent" class = "view-container">
        <el-card class = "main-container" shadow = "hover">
        //... 完整代码见项目源码包
            <template v-if = "item. slot" #default = "scope">
                <template v-if = "item. slot == 'addresses'">
                    <div v-for = "item in
scope. row. addresses. addresses['int-net']" :key = "item. addr">{{item. addr}}</div>
                </template>
                <template v-if = "item. slot == 'status'">
                    <span>{{setStatus(scope. row. status)}}</span>
                </template>
                <template v-if = "item. slot == 'created'">
                    <span>{{ $ fun. timeFormat(scope. row. created,'YYYY-MM-DD
hh:mm:ss')}}</span>
                //... 完整代码见项目源码包
```

此部分与讲解过的 Kubernetes 命名空间管理页面的 HTML 部分类似，不同的是 el-table-column 标签下的 template 中的内容。此内容多了开机、关机以及重启等按钮。不同按钮的显示，是在 HTML 代码中用 v-if 去判断每个实例的状态控制。而这里是通过 handleChangeStatus 方法执行不同的功能，与传入的变量有关，其 JS 部分的命令如下：

```
<script>
//... 完整代码见项目源码包
    setStatus(val){
      switch(val){
        case 'active': return '运行中';
        case 'bulid': return '构建中';
        case 'rebulid': return '重构中';
        case 'suspended': return '暂停';
        case 'paused': return '暂停';
        case 'resize': return '调整中';
        case 'verify_resize': return '确认调整中';
        case 'revert_resize': return '回退调整中';
        case 'password': return '重置密码中';
        case 'reboot': return '重启中';
        case 'hard_reboot': return '硬重启中';
        case 'deleted': return '已删除';
        case 'unknown': return '未知';
        case 'error': return '错误';
        case 'stopped': return '已停止';
        case 'shutoff': return '关闭';
        case 'migrating': return '迁移中';
        case 'shelved': return '已搁置';
        case 'shelved_offloaded': return '已搁置卸载';
        case 'unrecognized': return '无法识别';
      }
    },
    // 改变状态
    async handleChangeStatus(row,val){
      let data = {
        openstackId:this. query. openstackId,
```

云计算工程技术人员（初级）—— 云计算开发

```
        serverId:row. id,
        action:val
    }
    let loading = {fullscreen:false,target:this. $ refs. mainContent}
    await this. $ request. post('/openstack/action',data,loading,true)
    // this. getTableData()
//... 完整代码见项目源码包
```

完成后还需将其引入路由中，router 中添加以下代码内容：

```
// ...
// 菜单路由
const menuRoutes = [
//... 完整代码见项目源码包
        path: 'exampleManage',
        name: 'openstack-exampleManage',
        meta: {
            title: '实例管理',
            menu: true,
        },
        component: () = > import(/* webpackChunkName: "openstack" * /
'@ /views/openstack/exampleManage/list. vue'),
    //... 完整代码见项目源码包
```

（二）表单弹框

OpenStack 实例新增和编辑功能可通过 HTML 表单来实现。在 exampleManage 下创建"form. vue"文件，其 HTML 部分的命令如下：

```
<template>
  <! -- ... -->
    <el-form :model = "formData" :rules = "formRules" ref = "form"
label-width = "100px">
        <el-form-item label = "集群" prop = "openstackId">
        <el-select v-model = "formData. openstackId" clearable placeholder = "请选择"
style = "width:100% ;">
            <el-option
```

186

```
                v-for = "item in openstackIdList"
                :key = "item. value"
                :label = "item. label"
                :value = "item. value">
//... 完整代码见项目源码包
        <el-form-item v-if = "setting. type === 'add'" label = "实例名称"
prop = "name">
            <el-input v-model. trim = "formData. name" autocomplete = "off"
placeholder = "实例名称"></el-input>
        </el-form-item>
        <el-form-item label = "实例类型" prop = "flavorId">
            < el-select v-model = "formData. flavorId" clearable placeholder = "请选择"
style = "width:100% ;"
                //... 完整代码见项目源码包
```

此部分与实例类型管理的表单弹框 HTML 部分大致相同，由于需要输入和保存的数据不同，因此 el-form 部分便不相同。其 JS 部分的命令如下：

```
//... 完整代码见项目源码包
    watch:{
        'formData. openstackId':{
            handler(nVal){
                if(nVal){
                    if(this. setting. type === 'add'){

this. $ request. get('/openstack/images',{openstackId:nVal}). then(res = >{
                        this. imageIdList = res. data. map(el = >{
                            return {label:el. name,value:el. id}
//... 完整代码见项目源码包
this. $ request. get('/openstack/flavors',{openstackId:nVal}). then(res = >{
                        this. flavorIdList = res. data. map(el = >{
                            return {label:el. name,value:el. id}
//... 完整代码见项目源码包
    methods:{
        // 初始化
        init(){
            this. getSelectLists()
            if(this. setting. type === 'add'){
                console. log('add')
```

```
        }else{
            console. log('edit')
            this. formData  =  this. setting. data
//... 完整代码见项目源码包
</script>
```

这里的表单和讲解过的表单部分类似，但这里的表单多了 watch 功能，用于监听某个变量发生改变。此处监听 formData. openstackId 是否发生改变，一旦改变便执行 handler 方法请求数据获取镜像或类型数据赋值到 select 组件上，因此这里必须先选择集群，获取到数据后才可以选择镜像与类型。此外，watch 中的 immediate 表示页面初次加载是否执行了 handler 方法。

到此，前端开发完毕，效果如图 6-6 所示。

图 6-6   云应用前端开发效果图

思考题

1. 除了 VSCode 之外，还有哪些前端开发工具？

2. 什么情况下应该使用 Vuex？

3. 单页面与多页面的区别是什么？

4. Vue 中插槽的使用场景有哪些？

5. Vue 中 watch 有哪些用法？

第七章　云应用后端开发

后端开发即"服务器端"开发，大多指的是数据库进行交互以处理相应的业务逻辑，需要考虑的是如何实现功能、数据的存取、平台的稳定性与性能等。可以用于后端开发的编程语言有很多，本章主要介绍云管应用系统的 Java 后端，首先介绍在 Java 后端开发最常用的 Spring 框架的使用，然后从业务结构出发，从请求到数据的存取，详细说明了各个阶段所用的当下流行的技术框架以及系统架构，最后通过简单的示例，讲解了用于对接 Kubernetes 和 OpenStack 两个平台的业务框架。

- ●**职业功能**：云计算应用开发（云应用后端开发）。
- ●**工作内容**：熟练使用后端开发工具和编程语言完成云应用后端的开发。
- ●**专业能力要求**：能根据后端技术需求，搭建云应用后端框架；能根据功能开发需求，完成后端简单功能开发；能根据开发技术规范，编写 API 文档，并测试联调。
- ●**相关知识要求**：掌握 API 开发知识、接口调用知识、掌握联调测试知识；掌握云平台镜像应用知识、云平台云服务器应用知识。

第一节　对接 Kubernetes 云平台

考核知识点及能力要求：

- 了解 Kubernetes 的 SDK（软件开发工具包）的常用接口。

- 了解 Spring 常用业务开发注解。

- 了解 Postman 调试工具。

- 熟悉 RESTful 接口风格。

- 能够使用基础 CRUD 接口开发。

一、集群管理功能开发

本次后端开发版本为 v1.0，代码库为 Git，以 Spring Initializr（https：// start. spring. io/）框架工程为基础开发。

本节内容将对接 Kubernetes 的 SDK，用以直接在平台完成其本身服务的调用。首先使用 Workbench 在 cloud_manage 数据库中新建 Kubernetes 集群表，命令如下：

```
CREATE TABLE `kubernetes` (
  `id`varchar(32) NOT NULL COMMENT '主键 ID',
  `name`varchar(100) DEFAULT NULL COMMENT '集群名称',
  `description`varchar(100) DEFAULT NULL COMMENT '描述',
  `master_url`varchar(100) DEFAULT NULL COMMENT 'MasterUrl',
  `oauth_token` text COMMENT 'token',
  `gmt_create` timestamp NOT NULL DEFAULT CURRENT_TIMESTAMP COMMENT '创建时间',
```

```
    `gmt_modify` timestamp NULL DEFAULT NULL ON UPDATE CURRENT_TIMESTAMP
COMMENT '修改时间',
    PRIMARY KEY (`id`)
) ENGINE = InnoDB DEFAULT CHARSET = utf8mb4 ROW_FORMAT = COMPACT
COMMENT = 'kubernetes 集群';
```

创建 "... \ com \ newcareer \ cloud \ entity \ Kubernetes. java"，命令如下：

```
@ Data
@ TableName(value = "kubernetes")
public class Kubernetes implements Serializable {

    private static final long serialVersionUID = 1L;

    /**
     *  主键 ID
     * /
    @ TableId(type = IdType. ASSIGN_UUID)
    private String id;

    /**
     *  集群名称
     * /
    private String name;

    /**
     *  描述
     * /
    private String description;

    /**
     *  MasterUrl
     * /
    private String masterUrl;
    /**
     *  token
```

```
     * /
    private String oauthToken;

    /**
     * 创建时间
     * /
    private LocalDateTime gmtCreate;

    /**
     * 修改时间
     * /
    private LocalDateTime gmtModify;
}
```

@TableName 是 MP 的表名注解，用来对应 Java 类与数据库的表名。当 Java 类与数据库的表名不一致时，就可以使用此注解表示对应关系。@TableId 是主键注解，放在哪个属性上就表示该属性对应该表的主键，可以使用 value 单独指定该主键的字段名。如果一致，则可以省略。type 属性则可以定义该主键的类型，此处选用的是 32 的 UUID（Universally Unique Identifier，是通用唯一识别码）作为主键，所以主键的 type 设置为 IdType. ASSIGN_ UUID，表示自动分配 UUID。

同时该类实现了 Serializable 接口。Serializable 是 java. io 包中定义的、用于实现 Java 类的序列化操作而提供的一个语义级别的接口。Serializable 序列化接口没有任何方法或者字段，只是用于标识可序列化的语义，如图 7-1 所示。

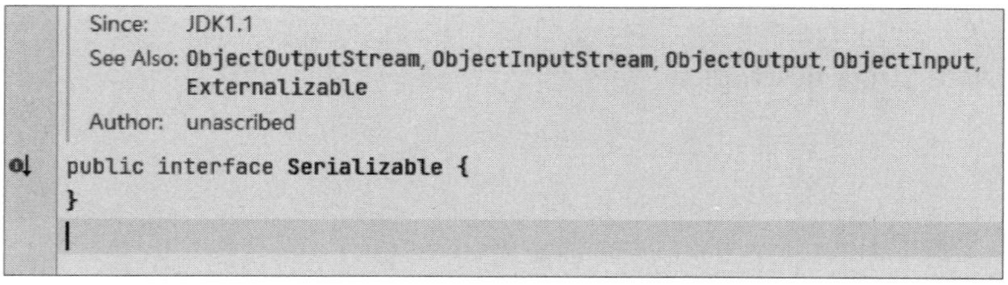

```
Since:    JDK1.1
See Also: ObjectOutputStream, ObjectInputStream, ObjectOutput, ObjectInput,
          Externalizable
Author:   unascribed
public interface Serializable {
}
```

图 7-1 Serializable

实现了 Serializable 接口的类可以被 ObjectOutputStream 转换为字节流，同时也可以通过 ObjectInputStream 再将其解析为对象。例如，可以将序列化对象写入文件后，再次从文件中读取并反序列化成对象，也就是说，可以使用表示对象及其数据的类型信息和字节在内存中重新创建对象。

这一点对面向对象的编程语言来说是非常重要的。因为任何编程语言，其底层涉及 IO（Input/Output，即 I/O 输入/输出）操作的部分还是由操作系统帮其完成的，而底层 IO 操作都是以字节流的方式进行的。所以写操作都涉及将编程语言数据类型转换为字节流，而读操作则又涉及将字节流转化为编程语言类型的特定数据类型。Java 作为一门面向对象的编程语言，对象作为其主要数据的类型载体，为了完成对象数据的读写操作，也就需要一种方式来让 JVM（Java Virtual Machine，即 Java 虚拟机）得知进行 IO 操作时如何将对象数据转换为字节流，以及如何将字节流数据转换为特定的对象。Serializable 接口就承担了这样一个角色。

对 JVM 来说，要进行持久化的类必须有一个标记，只有持有这个标记，JVM 才允许类创建的对象可以通过其 IO 系统转换为字节数据，从而实现持久化，而这个标记就是 Serializable 接口。在反序列化的过程中，则需要使用 serialVersionUID（版本号）来确定由哪个类加载这个对象，所以在实现 Serializable 接口的时候，一般要尽量显式地定义 serialVersionUID，命令如下：

```
private static final long serialVersionUID = 1L;
```

如果可序列化类未显式声明 serialVersionUID，则序列化运行时将根据该类的各个方面计算该类的默认 serialVersionUID 值。但是，Java 官方强烈建议所有要序列化的类都显示地声明 serialVersionUID 字段，因为如果高度依赖于 JVM 默认生成的 serialVersionUID，可能会导致其与编译器实现细节耦合，这样可能会导致在反序列化的过程中发生 InvalidClassException 异常。因此，为了保证在不同的 Java 编译器实现中具有一致的 serialVersionUID 值，可序列化类必须声明一个显式的 serialVersionUID 值。此外，serialVersionUID 字段的声明要尽可能使用 private 关键字修饰。这是因为该字段的声明只适用于声明的类，该字段作为成员变量被子类继承是没有用处的。有个特殊的地方需要注意，数组类是不能显示地声明 serialVersionUID 的，因为其始终具有默认计算的值，不过数组类反序列化过程中也是放弃了匹配 serialVersionUID 值的要求。

创建 "... \ com \ newcareer \ cloud \ dao \ KubernetesMapper. java" 文件，命令如下：

```
@ Mapper
public interface KubernetesMapper extends BaseMapper<Kubernetes> {
}
```

@ Mapper 注解是由 Mybatis 框架中定义的一个描述数据层接口的注解。注解往往起到一个描述性作用，用于告诉 Spring 框架此接口的实现类由 Mybatis 负责创建，并将其实现类对象存储到 Spring 容器中。同时继承 BaseMapper 以使用 MP 的接口。

创建 "... \ com \ newcareer \ cloud \ service \ KubernetesService. java" 文件，编写业务层代码，同样继承 MP 的接口 IService，命令如下：

```
public interface KubernetesService extends IService<Kubernetes> {
}
```

创建 "... \ service \ impl \ KubernetesServiceImpl. java" 文件，继承 MP 的接口 ServiceImpl 并实现 KubernetesService，命令如下：

```
@ Service
public class KubernetesServiceImpl extends ServiceImpl<KubernetesMapper, Kubernetes>
implements KubernetesService {
}
```

@ Service 注解，用于标注业务层组件，表示定义一个 bean，自动根据 bean 的类名实例化一个首写字母为小写的 bean，将其在 Spring 容器中注册，方便被注入调用。

创建 ".. \ controller \ KubernetesController. java" 文件，命令如下：

```
@ RestController
@ CrossOrigin
@ RequestMapping("/kubernetes")
public class KubernetesController {
}
```

在类上使用了 @ RequestMapping，用以表示该类的全部接口请求响应都以该 "/kubernetes" 接口作为父路径，为了方便与其他请求业务上有所区分。@ CrossOrigin 注解表示该类的所有接口都是支持跨域的，以免前后端分离的项目引起浏览器的跨域拦截策略而无法获取数据，全部类型建立完成之后目录结构如图 7-2 所示。

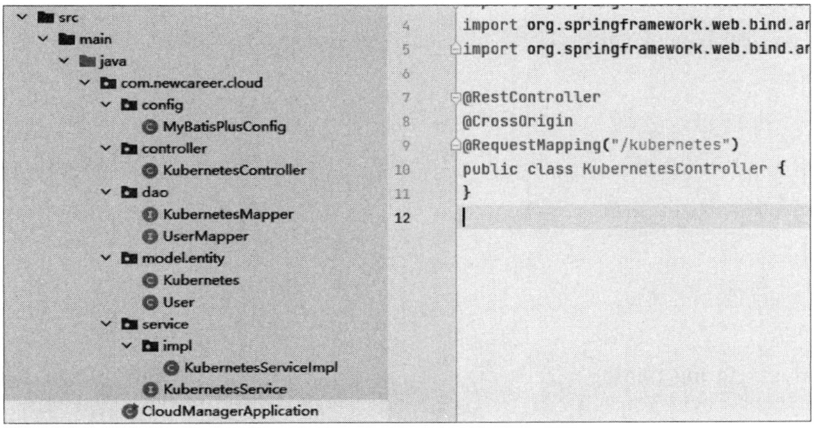

图 7-2　**Kubernetes 目录结构**

首先，需要完成 Kubernetes 集群基础的 CRUD 功能，方便后续其他功能点的使用。CRUD 分别指增加（Create）、读取查询（Retrieve）、更新（Update）和删除（Delete）这 4 个单词的首字母，就是所谓的增删改查。

新建 "model \ param" 目录时，用来创建各种方法的参数类，大多方法都会有入参。如果只有一个或两个参数，可以直接定义在方法后面的括号里。但是，当有很多方法的入参时，如果不定义入参类，所有的参数都定义在方法后面的括号里面，这样在后期新增或减少字段时就需要修改全部引用过的方法，很不方便；如果用参数类作为入参，修改参数时，只需在参数类新增或减少字段。入参类一般会按照业务和功能划分，最好不要将所有的入参都建立在同一个类型中。如果所有方法都用这一个类型，会导致这个类中的字段变得越来越多，不利于维护。例如，当业务类型为新增时可以定义 CreateParam，查询时可以定义 QueryParam，而不是只创建一个 Param 将两个类的全部字段放入这一个类中，不同的业务场景对应不同的参数。

新增 "model \ param \ BaseParam. java"，将公共字段放入其中，其他参数类继承此类，命令如下：

```
@ Data
public class BaseParam {
    /**
```

```
     *  页码
     * /
    private Integer page;
    /**
     *  每页显示条数
     * /
    private Integer size;
    /**
     *  名称
     * /
    private String name;
}
```

创建"model \ param \ KubernetesParam. java"，继承 BaseParam，命令如下：

```
@ EqualsAndHashCode(callSuper = true)
@ Data
public class KubernetesParam extends BaseParam{
}
```

后期就可以根据开发情况在 KubernetesParam 类中新增各自所需要的参数，@ EqualsAndHashCode（callSuper = true）注解的作用就是将其父类属性进行比较。

在 KubernetesService 这个类中定义 4 个接口，分别是 createKubernetes（）、deleteKubernetes（）、updateKubernetes（）和 pageKubernetes（），命令如下：

```
/**
 *  创建集群
 *  @ return boolean
 *  @ param kubernetes kubernetes
 * /
boolean createKubernetes(Kubernetes kubernetes);

/**
 *  删除 Kubernetes 集群
 *  @ param id 集群 id
 *  @ return boolean
```

```
 * /
boolean deleteKubernetes(String id);

/**
 *  修改 Kubernetes 集群
 *  @param kubernetes kubernetes
 *  @return boolean
 * /
boolean updateKubernetes(Kubernetes kubernetes);

/**
 *  分页查询 Kubernetes 集群
 *  @param param param
 *  @return page
 * /
Page<Kubernetes> pageKubernetes(KubernetesParam param);
```

打开实现类 KubernetesServiceImpl，将光标移动到类名位置，键盘输入"Alt + Enter"，选择"Implement methods"，如图 7-3 所示。

图 7-3　Implement methods

选择上一步创建的 4 个方法，单击"OK"，如图 7-4 所示。

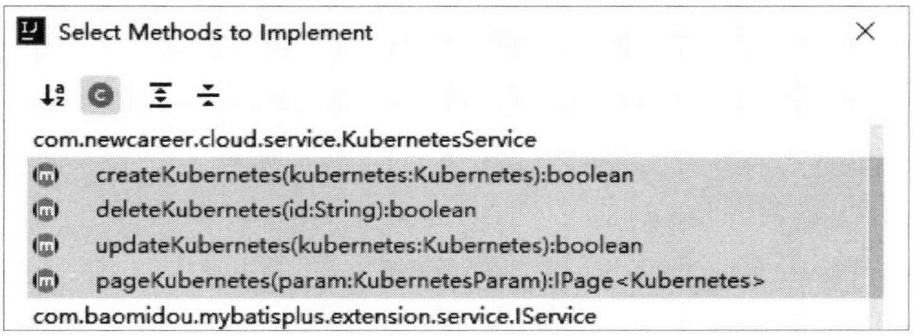

图 7-4　Select Methods

然后便可开始编写出业务代码。对于创建、删除、修改方法，目前没有其他需要实现的逻辑。可查阅 MP 文档 "https：//mp. baomidou. com/guide/crud-interface. html"，直接调用继承自父类的对应方法操作入库即可，命令如下：

```java
@ Override
public boolean createKubernetes(Kubernetes kubernetes) {
    return this. save(kubernetes);
}

@ Override
public boolean deleteKubernetes(String id) {
    return this. removeById(id);
}

@ Override
public boolean updateKubernetes(Kubernetes kubernetes) {
    return this. updateById(kubernetes);
}
```

创建和修改由于都是对数据库的对象进行操作，而数据库字段与 Kubernates 实体类完全对应，所以创建和修改的入参可以直接使用 Kubernetes 实体类。删除的方法，由于数据主键的唯一性，常规删除操作都是直接使用主键删除某一数据，所以只需要传入数据的 ID 即可。

采用分页查询方法查询文档，如图 7-5 所示。

图 7-5　Page 文档说明

采用无条件的分页查询，需要传入翻页对象，查看分页对象的构造函数。此处需要传入两个参数，分别是当前页和每页显示条数，如图 7-6 所示。

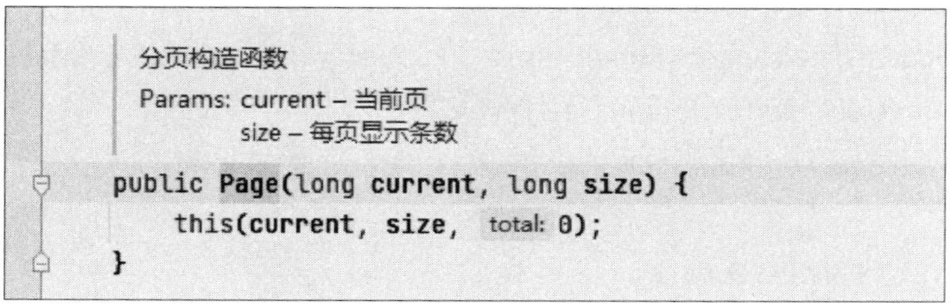

```
分页构造函数
Params: current – 当前页
        size – 每页显示条数
public Page(long current, long size) {
    this(current, size,  total: 0);
}
```

图 7-6　翻页对象

具体实现内容如下：

```
@ Override
public IPage<Kubernetes> pageKubernetes(KubernetesParam param) {
    LambdaQueryWrapper<Kubernetes> wrapper = Wrappers. lambdaQuery();
    if (StringUtils. hasText(param. getName())) {
        wrapper. like(Kubernetes::getName, param. getName());
    }
    return this. page(new Page<>(param. getPage(), param. getSize()), wrapper);
}
```

　　此处引入了 MP 的条件构造器 LambdaQueryWrapper，判断入参"name"不为空字符串时，在 SQL 语句的查询条件中构建"name"的条件查询，构造语句为"like"。如果此时 param. getName（）的值为"test"，那么"wrapper. like（Kubernetes：：getName，param. getName（）)"等同于 SQL 语句"WHERE name LIKE ％test％"。

　　分页查询，由于分页限制无法查询全数据，需要再添加一个查询全部集群数据的接口，命令如下：

```
/**
 *  根据条件查询全部集群
 *  @param param param
 *  @return list
 */
List<Kubernetes> listKubernetes(KubernetesParam param);
```

接口实现，命令如下：

```
@ Override
public List<Kubernetes> listKubernetes(KubernetesParam param) {
    LambdaQueryWrapper<Kubernetes> wrapper = Wrappers. lambdaQuery();
    if (StringUtils. hasText(param. getName())) {
        wrapper. eq(Kubernetes::getName, param. getName());
    }
    return this. list(wrapper);
}
```

此处同样使用 LambdaQueryWrapper 条件构造器，同样判断入参 "name" 不为空字符串时，在 SQL 语句的查询条件中构建 "name" 的条件查询。与分页查询不同的是这里使用的构造语句为 "eq"，其意为精确匹配，相当于 SQL 语句中的 " = "。

业务逻辑编码完毕，就可以在 Controller 编写对应的前端接口。由于需要在 Controller 层调用 Service 层的具体业务，所以需要使用 Spring 的依赖来注入注解 @ Resource，或者@ Autowired 注入需要使用的 KubernetesService 类。

@ Resource 和@ Autowired 注解都是用来实现依赖注入的。只是@ Autowried 按 byType 自动注入，而@ Resource 默认按 byName 自动注入。@ Resource 有两个重要属性，分别是 name 和 type。Spring 将 name 属性解析为 bean 的名字，而 type 属性则被解析为 bean 的类型。所以，如果使用 name 属性，则使用 byName 的自动注入策略；如果使用 type 属性，则使用 byType 的自动注入策略；如果都没有指定，则通过反射机制使用 byName 自动注入策略。

在 KubernetesController 注入 KubernetesService，命令如下：

```
@ Resource
private KubernetesService kubernetesService;
```

先构建一个通用的返回结果类型 R，通用的返回结果类型定义了固定的返回结果的数据结构，以方便前端接收到返回结果时做出处理。新建 "… \ com \ newcareer \ cloud \ model \ R. java"，命令如下：

```java
public class R extends HashMap<String, Object> {

    private static final long serialVersionUID = 1L;

    public R() {
        put("code", 200);
        put("msg", "success");
    }

    public static R error() {
        return error(500, "未知异常,请联系管理员");
    }

    public static R error(String msg) {
        return error(500, msg);
    }

    public static R error(int code, String msg) {
        R r = new R();
        r. put("code", code);
        r. put("msg", msg);
        return r;
    }

    public static R ok(String msg) {
        R r = new R();
        r. put("msg", msg);
        return r;
    }

    public static R data(Object obj) {
        R r = new R();
        r. put("data", obj);
        return r;
    }
```

```
public static R ok(Map<String, Object> map) {
    R r = new R();
    r. putAll(map);
    return r;
}

public static R ok() {
    return new R();
}

@ Override
public R put(String key, Object value) {
    super. put(key, value);
    return this;
}
}
```

方法中主要定义了 3 种返回数据类型：R. ok ( ) 表示返回正确的结果，R. error ( ) 表示返回错误的结果，R. data ( ) 表示返回正确的带数据的结果。

编写创建接口，命令如下：

```
/**
 * 新建一个 kubernetes 集群
 * @param kubernetes kubernetes
 * @return R
 * /
@ PostMapping
public R create(@ RequestBody Kubernetes kubernetes) {
    if (StringUtils. isBlank(kubernetes. getName())) {
        return R. error("集群名称不能为空");
    }
    return R. data(kubernetesService. createKubernetes(kubernetes));
}
```

基础 CRUD 接口，这里使用 RESTful API 风格的接口。REST 全称是

Representational State Transfer，意思是表述性状态转移，首次出现在 2000 年 Roy Fielding 的博士论文中。Roy Fielding 是 HTTP 规范的主要编写者之一，其在论文中指出："这篇文章的写作目的，就是想在符合架构原理的前提下，理解和评估以网络为基础的应用软件的架构设计，得到一个功能强、性能好、适宜通信的架构。REST 指的是一组架构约束条件和原则。如果一个架构符合 REST 的约束条件和原则，就称之为 RESTful 架构。"

在 RESTful 架构中，每个网址都代表一种"资源"（resource），所以网址中不能有动词，只能有名词，而且所用名词往往要与数据库的表格名对应。一般来说，数据库中的表都是同种记录的"集合"（collection），所以 API 中的名词也应该使用复数。

资源的具体操作类型用 HTTP 动词表示。

常用的 HTTP 动词有以下 5 个（括号里是对应的 SQL 命令）：

• GET（SELECT）：从服务器取出资源（一项或多项）。

• POST（CREATE）：在服务器新建一个资源。

• PUT（UPDATE）：在服务器更新资源（客户端提供改变后的完整资源）。

• PATCH（UPDATE）：在服务器更新资源（客户端提供改变的属性）。

• DELETE（DELETE）：从服务器删除资源。

例如，对于 Kubernetes 服务：

• GET /kubernetes：列出所有 Kubernetes 集群。

• POST /kubernetes：新建一个 Kubernetes 集群。

• GET /kubernetes/ID：获取某个指定 Kubernetes 集群的信息。

• PUT /kubernetes/ID：更新某个指定 Kubernetes 集群的信息（提供该集群的全部信息）。

• PATCH /kubernetes/ID：更新某个指定 Kubernetes 集群的信息（提供该集群的部分信息）。

• DELETE /kubernetes/ID：删除某个 Kubernetes 集群。

这里的新建集群信息，就应该使用 POST 请求，命令如下：

```
/**
 *  新建集群
 *
 *  @param kubernetes kubernetes
 *  @return R
 */
@ PostMapping
public R create(@ RequestBody Kubernetes kubernetes) {
    if (! StringUtils. hasText(kubernetes. getName())) {
        return R. error("集群名称不能为空");
    }
    KubernetesParam param = new KubernetesParam();
    param. setName(kubernetes. getName());
    List<Kubernetes> kubernetesList = kubernetesService. listKubernetes(param);
    if (! kubernetesList. isEmpty()) {
        return R. error("名称重复");
    }
    return R. data(kubernetesService. createKubernetes(kubernetes));
}
```

@ PostMapping 是一个复合注解，Spring framework 4.3 引入了@ RequestMapping 注释的变体，以便更好地表示带注释的方法的语义。作为"@ RequestMapping（method = RequestMethod. POST）"的快捷方式，@ RequestBody 主要用来接收前端传递给后端的 json 字符串中的数据（请求体中的数据的）；GET 方式无请求体，所以使用 @ RequestBody 接收数据时，前端不能使用 GET 方式提交数据，而是用 POST 方式进行提交。在后端的同一个接收方法里，@ RequestBody 与@ RequestParam()可以同时使用，@ RequestBody 最多只能有一个，而@ RequestParam()可以有多个。对于前端传递的参数，定义了集群的名称作为必传参数，如果名称为空，那么不允许创建一个 Kubernetes 集群。使用名称去精确查询一次数据库，如果查询结果不为空，表示已经存在该名称的数据，这样可以保证集群名称的唯一性。

编写删除、修改和查询，命令如下：

```java
/**
 *  删除集群
 *
 *  @param id id
 *  @return R
 */
@DeleteMapping("/{id}")
public R delete(@PathVariable String id) {
    return R. data(kubernetesService. deleteKubernetes(id));
}


/**
 *  修改集群
 *
 *  @param kubernetes kubernetes
 *  @return R
 */
@PutMapping()
public R update(@RequestBody Kubernetes kubernetes) {
    if (kubernetes. getId() == null) {
        return R. error("集群 ID 不能为空");
    }
    return R. data(kubernetesService. updateKubernetes(kubernetes));
}


/**
 *  分页查询集群
 *
 *  @param param param
 *  @return R
 */
@GetMapping("/page")
public R page(KubernetesParam param) {
    if (param. getPage() == null || param. getSize() == null) {
        return R. error("分页参数不能为空");
    }
```

```
        return R. data(kubernetesService. pageKubernetes(param));
    }
```

@ PathVariable 注解用来接收请求路径中占位符的值。对于修改信息，常用主键作为修改依据，所以，主键 ID 为必传参数；而分页查询接口，分页参数则为必传参数，否则无法对数据进行分页。

CRUD 接口编写完成后，将对编写的接口进行调试。在日常开发中，调试能够帮助及时发现 bug，减少与前端对接过程中发生的问题。除了使用常规的编写测试用例进行测试外，还可以使用工具模拟前端的调用，此处引入了 Postman 工具。Postman 是一款 HTTP 模拟工具，能模拟几乎所有的 HTTP 请求，除了提供客户端程序外，还拥有 Chrome 插件等。Postman 虽然是一款商用软件，但对普通用户来说，免费功能已经足够使用。首先下载安装，地址为 "https：//www. postman. com/downloads/"；下载完成后单击启动，程序则会自动安装好并启动；首次启动，程序会提示注册账号之后登录使用；注册登录之后，Postman 主界面如图 7-7 所示。

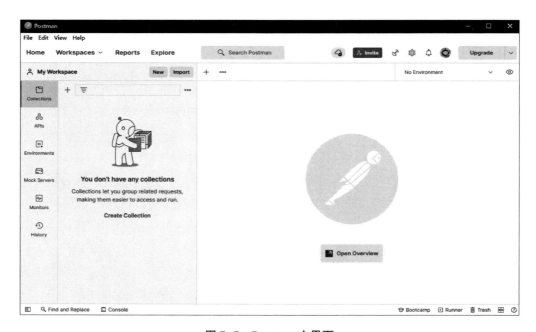

图 7-7　Postman 主界面

单击左边蓝色的 "Create Collection"，创建一个 Collection。展开 New Collection，单击 "Add a request"，输入这个 "request" 的名字。选择 request 的类型为 "POST"。

选择 raw，在"masterUrl"填写已开发的接口地址，同时传值方式选择 JSON，将传递参数以 JSON 格式写在下面空白处，如图 7-8 所示。

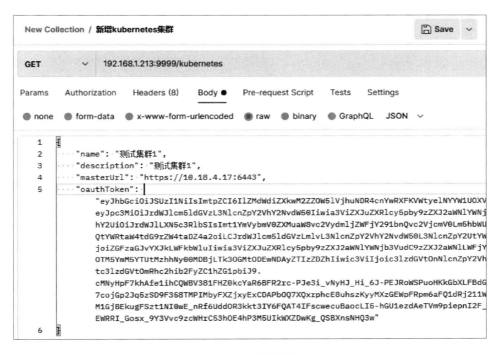

图 7-8　测试新增

其中 name 为集群的名称，description 为该集群的描述信息，masterUrl 为集群所在的 Master 节点的 URL，oauthToken 是生成的 accessToken。

全部写好之后，单击"send"发送请求，并查询下方 Response 区域的响应，如图 7-9 所示。

图 7-9　Response 区域

由此可以看到，请求响应信息为"success"、code 为 200、data 参数为 true，这表示调用成功了。右上角的内容是 HTTP Status 状态码和接口用时等信息。

继续测试查询数据，单击 New Collection 右边的"⚫⚫⚫"，选择 Add request，如图 7-10 所示。

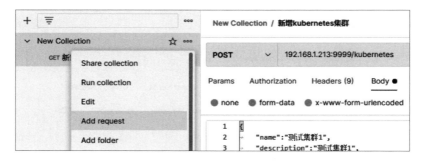

图 7-10　Add request

填写好 URL 后，在 Params 参数位置填写分页查询时所需传递的参数 page 和 size。单击"send"，查询数据，响应如图 7-11 所示。

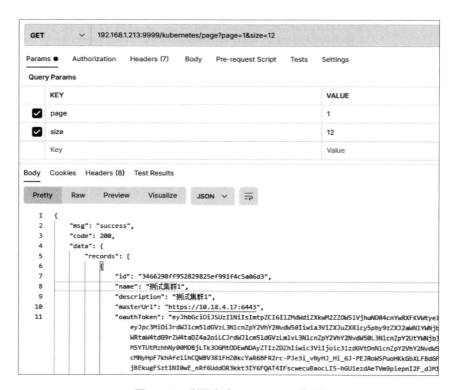

图 7-11　分页查询 Kubernetes 集群

可以同样操作调试修改和删除。调试完成后，就能进入集群的对接。

kubernetes-client 使用情况如图 7–12 所示。

图 7–12　kubernetes-client 使用情况

选择 " https：//github. com/fabric8io/kubernetes-client " 作 为 Kubernetes 对 接 的 SDK，导入 Maven 依赖，命令如下：

```
<dependency>
    <groupId>io. fabric8</groupId>
    <artifactId>kubernetes-client</artifactId>
    <version>5. 5. 0</version>
</dependency>
```

根据文档的 Kubernetes Compatibility Matrix，直接使用最新版本的 SDK 即可。查看 Usage 中的 Creating a client，命令如下：

```
Config config = new ConfigBuilder(). withMasterUrl("https://mymaster. com"). build();
KubernetesClient client = new DefaultKubernetesClient(config);
```

根据以上信息创建连接客户端：

```
/**
 *  创建 kubernetes 连接客户端
 *  @param kubernetesId  集群 ID
 *  @return client
 * /
private KubernetesClient createClient(String kubernetesId) {
    Kubernetes kubernetes = this. getById(kubernetesId);
    Objects. requireNonNull(kubernetes, Constants. CLUSTER_NOT_EXIST);
```

```
Config config = new ConfigBuilder()
        . withMasterUrl(kubernetes. getMasterUrl())
        . withOauthToken(kubernetes. getOauthToken())
        . withTrustCerts(true)
        . build();
    return new DefaultKubernetesClient(config);
}
```

Constants. CLUSTER_NOT_EXIST 是定义无集群时响应的信息的常量字符串，其被定义在 com \ newcareer \ cloud \ common 目录下，以便其他地方也需要使用这个响应的 message，命令如下：

```
public final class Constants {

    /**
     *  集群不存在响应 message
     * /
    public static final String CLUSTER_NOT_EXIST = "集群不存在";
}
```

为使调用过程中异常信息响应格式统一，此处在 com \ newcareer \ cloud \ common 目录下定义了全局异常的处理类，以方便前端获取到数据格式一致的异常响应，命令如下：

```
@ RestControllerAdvice
@ Log4j2
public class GlobalExceptionHandler {

    @ ExceptionHandler(Exception. class)
    private R exceptionHandler(Exception e) {
        log. error(e. getMessage());
        return R. error(e. getMessage());
    }
}
```

@ RestControllerAdvice 就是@ ControllerAdvice 和@ ResponseBody 的合并，此注解通过对异常的拦截实现统一的异常返回处理。@ Log4j2 来自 Lombok，相当于初始化一个静态的 log，可以使用其编写日志语句。@ ExceptionHandler 是一个异常处理注解，拦截定义的具体的错误，再根据自定义的方法，反馈统一格式的错误，其可以指定参数，具体为某一错误类型，例如，NullPointerException. class 会将全部的空指针异常处理为定义的格式。这里定义的是 Exception. class 这个父异常，那么其所有子类异常将会响应为 R. error( )这个格式。

二、命名空间功能开发

Kubernetes 命名空间（namespace）的用途是为不同团队的用户（或项目）提供虚拟的集群空间，也可以用来区分开发环境/测试环境、准上线环境/生产环境。虚拟集群意味着 Kubernetes 可以在单个集群上提供多个 Kubernetes 的集群，就类似于一个在其主机抽象出来的虚拟机。Kubernetes 文档中的解释为 Kubernetes 在一个物理集群上提供了多个虚拟集群。这些虚拟集群被称为命名空间。

连接的客户端创建好之后，先对接平台的命名空间。根据文档说明，命名空间访问内容如下：

```
NamespaceList myNs = client. namespaces(). list();
```

定义命名空间的查询接口，命令如下：

```
/**
 *  查询命名空间
 *  @ param kubernetesId 集群 ID
 *  @ return namespaces
 * /
List<Namespace>listNameSpaces(String kubernetesId);
```

然后实现该接口：

```
@ Override
public List<Namespace>listNameSpaces(String kubernetesId) {
    KubernetesClient client = this. createClient(kubernetesId);
    return client. namespaces(). list(). getItems();
}
```

由于访问命名空间不需要额外的参数，只要知道其所属哪个集群即可，所以要在这里对传递的集群 ID 做验证。编写前端接口后使用 Postman 测试，命令如下：

```
/**
 *  查询命名空间列表
 *
 *  @param kubernetesId 集群 ID
 *  @return R
 * /
@GetMapping("/namespaces")
public R namespaces(String kubernetesId) {
    if (! StringUtils. hasText(kubernetesId)) {
        return R. error("集群 ID 不能为空");
    }
    return R. data(kubernetesService. listNameSpaces(kubernetesId));
}
```

命名空间查询结果如图 7-13 所示。

图 7-13   命名空间查询结果

创建和删除，查看模板命令如下：

https://github. com/fabric8io/kubernetes-client/blob/master/kubernetes-examples/src/
main/java/io/fabric8/kubernetes/examples/NamespaceQuotaExample. java

创建一个命名空间，必要参数为 name，定义入参类，命令如下：

```java
@ Data
public class KubernetesNamespaceParam {
    /**
     * 集群 ID
     * /
    private String kubernetesId;
    /**
     * 名称
     * /
    private String name;
}
```

编写接口，实现内容如下：

```java
@ Override
public Namespace createNamespaces(KubernetesNamespaceParam param) {
    KubernetesClient client = this. createClient(param. getKubernetesId());
    Namespace namespace = new NamespaceBuilder()
            . withNewMetadata()
            . withName(param. getName())
            . endMetadata(). build();
    return client. namespaces(). create(namespace);
}
```

删除命名空间：

```java
@ Override
public Boolean deleteNamespaces(KubernetesNamespaceParam param) {
    KubernetesClient client = this. createClient(param. getKubernetesId());
    return client. namespaces(). withName(param. getName()). delete();
}
```

业务接口编写完成之后，在 Controller 中编写前端接口，命令如下：

```
/**
 *  新建命名空间
 *  @param param param
 *  @return R
 * /
@ PostMapping("/create/namespace")
public R createNamespace(@ RequestBody KubernetesNamespaceParam param) {
    if (! StringUtils. hasText(param. getKubernetesId())) {
        return R. error("集群 ID 不能为空");
    }
    if (! StringUtils. hasText(param. getName())) {
        return R. error("名称不能为空");
    }
    return R. data(kubernetesService. createNamespaces(param));
}

/**
 *  删除命名空间
 *  @param param param
 *  @return R
 * /
@ DeleteMapping("/delete/namespace")
public R deleteNamespace(KubernetesNamespaceParam param) {
    if (! StringUtils. hasText(param. getKubernetesId())) {
        return R. error("集群 ID 不能为空");
    }
    if (! StringUtils. hasText(param. getName())) {
        return R. error("名称不能为空");
    }
    return R. data(kubernetesService. deleteNamespaces(param));
}
```

测试创建，JSON 参数内容为：

```
{
    "name":"测试 1"
}
```

测试结果错误内容如下：

```
{
    "msg": "Failure executing: POST at: https://10. 18. 4. 17:6443/api/v1/namespaces.
Message: Namespace \"测试 1 \" is invalid: metadata. name: Invalid value: \"测试 1 \": a
DNS-1123 label must consist of lower case alphanumeric characters or '-', and must start and
end with an alphanumeric character (e. g. 'my-name', or '128-1-abc', regex used for
validation is '[a-z0-9]([-a-z0-9]* [a-z0-9])? '). Received status: Status(apiVersion = v1, code =
422, details = StatusDetails (causes = [StatusCause (field = metadata. name, message = Invalid
value: \"测试 1 \": a DNS-1123 label must consist of lower case alphanumeric characters or '-',
and must start and end with an alphanumeric character (e. g. 'my-name', or '128-1-abc',
regex used for validation is ' [a-z0-9]([-a-z0-9]* [a-z0-9])? '), reason = FieldValueInvalid,
additionalProperties = {})], group = null, kind = Namespace, name = 测试 1, retryAfterSeconds =
null, uid = null, additionalProperties = {}), kind = Status, message = Namespace \"测试 1 \" is
invalid: metadata. name: Invalid value: \"测试 1 \": a DNS-1123 label must consist of lower
case alphanumeric characters or '-', and must start and end with an alphanumeric character
(e. g. 'my-name', or '128-1-abc', regex used for validation is '[a-z0-9]([-a-z0-9]* [a-z0-9])? '),
metadata = ListMeta (_ continue = null, remainingItemCount = null, resourceVersion = null,
selfLink = null, additionalProperties = {}), reason = Invalid, status = Failure, additionalProperties =
{}). ",
    "code": 500
}
```

根据响应的错误结果，命名空间的名字需要满足一定的规则，即只能输入字母或者数字，其正则表达式（regular expression）为：

$$[a-z0-9]([-a-z0-9] * [a-z0-9])?$$

正则表达式描述了一种字符串匹配的模式（pattern），可以用来检查一个串是否含有某种子串、将匹配的子串替换或者从某个串中取出符合某个条件的子串等。根据以上提示，进行参数验证时增加此验证，将新建命名空间的前端接口修改内容如下：

```
/**
 *  新建命名空间
 *  @ param param param
 *  @ return R
 * /
```

```
@ PostMapping("/create/namespace")
public R createNamespace(@ RequestBody KubernetesNamespaceParam param) {
    if (! StringUtils. hasText(param. getKubernetesId())) {
        return R. error("集群 ID 不能为空");
    }
    String pattern =  "[a-z0-9]([-a-z0-9]*  [a-z0-9])?";
    if (! Pattern. matches(pattern,param. getName())) {
        return R. error("名称不符合规范,只能输入字母或者数字");
    }
    if (! StringUtils. hasText(param. getName())) {
        return R. error("名称不能为空");
    }
    return R. data(kubernetesService. createNamespaces(param));
}
```

Pattern. matches 是 java. util 包中自带的正则匹配方法，可以按指定的规则匹配字符串。如果匹配上，则返回 true，否则返回 false。

重启服务，再次调用，响应内容如下：

```
{
    "msg": "名称不符合规范,只能输入字母或者数字",
    "code": 500
}
```

将名字改为英文字母 test1，再次调用，创建成功，命令如下：

```
{
    "msg": "success",
    "code": 200,
    "data": {
        "apiVersion": "v1",
        "kind": "Namespace",
        "metadata": {
            "creationTimestamp": "2021-07-15T07:42:32Z",
            "managedFields": [
                {
```

```
                    "apiVersion": "v1",
                    "fieldsType": "FieldsV1",
                    "fieldsV1": {
                        "f:status": {
                            "f:phase": {}
                        }
                    },
                    "manager": "okhttp",
                    "operation": "Update",
                    "time": "2021-07-15T07:42:32Z"
                }
            ],
            "name": "test1",
            "resourceVersion": "570174",
            "selfLink": "/api/v1/namespaces/test1",
            "uid": "46b78609-aa59-4ef8-b2bd-40f0be48ffc4"
        },
        "spec": {
            "finalizers": [
                "kubernetes"
            ]
        },
        "status": {
            "phase": "Active"
        }
    }
}
```

同样结合以上测试案例测试删除命名空间。结果响应为 true，则表示删除成功。

三、容器组功能开发

容器组（Pod）是 Kubernetes 中最小的可部署单元。一个容器组包含了应用程序容器（某些情况下是多个容器）、存储资源、唯一的网络 IP 地址，以及一些确定容器该如何运行的选项。容器组代表了 Kubernetes 中一个独立的应用程序运行实例，该实例可能由单个容器或者几个紧耦合在一起的容器组成。

查询文档内容如下：

https://github. com/fabric8io/kubernetes-client/blob/master/kubernetes-tests/src/test/java/io/fabric8/kubernetes/client/mock/PodCrudTest. java

根据文档 Pod 的查询：

```
@ Override
public List<Pod>listPods(KubernetesListPodsParam param) {
    KubernetesClient client = this. createClient(param. getKubernetesId());
    return
client. pods(). inNamespace(param. getNamespace()). list(). getItems();
    }
```

获取 Pod 不需要额外的参数，直接查询将会获取全部的 Pod。此处传入了命名空间作为参数，是为了分辨 Pod 所属的位置。可以根据情况自行决定是否需要此条件。

容器组的构建，命令如下：

```
@ Override
public Pod createPod(KubernetesCreatePodParam param) {
    KubernetesClient client = this. createClient(param. getKubernetesId());
    //构建容器组
    Pod pod = new
PodBuilder(). withNewMetadata(). withName(param. getPodName()). endMetadata(). build();
    //设置容器组的镜像信息
    PodSpec podSpec = new PodSpecBuilder()
        . addNewContainer()
        . withName(param. getImageName())
        . withImage(param. getImageName())
        //镜像拉取策略 Always 始终拉取 IfNotPresent 本地不存在时拉取
Never 从不拉取
        . withImagePullPolicy("IfNotPresent")
        . endContainer()
        . build();
```

```
        pod. setSpec(podSpec);
        return client. pods(). inNamespace(param. getNamespace()). create(pod);
    }
```

构建容器组分为两步，首先定义容器组的名字 Metadata 信息；然后定义其 Spec 信息，在 Spec 信息中需要加入一个工作容器，并为其指定镜像，此处还为其定义了镜像的拉取策略 ImagePullPolicy。根据官方文档介绍，https：//kubernetes. io/zh/docs/concepts/containers/images/，其镜像拉取策略分为 Always、IfNotPresent、Never 3 种，这里使用了 IfNotPresent，意思是如果本地不存在，就会再去拉取。

业务接口写好之后编写前端接口，命令如下：

```
/**
 *  新建容器组
 *  @ param param param
 *  @ return R
 * /
@ PostMapping("/create/pod")
public R createPod(@ RequestBody KubernetesCreatePodParam param) {
    if (! StringUtils. hasText(param. getKubernetesId())) {
        return R. error("集群 ID 不能为空");
    }
    if (! StringUtils. hasText(param. getNamespace())) {
        return R. error("命名空间不能为空");
    }
    if (! StringUtils. hasText(param. getPodName())) {
        return R. error("容器组名称不能为空");
    }
    if (! StringUtils. hasText(param. getImageName())) {
        return R. error("镜像名称不能为空");
    }
    return R. data(kubernetesService. createPod(param));
}
```

使用 Postman 调试，调试接口和参数，如图 7-14 所示。

单击"Send"，响应内容如下：

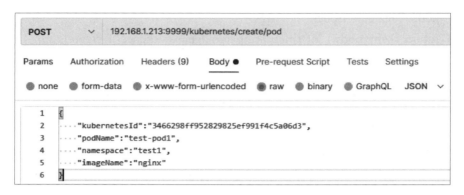

图 7-14　调试接口和参数

```
{
    "msg": "success",
    "code": 200,
    "data": {
        "apiVersion": "v1",
        "kind": "Pod",
        "metadata": {
            "creationTimestamp": "2021-07-15T08:29:29Z",
            "managedFields": [
                {
                    "apiVersion": "v1",
                    "fieldsType": "FieldsV1",
                    "fieldsV1": {
                        "f:spec": {
                            "f:containers": {
                                "k:{\"name\":\"nginx\"}": {
                                    ".": {},
                                    "f:image": {},
                                    "f:imagePullPolicy": {},
                                    "f:name": {},
                                    "f:resources": {},
                                    "f:terminationMessagePath": {},
                                    "f:terminationMessagePolicy": {}
                                }
```

```
                        },
                        "f:dnsPolicy": {},
                        "f:enableServiceLinks": {},
                        "f:restartPolicy": {},
                        "f:schedulerName": {},
                        "f:securityContext": {},
                        "f:terminationGracePeriodSeconds": {}
                    }
                },
                "manager": "okhttp",
                "operation": "Update",
                "time": "2021-07-15T08:29:29Z"
            }
        ],
        "name": "test-pod1",
        "namespace": "test1",
        "resourceVersion": "580026",
        "selfLink": "/api/v1/namespaces/test1/pods/test-pod1",
        "uid": "f82e414b-4cfa-4655-87fd-f9e4446288ef"
    },
    "spec": {
        "containers": [
            {
                "image": "nginx",
                "imagePullPolicy": "IfNotPresent",
                "name": "nginx",
                "resources": {},
                "terminationMessagePath": "/dev/termination-log",
                "terminationMessagePolicy": "File",
                "volumeMounts": [
                    {
                        "mountPath":
"/var/run/secrets/kubernetes. io/serviceaccount",
                        "name": "default-token-88z2x",
```

```
                    "readOnly": true
                }
            ]
        }
    ],
    "dnsPolicy": "ClusterFirst",
    "enableServiceLinks": true,
    "preemptionPolicy": "PreemptLowerPriority",
    "priority": 0,
    "restartPolicy": "Always",
    "schedulerName": "default-scheduler",
    "securityContext": {},
    "serviceAccount": "default",
    "serviceAccountName": "default",
    "terminationGracePeriodSeconds": 30,
    "tolerations": [
        {
            "effect": "NoExecute",
            "key": "node. kubernetes. io/not-ready",
            "operator": "Exists",
            "tolerationSeconds": 300
        },
        {
            "effect": "NoExecute",
            "key": "node. kubernetes. io/unreachable",
            "operator": "Exists",
            "tolerationSeconds": 300
        }
    ],
    "volumes": [
        {
            "name": "default-token-88z2x",
            "secret": {
                "defaultMode": 420,
                "secretName": "default-token-88z2x"
```

```
                            }
                        }
                    ]
                },
                "status": {
                    "phase": "Pending",
                    "qosClass": "BestEffort"
                }
            }
        }
```

根据响应结果可知，Pod 创建成功。

思考： 如何创建多个容器组？

继续编写容器组的删除，命令如下：

```
@ Override
public Boolean deletePod(KubernetesDeletePodParam param) {
    KubernetesClient client = this. createClient(param. getKubernetesId());
    return
client. pods(). inNamespace(param. getNamespace()). withName(param.
getPodName()). delete();
}
```

调试结果，命令如下：

```
{
    "msg": "success",
    "code": 200,
    "data": true
}
```

删除成功。

至此，Kubernetes 服务的调用就对接完毕。

第二节　对接 OpenStack 云平台

考核知识点及能力要求：

- 了解 OpenStack4j 的常用接口。

- 了解 OpenStack4j 抽象库与 OpenStack 服务对应关系。

- 熟悉 OpenStack4j 常用接口的使用。

- 熟悉常用接口的调试方法。

一、集群管理功能开发

在第七章第一节内容的基础上，本节继续对接 OpenStack 服务，首先使用 Workbench 在 cloud_manage 数据库中新建数据表，SQL 语句内容如下：

```sql
CREATE TABLE `openstack` (
  `id`varchar(32) COLLATE utf8mb4_bin NOT NULL COMMENT '主键 ID',
  `name`varchar(100) COLLATE utf8mb4_bin DEFAULT NULL COMMENT '集群名称',
  `description`varchar(100) COLLATE utf8mb4_bin DEFAULT NULL COMMENT '描述',
  `endpoint`varchar(200) COLLATE utf8mb4_bin DEFAULT NULL COMMENT '端点信息',
  `identity`varchar(50) COLLATE utf8mb4_bin DEFAULT NULL COMMENT '账户',
  `credential`varchar(50) COLLATE utf8mb4_bin DEFAULT NULL COMMENT '密码',
  `domain_id`varchar(50) COLLATE utf8mb4_bin DEFAULT NULL COMMENT '域 ID',
  `project_id`varchar(50) COLLATE utf8mb4_bin DEFAULT NULL COMMENT '项目 ID',
  `gmt_create` timestamp NULL DEFAULT CURRENT_TIMESTAMP COMMENT '创建时间',
```

```
        `gmt_modify` timestamp NULL DEFAULT NULL ON UPDATE CURRENT_TIMESTAMP
COMMENT '修改时间',
    PRIMARY KEY (`id`)
) ENGINE = InnoDB DEFAULT CHARSET = utf8mb4 COLLATE = utf8mb4_bin ROW_FORMAT
= COMPACT COMMENT = 'openstack 集群';
```

创建 "... \ com \ newcareer \ cloud \ model \ entity \ Openstack. java"，继续创建数据访问层、业务层及控制器，完成基础的 CRUD 功能。

基础功能完成之后，此处选用 OpenStack4j 这个开源 SDK 来完成 OpenStack 平台的业务对接。用浏览器打开官网，地址为 "http://www.openstack4j.com/"，如图 7-15 所示。

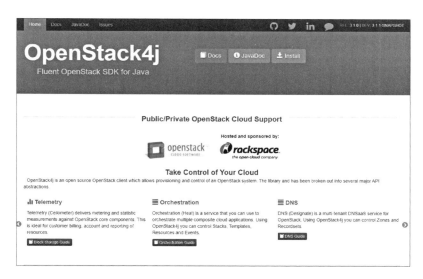

图 7-15　OpenStack4j 官网

选择 Docs，进入文档页，OpenStack4j 将 OpenStack 模块分解为几个主要的 API 抽象 Java 库，其对应关系见表 7-1。

表 7-1　　　　　　　　OpenStack4j 与 OpenStack 模块对应关系

OpenStack4j 抽象库	OpenStack 服务	说明
Identity V2	Keystone	Identity（Keystone）V2 服务提供用户、租户、服务端点和授权的中央目录。该 API 负责对所有其他 OpenStack 服务进行身份验证并提供访问权限。API 还使管理员能够配置集中访问策略、用户和租户

OpenStack4j 抽象库	OpenStack 服务	说明
Identity V3	Keystone	Identity（Keystone）V3 服务提供用户、组、区域、服务和端点的中央目录。该 API 负责对所有其他 OpenStack 服务进行身份验证并提供访问权限。该 API 还使管理员能够配置集中访问策略、用户、域和项目
Compute	Nova	Compute（Nova）服务提供对服务器（运行虚拟机）、VM 管理、实例类型和诊断的管理。API 简化了日常管理任务，并通过流畅的设计直接管理云
Image	Glance	Image（Glance）服务为磁盘和服务器映像提供发现、注册和传送服务。存储的映像可以用作模板，通过 Compute 服务快速启动新的运行实例
Network	Neutron	网络（Neutron）服务在由其他 OpenStack 服务（主要是 Nova）管理的接口设备之间提供"网络连接即服务"。API 允许用户创建自己的网络，然后将接口附加到它们。OpenStack4j 实现支持路由器、端口、子网和接口管理
Block Storage	Cinder	块存储（Cinder）服务是一种块级存储解决方案，可安装驱动器以扩展存储。OpenStack4j 实现完全支持所有主要操作
Object Storage	Swift	对象存储（Swift）为文件和媒体提供持久的对象存储，这些文件和媒体可以全局共享或为临时存储保密
Telemetry	Ceilometer	Telemetry（Ceilometer）提供针对 OpenStack 核心组件的计量和统计测量。这是客户计费、账户和资源报告的理想选择。OpenStack4j 实现完全支持所有主要操作
Orchestration	Heat	Orchestration（Heat）是一种服务，可用于编排多个复合云应用程序。使用 OpenStack4j，可以控制堆栈、模板、资源和事件
DNS	Designate	DNS（Designate）是 OpenStack 的多租户 DNSaaS 服务。使用 OpenStack4j，可以控制区域和记录集

导入 Maven 依赖，命令如下：

```
<dependency>
    <groupId>org. pacesys</groupId>
    <artifactId>openstack4j</artifactId>
    <version>3. 1. 0</version>
</dependency>
```

注意：版本处于长期迭代且向下兼容状态，如果与当前使用的版本不一致，选择最新版本即可。

导入依赖之后就可以进行业务开发。首先对接的应该是 Identity，因为要对接到 OpenStack 的实例服务，所以必须先通过 Identity 的授权。根据平台的版本和文档的说明，在这里选择 Identity V3 版本的 project scoped authentication 认证 API，文档说明如图 7-16 所示。

```
# project scoped authentication
OSClientV3 os = OSFactory.builderV3()
                .endpoint("http://127.0.0.1:5000/v3")
                .credentials("admin", "secret", Identifier.byName("example-domain"))
                .scopeToProject(Identifier.byId(projectIdentifier))
                .authenticate();
```

图 7-16　project scoped authentication

据此编写客户端创建方法，命令如下：

```
/**
 *  创建连接客户端
 *  @param openstackId 集群 ID
 *  @return client
 */
private OSClient. OSClientV3 createClient(String openstackId) {
    Openstack openstack = this. getById(openstackId);
    Objects. requireNonNull(openstack, Constants. CLUSTER_NOT_EXIST);
    return OSFactory. builderV3()
            . endpoint(openstack. getEndpoint())
            . credentials(openstack. getIdentity(), openstack. getCredential(),
Identifier. byId(openstack. getDomainId()))
            . scopeToProject(Identifier. byId(openstack. getProjectId()))
            . authenticate();
}
```

出于安全考虑，这里全部使用 ID 作为连接参数。如果平台存在多个 Domain 和 Project，任选其一即可。需要注意的是集群的 endpoint 参数。在平台服务器执行以下命令获取 endpoint，命令如下：

```
[root@ controller ~]# openstack endpoint list
```

ID	Region	Service Name	Service Type	Enabled	Interface	URL
161079a0fde146ad8082374b16b5f910	RegionOne	keystone	identity	True	public	http://controller:5000/v3
1b4efcf2c04448f8bf233b7b5c37e986	RegionOne	cinderv3	volumev3	True	public	http://controller:8776/v3/%(tenant_id)s
1c3f83eb7b15445ba9bb5eb33141b256	RegionOne	glance	image	True	public	http://controller:9292
277f9a67535244d390d66e86889f0bd4	RegionOne	neutron	network	True	internal	http://controller:9696
2a618b37359a487b97d51fe4de72a78a	RegionOne	cinderv2	volumev2	True	internal	http://controller:8776/v2/%(tenant_id)s
2b0bb132989c4e0c849076f402c25e58	RegionOne	swift	object-store	True	public	http://controller:8080/v1/AUTH_%(tenant_id)s
32660c53150d422d95681645375795a5	RegionOne	cinder	volume	True	public	http://controller:8776/v1/%(tenant_id)s
4a446a47ccbc4b2b83b8ba7b69410701	RegionOne	placement	placement	True	public	http://controller:8778
7be4b86e4822490cac5dd7b49a21d36a	RegionOne	cinderv2	volumev2	True	admin	http://controller:8776/v2/%(tenant_id)s
7dd44b66f99d4b5995283ceff43bca04	RegionOne	placement	placement	True	admin	http://controller:8778
827ae6a397074a97ab63b7ce3c9f3198	RegionOne	nova	compute	True	internal	http://controller:8774/v2.1

8839d867321b404e b72b364656b10edf	RegionOne	glance	image	True	internal	http://controller: 9292
901b86f3adc54e18 8f08d4fafddaae4a	RegionOne	keystone	identity	True	admin	http://controller: 35357/v3
9d3dbca178464c49 8b23e2cac3672cfe	RegionOne	cinderv3	volumev 3	True	admin	http://controller: 8776/v3/% (tenant_id)s
a7b73217880a4848 8e3fcd42633c4e09	RegionOne	nova	compute	True	public	http://controller: 8774/v2.1
a952e4e452a642d2 a64fcd0e0e3935b7	RegionOne	neutron	network	True	admin	http://controller: 9696
afaa0f63678949999 9bc16165c16ec06	RegionOne	keystone	identity	True	internal	http://controller: 5000/v3
b282faf0667b49d29 619c3163d8986c2	RegionOne	cinderv2	volumev 2	True	public	http://controller: 8776/v2/% (tenant_id)s
bf9e2cb44aa74172 b9131676e48c0d85	RegionOne	cinder	volume	True	admin	http://controller: 8776/v1/% (tenant_id)s
cd5005e60d0e4ad8 9198189e23a3d61e	RegionOne	neutron	network	True	public	http://controller: 9696
d1200bff2980418d9 9e6f0552da71fce	RegionOne	swift	object- store	True	admin	http://controller: 8080/v1
dce6522b7dca467c 938cbfe7e2180114	RegionOne	place- ment	place- ment	True	internal	http://controller: 8778
ec23b9f6fb0d4c0b8 26d7845856a4c9c	RegionOne	glance	image	True	admin	http://controller: 9292
ec3235dd28324428 bcabdb077e91ef5c	RegionOne	nova	compute	True	admin	http://controller: 8774/v2.1

f371086a8f184c58 a714dce0ad9331ae	RegionOne	cinderv3	volumev3	True	internal	http://controller: 8776/v3/% (tenant_id)s
faffe450003d4910b 54f59c6185d7b66	RegionOne	cinder	volume	True	internal	http://controller: 8776/v1/% (tenant_id)s
ff2159b1891f45b18 aee1e8762843fc7	RegionOne	swift	object-store	True	internal	http://controller: 8080/v1/AUTH _% (tenant_id)s

如果查询结果中的 identity 的地址不是 IP，那么需要在本程序运行的主机的 hosts 配置域名映射，否则会导致连接失败。

查询域，命令如下：

```
[root@ controller ~ ]# openstack domain list
+----------------------------------+--------+-----------+-----------------+
| ID                               | Name   | Enabled   | Description     |
+----------------------------------+--------+-----------+-----------------+
| ed08afd4a7064219aa3210f4648318bf | demo   | True      | Default Domain  |
+----------------------------------+--------+-----------+-----------------+
```

查询项目，命令如下：

```
[root@ controller ~ ]# openstack project list
+----------------------------------+----------+
| ID                               | Name     |
+----------------------------------+----------+
| 5b001ef2e6a446b08f37bb16e72cac73 | service  |
| 9b05fa578c3c4984ada9e0dad9fbb899 | demo     |
| b1e5774314ac443fb758827a3367c1f1 | admin    |
+----------------------------------+----------+
```

二、实例类型管理功能开发

OpenStack 中的一个 Flavors 是虚拟硬件模板，其定义了 RAM、磁盘、CPU 内核数量等的大小。默认情况下，OpenStack 附带 5 种默认的实例类型。

查看文档，创建实例类型的接口，如图 7-17 所示。

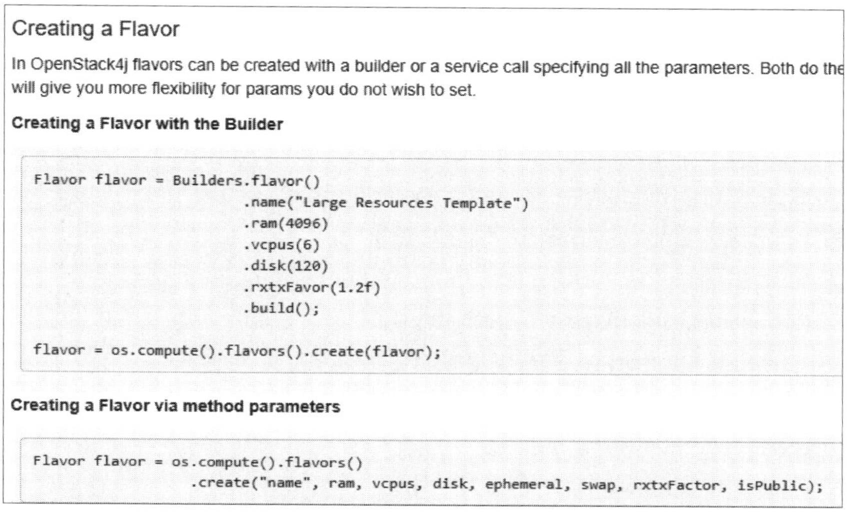

```
Creating a Flavor
In OpenStack4j flavors can be created with a builder or a service call specifying all the parameters. Both do the
will give you more flexibility for params you do not wish to set.

Creating a Flavor with the Builder

Flavor flavor = Builders.flavor()
                        .name("Large Resources Template")
                        .ram(4096)
                        .vcpus(6)
                        .disk(120)
                        .rxtxFavor(1.2f)
                        .build();

flavor = os.compute().flavors().create(flavor);

Creating a Flavor via method parameters

Flavor flavor = os.compute().flavors()
                    .create("name", ram, vcpus, disk, ephemeral, swap, rxtxFactor, isPublic);
```

图 7-17 创建实例类型的接口

定义业务接口，具体接口实现命令如下：

```
@ Override
public Flavor createOpenstackFlavor(OpenstackCreateFlavorParam param) {
    Flavor flavor = Builders. flavor()
            . name(param. getName())
            . ram(param. getRam())
            . disk(param. getDisk())
            . vcpus(param. getCpu())
            . rxtxFactor(1. 0f)
            . build();
    OSClient. OSClientV3 client = this. createClient(param. getOpenstackId());
    return client. compute(). flavors(). create(flavor);
}
```

rxtx 因子一般情况下设置默认值即可，无须自定义。前端接口，命令如下：

```
/**
 *
```

231

```
 *    创建 openstack 实例类型
 *
 *    @param param param
 *    @return R
 * /
@ PostMapping("/create/flavor")
public R createFlavor(@ RequestBody OpenstackCreateFlavorParam param) {
    if (StringUtils. isBlank(param. getOpenstackId())) {
        return R. error("集群 ID 不能为空");
    }
    if (StringUtils. isBlank(param. getName())) {
        return R. error("实例类型名称不能为空");
    }
    if (param. getRam() == null) {
        return R. error("内存不能为空");
    }
    if (param. getDisk() == null) {
        return R. error("根磁盘不能为空");
    }
    if (param. getCpu() == null) {
        return R. error("VCPU 不能为空");
    }
    return R. data(openstackService. createOpenstackFlavor(param));
}
```

这里的返回值类型定义为 ActionResponse，这个返回结果是 client. compute( ). flavors( ). delete( )方法的默认的包装结果，所以无须再使用其他包装结果类来返回结果，直接返回该结果即可。

接口具体实现，命令如下：

```
@ Override
public ActionResponse deleteOpenstackFlavor(OpenstackDeleteFlavorParam param)
{
    Openstack openstack = this. getById(param. getOpenstackId());
    if (Objects. isNull(openstack)) {
```

```
        return ActionResponse. actionFailed("操作失败,集群不存在", 500);
    }
    OSClient. OSClientV3 client = this. createClient(openstack);
    return client. compute(). flavors(). delete(param. getFlavorId());
}
```

前端接口，命令如下：

```
/**
 *  删除 openstack 实例类型
 *
 *  @param param param
 *  @return res
 * /
@DeleteMapping("/delete/flavor")
public ActionResponse deleteFlavor(OpenstackDeleteFlavorParam param) {
    if (StringUtils. isBlank(param. getOpenstackId())) {
        return ActionResponse. actionFailed("集群 ID 不能为空", 500);
    }
    if (StringUtils. isBlank(param. getFlavorId())) {
        return ActionResponse. actionFailed("实例类型 ID 不能为空", 500);
    }
    return openstackService. deleteOpenstackFlavor(param);
}
```

创建和删除完成后，继续查询全部的实例类型。查询文档获取 Flavors，如图 7-18 所示。

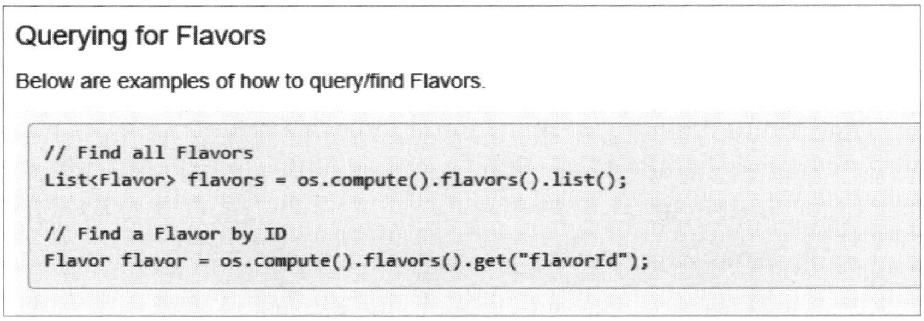

Querying for Flavors

Below are examples of how to query/find Flavors.

```
// Find all Flavors
List<Flavor> flavors = os.compute().flavors().list();

// Find a Flavor by ID
Flavor flavor = os.compute().flavors().get("flavorId");
```

图 7-18　查询 Flavors

创建查询 Flavors 的接口，实现命令如下：

```
@Override
public List<? extends Flavor>listOpenstackFlavor(String openstackId) {
    OSClient. OSClientV3 client = this. createClient(openstackId);
    return client. compute(). flavors(). list();
}
```

前端接口，命令如下：

```
/**
 *  查询 openstack 实例类型列表
 *
 *  @param openstackId 集群 id
 *  @return R
 * /
@GetMapping("/flavors")
public R flavors(String openstackId) {
    if (StringUtils. isBlank(openstackId)) {
        return R. error("集群 ID 不能为空");
    }
    return R. data(openstackService. listOpenstackFlavor(openstackId));
}
```

调试结果内容如下：

```
{
    "msg": "success",
    "code": 200,
    "data": [
        {
            "id": "1",
            "name": "cirros",
            "ram": 256,
            "vcpus": 1,
            "disk": 2,
            "swap": 0,
            "links": [
```

```
                        {
                            "rel": "self",
                            "href": "http://controller:8774/v2. 1/flavors/1",
                            "type": null
                        },
                        {
                            "rel": "bookmark",
                            "href": "http://controller:8774/flavors/1",
                            "type": null
                        }
                    ],
                    "OS-FLV-EXT-DATA:ephemeral": 0,
                    "rxtx_factor": 1. 0,
                    "OS-FLV-DISABLED:disabled": false,
                    "rxtx_quota": null,
                    "rxtx_cap": null,
                    "os-flavor-access:is_public": true
                }
            ]
        }
```

三、实例管理功能开发

创建 OpenStack 实例，查询创建 Server 的文档如图 7-19 所示。

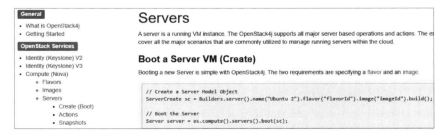

图 7-19　查询创建 Server 的文档

根据文档，创建 Server 需要 3 个必要参数，分别是 name、flavorId 和 imageId。其中，flavorId 是实例类型 ID，意为创建实例需要选择一种实例类型作为规格指定硬件资源的大小；imageId 是镜像 ID，意为创建实例需要选择虚拟机模板，所以创建 Server 之前，需要获取到平台已有的镜像和实例类型。由于已经获取过了 Flavors 列表，所以需要获取 Images。查询文档获取 Images，如图 7-20 所示。

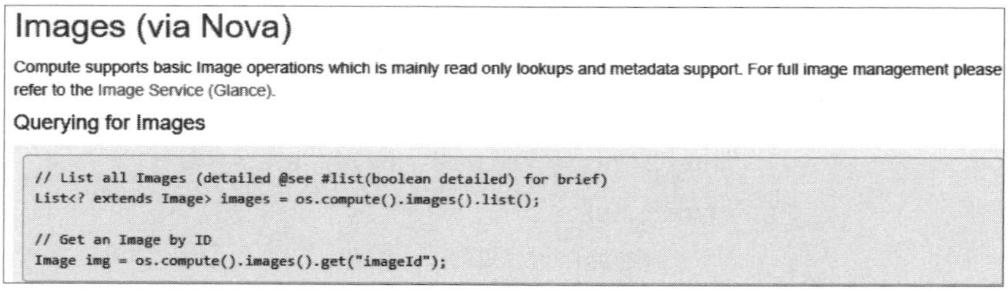

Images (via Nova)

Compute supports basic Image operations which is mainly read only lookups and metadata support. For full image management please refer to the Image Service (Glance).

Querying for Images

```
// List all Images (detailed @see #list(boolean detailed) for brief)
List<? extends Image> images = os.compute().images().list();

// Get an Image by ID
Image img = os.compute().images().get("imageId");
```

图 7-20　查询 Images

新增查询 Image 接口，实现命令如下：

```
@ Override
public List<? extends Image>listOpenstackImages(String openstackId) {
    OSClient. OSClientV3 client = this. createClient(openstackId);
    return client. compute(). images(). list();
}
```

前端接口，命令如下：

```
/**
 *  查询 openstack 镜像列表
 *
 *  @param openstackId 集群 id
 *  @return R
 */
@ GetMapping("/images")
public R images(String openstackId) {
    if (StringUtils. isBlank(openstackId)) {
        return R. error("集群 ID 不能为空");
    }
    return R. data(openstackService. listOpenstackImages(openstackId));
}
```

使用 Postman 调式接口查看数据，命令如下：

```
{
        "msg": "success",
        "code": 200,
        "data": [
            {
                "id": "23021518-af6a-47a7-bfe7-53526d7106b7",
                "status": "ACTIVE",
                "name": "cirros",
                "progress": 100,
                "minRam": 0,
                "minDisk": 0,
                "created": "2021-07-20T08:01:46. 000+00:00",
                "updated": "2021-07-20T08:01:46. 000+00:00",
                "links": [
                    {
                        "rel": "self",
                        "href":
"http://controller:8774/v2. 1/images/23021518-af6a-47a7-bfe7-53526d7106b7",
                        "type": null
                    },
                    {
                        "rel": "bookmark",
                        "href":
"http://controller:8774/images/23021518-af6a-47a7-bfe7-53526d7106b7",
                        "type": null
                    },
                    {
                        "rel": "alternate",
                        "href":
"http://controller:9292/images/23021518-af6a-47a7-bfe7-53526d7106b7",
                        "type": "application/vnd. openstack. image"
                    }
                ],
                "metaData": {},
                "OS-EXT-IMG-SIZE:size": 16338944,
```

```
            "metadata": {}
        }
    ]
}
```

定义接口，接口实现命令如下：

```
@ Override
public Server createOpenstackServer(OpenstackCreateServerParam param) {
    ServerCreate serverCreate = Builders. server()
            . name(param. getName())
            . flavor(param. getFlavorId())
            . image(param. getImageId())
            . build();
    OSClient. OSClientV3 client = this. createClient(param. getOpenstackId());
    return client. compute(). servers(). boot(serverCreate);
}
```

对应前端接口，命令如下：

```
/**
 *
 *   创建 openstack 实例
 *
 *   @ param param param
 *   @ return R
 * /
@ PostMapping("/create/server")
public R createServer(@ RequestBody OpenstackCreateServerParam param) {
    if (StringUtils. isBlank(param. getOpenstackId())) {
        return R. error("集群 ID 不能为空");
    }
    if (StringUtils. isBlank(param. getName())) {
        return R. error("实例名称不能为空");
    }
    if (StringUtils. isBlank(param. getImageId())) {
        return R. error("镜像 ID 不能为空");
```

```
    }
    if (StringUtils. isBlank(param. getFlavorId())) {
        return R. error("实例类型 ID 不能为空");
    }
    return R. data(openstackService. createOpenstackServer(param));
}
```

将以上两个接口获取到的列表结果中的 ID 各选择一个作为参数传入此接口调试，如图 7-21 所示。

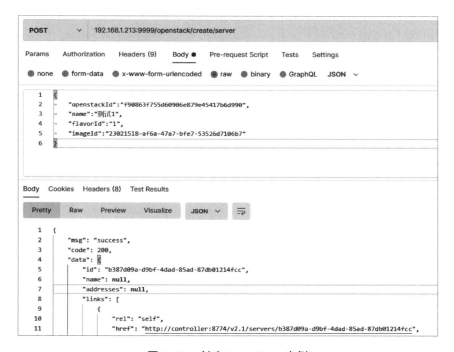

图 7-21　创建 OpenStack 实例

可以看到，返回参数中包含新建的实例的 ID，这说明该实例已经创建成功了。由于分配地址需要时间，所以刚开始响应中的地址为空，需要等待一段时间后才能显示内容。也可以登录 OpenStack 平台，执行如下命令查询：

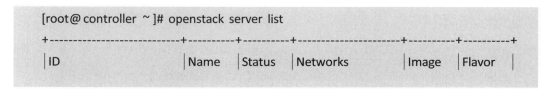

```
+------------------------+--------+--------+------------+--------+--------+
| b387d09a-d9bf-4dad-    | 测试 1 | ACTIVE | int-net    | cirros | cirros |
| 85ad-87db01214fcc      |        |        | = 10.0.0.15|        |        |
+------------------------+--------+--------+------------+--------+--------+
```

由此可见，实例已经创建成功。已分配的 IP 地址为 10.0.0.15，使用的镜像名称为 cirros，实例类型为 cirros。

思考：如何在创建实例的时候修改默认的用户名和密码？

继续进行实例的开机、关机、重启等操作，定义操作入参类 OpenstackActionServerParam. java，命令如下：

```java
@ Data
public class OpenstackActionServerParam {

    /**
     * 集群 ID
     */
    private String openstackId;
    /**
     * 实例 ID
     */
    private String serverId;
    /**
     * 操作 1 开机 2 关机 3 重启
     */
    private int action;
}
```

由于 action 的操作类似，此处便没有分开定义各自的入参类型，而是定义了一个操作区分的字段 action，其操作区分为：当入参为 1 时执行开机，为 2 时执行关机，为 3 时执行重启。根据传入的参数执行相应的操作，再定义操作接口，接口具体实现命令如下：

```java
@ Override
public ActionResponse actionOpenstackServer(OpenstackActionServerParam param) {
```

```
        OSClient. OSClientV3 client = this. createClient(param. getOpenstackId());
        switch (param. getAction()) {
            case 1:
                    return  client. compute ( ) . servers ( ) . action ( param. getServerId ( ),
Action. START);
            case 2:
                    return  client. compute ( ) . servers ( ) . action ( param. getServerId ( ),
Action. STOP);
            case 3:
                    return  client. compute ( ) . servers ( ) . reboot ( param. getServerId ( ),
RebootType. SOFT);
            default:
                    return
ActionResponse. actionFailed(Constants. UNRECOGNIZED_ACTION,Constants. ACTION_FAIL_CODE);
        }
    }
```

Constants. UNRECOGNIZED_ACTION，Constants. ACTION_FAIL_CODE 为常量定义，

命令如下：

```
/**
 * 无法识别的操作响应 message
 */
public static final String UNRECOGNIZED_ACTION = "无法识别的操作";
/**
 * 操作失败响应的 code
 */
public static final int ACTION_FAIL_CODE = 500;
```

前端接口，代码实现如下所示：

```
/**
 * 操作 openstack 实例
 *
 * @param param param
 * @return res
 */
@PostMapping("/action")
```

```
public ActionResponse action(@ RequestBody OpenstackActionServerParam param) {
    if (StringUtils. isBlank(param. getOpenstackId())) {
        return ActionResponse. actionFailed("集群 ID 不能为空", 500);
    }
    if (StringUtils. isBlank(param. getServerId())) {
        return ActionResponse. actionFailed("实例 ID 不能为空", 500);
    }
    if (param. getAction() == 0) {
        return ActionResponse. actionFailed("无法执行该操作:0", 500);
    }
    return openstackService. actionOpenstackServer(param);
}
```

继续完善实例的删除、编辑和查询。对于删除，查询文档可知，只要传递实例 ID 作为参数即可，这里复用操作的入参类。

定义接口，接口具体实现，命令如下：

```
@ Override
public ActionResponse deleteOpenstackServer(OpenstackActionServerParam param)
{
    OSClient. OSClientV3 client = this. createClient(param. getOpenstackId());
    return client. compute(). servers(). delete(param. getServerId());
}
```

通过文档可知，除了需要传递实例 ID 之外，还需要传递一个新的实例类型的 ID，所以再定义个编辑入参类 OpenstackEditServerParam. java。定义接口再实现，命令如下：

```
@ Override
public ActionResponse editOpenstackServer(OpenstackEditServerParam param) {
    OSClient. OSClientV3 client = this. createClient(param. getOpenstackId());
    return client. compute(). servers(). resize(param. getServerId(), param. getFlavorId());
}
```

最后，查询实例列表，命令如下：

```
@ Override
public List<? extends Server> listOpenstackServers(String openstackId) {
    OSClient. OSClientV3 client = this. createClient(openstackId);
```

```
            return client. compute(). servers(). list();
    }
```

调试查询结果，命令如下：

```
{
    "msg": "success",
    "code": 200,
    "data": [
        {
            "id": "b387d09a-d9bf-4dad-85ad-87db01214fcc",
            "name": "测试 1",
            "addresses": {
                "addresses": {
                    "int-net": [
                        {
                            "version": 4,
                            "addr": "10. 0. 0. 15",
                            "OS-EXT-IPS-MAC:mac_addr": "fa:16:3e:e4:9e:4b",
                            "OS-EXT-IPS:type": "fixed"
                        }
                    ]
                }
            },
            "links": [
                {
                    "rel": "self",
                     "href": "http://controller:8774/v2. 1/servers/b387d09a-d9bf-
4dad-85ad-87db01214fcc",
                    "type": null
                },
                {
                    "rel": "bookmark",
                     "href": "http://controller:8774/servers/b387d09a-d9bf-4dad-
85ad-87db01214fcc",
                    "type": null
                }
            ],
```

```
                "image": {
                    "id": "23021518-af6a-47a7-bfe7-53526d7106b7",
                    "status": "ACTIVE",
                    "name": "cirros",
                    "progress": 100,
                    "minRam": 0,
                    "minDisk": 0,
                    "created": "2021-07-20T08:01:46. 000+00:00",
                    "updated": "2021-07-20T08:01:46. 000+00:00",
                    "links": [
                        {
                            "rel": "self",
                             "href": "http://controller:8774/v2. 1/images/23021518-
af6a-47a7-bfe7-53526d7106b7",
                            "type": null
                        },
                        {
                            "rel": "bookmark",
                             "href": "http://controller:8774/images/23021518-af6a-
47a7-bfe7-53526d7106b7",
                            "type": null
                        },
                        {
                            "rel": "alternate",
                             "href": "http://controller:9292/images/23021518-af6a-
47a7-bfe7-53526d7106b7",
                            "type": "application/vnd. openstack. image"
                        }
                    ],
                    "metaData": {},
                    "OS-EXT-IMG-SIZE:size": 16338944,
                    "metadata": {}
                },
                "flavor": {
                    "id": "1",
                    "name": "cirros",
```

```
            "ram": 256,
            "vcpus": 1,
            "disk": 2,
            "swap": 0,
            "links": [
                {
                    "rel": "self",
                    "href": "http://controller:8774/v2. 1/flavors/1",
                    "type": null
                },
                {
                    "rel": "bookmark",
                    "href": "http://controller:8774/flavors/1",
                    "type": null
                }
            ],
            "OS-FLV-EXT-DATA:ephemeral": 0,
            "rxtx_factor": 1. 0,
            "OS-FLV-DISABLED:disabled": false,
            "rxtx_quota": null,
            "rxtx_cap": null,
            "os-flavor-access:is_public": true
    },
    "accessIPv4": "",
    "accessIPv6": "",
    "status": "active",
    "progress": 0,
    "fault": null,
    "hostId": "45faab12b49965f01a2fbe5435c136dc66dd2b41525b9a7808b33a41",
    "updated": "2021-07-12T00:08:31. 000+00:00",
    "created": "2021-07-12T00:08:21. 000+00:00",
    "metadata": {},
    "uuid": null,
    "adminPass": null,
    "config_drive":"",
    "tenant_id": "b1e5774314ac443fb758827a3367c1f1",
```

```
            "user_id": "0989afcd2c2e4518b9c1cb08867047ed",
            "key_name": null,
            "security_groups": [
                {
                        "name": "default"
                }
            ],
            "OS-EXT-STS:task_state": null,
            "OS-EXT-STS:power_state": "1",
            "OS-EXT-STS:vm_state": "active",
            "OS-EXT-SRV-ATTR:host": "controller",
            "OS-EXT-SRV-ATTR:instance_name": "instance-00000004",
            "OS-EXT-SRV-ATTR:hypervisor_hostname": "controller",
            "OS-DCF:diskConfig": "MANUAL",
            "OS-EXT-AZ:availability_zone": "nova",
            "OS-SRV-USG:launched_at": "2021-07-12T00:08:31. 000+00:00",
            "OS-SRV-USG:terminated_at": null,
            "os-extended-volumes:volumes_attached": []
        }
    ]
}
```

至此，云管应用系统已开发完成。根据需求，完成了两个平台的对接。通过云管应用系统可以直接对两个平台的多个集群进行管理。

思考题

1. Spring 的 IOC 是如何实现的？

2. Spring 和 Spring Boot 有什么区别？

3. RequestMapping 和 GetMapping 的不同之处是什么？

4. Kubernetes 中命名空间的使用场景是什么？

5. 如何使用 OpenStack4j 自定义网络？

第三篇
云计算平台应用

OpenStack 云计算平台提供了很多服务与应用，应用好这些服务是使用好云计算平台的关键。应用好这些服务，可以为企业的生产与发展提供助力。

镜像服务（Glance）允许用户发现、注册和获取虚拟机镜像。它提供了一个 REST API，允许用户查询虚拟机镜像的 Metadata 并获取一个现存的镜像。用户可以将虚拟机镜像存储到各种位置，从简单的文件系统到对象存储系统。例如,通过镜像服务使用 OpenStack 对象存储。

对象存储服务（Swift）是一个多租户的对象存储系统，它支持大规模扩展，可以通过 RESTful HTTP 应用程序接口，以低成本管理大型的非结构化数据。

块存储服务（Cinder）为实例提供块存储。存储的分配和消耗是由块存储驱动器或者多后端配置的驱动器决定的。还有很多驱动程序可用，如 NAS、SAN、NFS、iSCSI、Ceph 等。

网络服务（Neutron）管理 OpenStack 环境中所有虚拟网络基础设施（VNI）、物理网络基础设施（PNI）的接入层。网络服务提出网络、子网以及路由这些对象的抽象概念。每个对象都有自己的功能，可以模拟对应的物理设备。

第八章　云计算平台服务应用

云服务器是建立在镜像之上的。镜像是云计算平台使用的基础，制作镜像的方式包括自定义镜像、管理快照等。能够在不同云计算平台根据不同的配置需求制作基础镜像、申请云服务器、调整云主机类型、启动相应服务是云计算工程技术人员必备的技能。

- ●**职业功能：**云计算平台应用（云计算平台计算服务应用）。
- ●**工作内容：**根据需求制作云主机镜像，创建云主机类型，创建云主机并能够动态调整云主机的配置。
- ●**专业能力要求：**能够根据镜像使用需求，制作基础镜像；能够根据云实例创建需求，提供基础云服务器；能够根据云服务器实际使用需求，调整云服务器配置。
- ●**相关知识要求：**掌握云计算平台镜像应用知识；掌握云服务器应用知识；掌握云服务器弹性伸缩知识。

第一节　制作基础镜像

考核知识点及能力要求：

- 了解 OpenStack 云计算平台镜像格式的特点与特性。

- 掌握 OpenStack 公有镜像的下载与使用方法。

- 掌握 Guestfish 工具的使用方法。

- 能够根据实际需求，使用公有镜像进行私有镜像的定制。

一、虚拟机硬盘格式

OpenStack 云计算平台最常用的镜像格式是 RAW 和 QCOW2 格式，下面对这两种格式进行详细介绍。

（一）RAW 格式

RAW 格式最简单，没有头文件，就是一个直接可以让虚拟机进行读写的文件。RAW 不支持动态增长空间，必须一开始就指定空间大小，所以它相当耗费磁盘空间。但是对支持稀疏文件的文件系统（如 EXT4）而言，这方面并不突出。EXT4 下默认创建的文件就是稀疏文件，所以无须做额外的工作。

RAW 镜像格式是虚拟机中 I/O 性能最好的一种格式。人们在使用时都会拿其他格式和 RAW 进行参照，性能越接近 RAW 的越好。但是 RAW 没有任何其他功能，相比稀疏文件（像 QCOW 这一类，在运行时分配空间的镜像格式）就没有任何优势。

RAW 的优势：

- 足够简单，能够导出为其他虚拟机使用的虚拟硬盘格式。

- 根据实际使用量来占用空间，而非设定的最大值。

- 能够被宿主机挂载，不用开虚拟机即可在宿主机和虚拟机间进行数据传输。

（二）QCOW2 格式

QCOW2 是现在比较主流的一种虚拟化镜像格式，经过第一代的优化，目前 QCOW2 在性能上接近 RAW 裸格式。与 RAW 格式的镜像相比，其具有以下特性：

- 空间占用更小，即使文件系统不支持空洞（holes）。

- 支持写时拷贝（Copy On Write，COW），镜像文件只反映底层磁盘的变化。

- 支持快照（Snapshot），镜像文件能够包含多个快照的历史。

- 可选择基于 zlib 的压缩方式。

- 可以选择 AES 加密。

（三）RAW 格式和 QCOW2 格式相互转换

1. RAW 格式转换为 QCOW2 格式

使用"qemu-img"命令可以对镜像格式进行转换，将 RAW 镜像格式转换为 QCOW2，具体命令如下：

```
[root@ image ~]# qemu-img convert -f raw -O qcow2 centos7. 5. raw centos7. 5. qcow2
```

使用"qemu-img info"命令查看转换后镜像信息，命令如下：

```
[root@ image ~]# qemu-img info centos7. 5. qcow2
image:centos7. 5. qcow2
file format:qcow2
virtual size: 20G (21474836480 bytes)
disk size: 1. 0G
cluster_size: 65536
Format specific information:
    compat: 1. 1
    lazy refcounts: false
```

```
refcount bits: 16
corrupt: false
```

2. QCOW2 格式转换为 RAW 格式

使用"qemu-img"命令将 QCOW2 镜像格式转换为 RAW 镜像格式，具体命令如下：

```
[root @ image ~ ] # qemu-img convert -f qcow2 -O raw centos7.5.qcow2
centos7.5.raw
```

使用"qemu-img info"命令查看转换后镜像信息，命令如下：

```
[root@ image ~]# qemu-img info centos7.5.raw
image:centos7.5.raw
file format: raw
virtual size: 20G (21474836480 bytes)
disk size: 1.0G
```

二、基于 GenericCloud 制作镜像

CentOS 官方提供了 GenericCloud 可供下载使用，但是由于不知道用户名与密码，无法直接使用该虚拟机镜像。所以制作私有镜像时，通常使用的方法是基于公有镜像，修改 root 用户的密码，生成快照来制作镜像。

访问 CentOS 官网找到对应的 CentOS 镜像版本下载即可，如图 8-1 所示，可以自由选择所需的内核版本的镜像。

镜像下载地址："http://cloud.centos.org/centos/7/images/"。

下载 CentOS 7 的 QCOW2 镜像"CentOS-7-x86_64-GenericCloud-1804_02.qcow2c"。此镜像是经过压缩的，比 QCOW2 版本的镜像会小很多。

（一）上传镜像

将下载好的镜像使用 glance 命令上传至 OpenStack 中，上传后镜像名称为"CentOS7.1804-image"，命令如下：

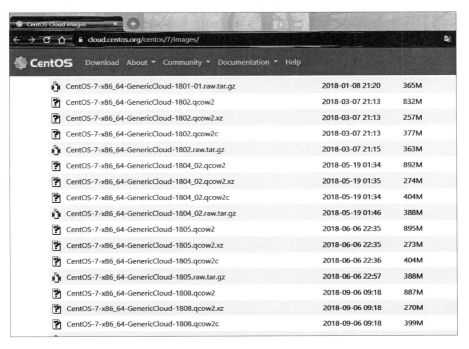

图 8-1　GenericCloud 镜像

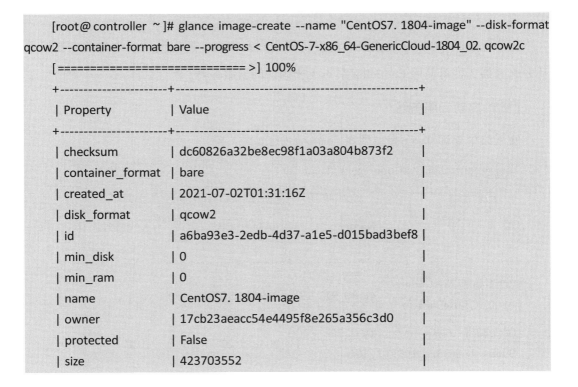

```
[root@ controller ~]# glance image-create --name "CentOS7. 1804-image" --disk-format
qcow2 --container-format bare --progress < CentOS-7-x86_64-GenericCloud-1804_02. qcow2c
[============================ >] 100%
+---------------------+------------------------------------------------+
| Property            | Value                                          |
+---------------------+------------------------------------------------+
| checksum            | dc60826a32be8ec98f1a03a804b873f2               |
| container_format    | bare                                           |
| created_at          | 2021-07-02T01:31:16Z                           |
| disk_format         | qcow2                                          |
| id                  | a6ba93e3-2edb-4d37-a1e5-d015bad3bef8           |
| min_disk            | 0                                              |
| min_ram             | 0                                              |
| name                | CentOS7. 1804-image                            |
| owner               | 17cb23aeacc54e4495f8e265a356c3d0               |
| protected           | False                                          |
| size                | 423703552                                      |
```

```
| status           | active                         |
| tags             | []                             |
| updated_at       | 2021-07-02T01:31:17Z           |
| virtual_size     | None                           |
| visibility       | shared                         |
+------------------+--------------------------------+
```

（二）创建密钥

利用 Controller 节点的公钥文件，使用"openstack keypair create"命令创建密钥对，命令如下：

```
[root@ controller ~]# openstack keypair create --public-key ~/. ssh/id_rsa. pub testkey
+----------------+------------------------------------------------+
| Field          | Value                                          |
+----------------+------------------------------------------------+
| fingerprint    | 2f:b5:b5:3e:a3:27:5a:7f:97:df:c6:0c:de:01:ce:ac |
| name           | testkey                                        |
| user_id        | 2b67fc6aa1044f3d8ce3c9c2828290a0               |
+----------------+------------------------------------------------+
```

因为下载的 QCOW2 镜像没有配置访问密码和权限，所以使用所创建的密钥对启动云服务器，即可使用 Controller 节点无密码访问云服务器。

（三）启动云服务器

使用命令查询 flavor 类型列表，命令如下：

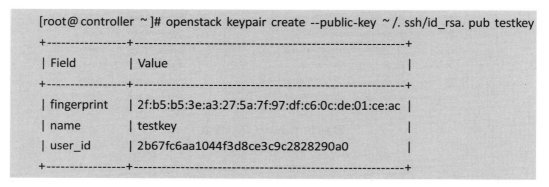

```
[root@ controller ~]# openstack flavor list
```

ID	Name	RAM	Disk	Ephemeral	VCPUs	Is Public
0cb3eae9-767a-4ded-b500-e3f8be5a813b	4v_8G_50G_150G	8192	50	150	4	True
0eae3250-d940-4aa7-9068-7221ea32d19a	1V _ 2G _ 20G _50G	2048	20	50	1	True

21005ad6-314b-42ee-99e1-32f387b8ce80	4v _ 8G _ 100G _100G	8192	100	100	4	True
2ea8550f-c6b3-4abd-8b71-d0a73bb6fa03	16V_32G_100G	32768	100	0	16	True
46fc1e48-66b3-4c5c-a3eb-27b63599cd92	4v_8G_100G	8192	100	0	4	True
4c5305a6-c5c9-446e-b3db-f2e798b93b68	2V_4G_40G	4096	40	0	2	True
63a0c06a-07c1-410f-ba4a-80d1ce8be687	4V_12G_100G	12288	100	0	4	True
789a78ca-4db3-4928-ada2-cf4bcbe75354	4v _ 8G _ 100G _50G	8192	100	50	4	True
9afa0766-a279-4f52-b237-2e9885cff026	1V_2G_20G	2048	20	0	1	True
bfaf173a-7211-49ab-a738-95f4bd7893fc	1V_2G_40G	2	40	0	1	True
ebc851dc-c6ed-4112-82dd-1e5940bfb227	chinaskills_system_server	32768	100	0	16	False
f59fabeb-237c-4301-8a9b-c9a790e9c3fc	8V_12G_100G	12288	100	0	8	True

使用 OpenStack 命令查询 network 网络列表，命令如下：

```
[root@ controller ~]# openstack network list
+-----------------------------------+-----------+-------------------------------------+
| ID                                | Name      | Subnets                             |
+-----------------------------------+-----------+-------------------------------------+
| 099593e2-f5a8-42c1-               | vlan127   | 99a0ef26-31b7-440b-b6ef-4dc6f4bf2bef |
| a2f3-6203f6e2fb50                 |           |                                     |
| 30a2f266-1c56-4d5e-               | test      | 0b3ad368-1da1-4b96-ac76-7d842b15f66d |
| af2a-4978be2ff1ac                 |           |                                     |
| 9170a8c2-d5bc-4d17-               | vlan126-  | 281cc3a8-2be5-42e9-a0a7-dc816933237b |
| 9e0d-c06f3dc5139f                 | int       |                                     |
| db2a29ab-cc91-4b96-               | depa-     | 276a0f5d-bde2-405b-9d02-d7e2640eaf0a |
| b502-29e10b6fe957                 | intnet    |                                     |
+-----------------------------------+-----------+-------------------------------------+
```

通过"openstack server create"命令使用所上传的镜像 CentOS7. 1804-image 和所创建的密钥对 testkey 启动云服务器"centos7-cloudvm1"，命令如下：

```
[root @ controller  ~ ] # openstack  server  create  --flavor  2V _ 4G _ 40G --image
CentOS7. 1804-image --nic net-id = 099593e2-f5a8-42c1-a2f3-6203f6e2fb50      --key-name
testkey centos7-cloudvm1
```

（四）访问云服务器

使用"openstack server list"命令查看云服务器列表信息，查询所创建的云服务器 IP 地址，命令如下：

```
[root@ keystone ~]# openstack server list
```

ID	Name	Status	Netwroks	Image	Flavor
6f0bcc10-37ad-49a5-8823-a25c15978934	centos7-cloudvm1	ACTIVE	vlan127 = 172. 128. 11. 14	centos7. 1804-image	2V_4G_40G

在 Controller 节点通过 SSH 服务连接，使用 centos 用户名连接所创建的云服务器。创建实例时已将生成的包含公钥的密钥对注入虚拟机实例，密钥保存在控制节点的/root/. ssh/目录中，因此，在 Controller 节点中可直接以 SSH 密钥登录，命令如下：

```
[root@ controller ~ ]# ssh centos@ 172. 128. 11. 14
The authenticity of host '172. 128. 11. 14 (172. 128. 11. 14)'can't be established.
ECDSA key fingerprint is SHA256:XUL+wWSPD7U6aGQ6r7KXCM2fpKhbD4zmg8f/nQZ1Jfs.
ECDSA key fingerprint is MD5:5c:7a:27:d7:50:de:1e:6a:1a:66:eb:38:11:72:d1:39.
Are you sure you want to continue connecting (yes/no)? yes
Warning: Permanently added '172. 128. 11. 14'(ECDSA) to the list of known hosts.
[centos@ centos7-cloudvm1 ~ ] $
```

使用 centos 用户登录云服务器后，可以设置云服务器 root 用户的密码为 000000，命令如下：

```
[root@ centos7-cloudvm1 centos]# passwd root
Changing password for user root.
```

```
New password:
BAD PASSWORD: The password is a palindrome
Retype new password:
passwd: all authentication tokens updated successfully.
```

配置 root 用户利用 SSH 远程登录访问。编辑 SSH 配置文件，修改其配置内容，开启密码访问权限，命令如下：

```
[root@ centos7-cloudvm1 centos]# vi   /etc/ssh/sshd_config
    63 PasswordAuthentication yes
    64 #PermitEmptyPasswords no
    65 #PasswordAuthentication no
```

修改配置后，重启 SSHD 服务：

```
[root@ centos7-cloudvm1 centos]# systemctl restart sshd
```

使用 SecureCRT SSH 连接工具访问云服务器，用户名为 root，密码为 000000，单击"确认"按钮进行连接，如图 8-2 所示。

连接成功后，即可使用该云服务器，查看当前节点 IP 地址，命令如下：

图 8-2　使用 SSH 访问云服务器

```
[root@ centos7-cloudvm1 ~]# ip a
1: lo: <LOOPBACK,UP, LOWER_UP> mtu 65536 qdisc noqueue state UNKNOWN group
default qlen 1000
    link/loopback 00:00:00:00:00:00 brd 00:00:00:00:00:00
    inet 127. 0. 0. 1/8 scope host lo
    valid_lft forever preferred_lft forever
    inet6::1/128 scope host
    valid_lft forever preferred_lft forever
2: eth:< BROADCAST, MULTICAST, UP, LOMER _UP > mtu 1500 qdisc pfifo _fast state UP
group default qlen 1000
    link/ether fa:16:3e:ff:4f:77 brd ff:ff:ff:ff:ff:ff
    inet 172. 128. 11. 14/24 brd 172. 128. 11. 255 scope global dynamic eth0
    valid_lft 82502sec preferred_1ft 82502sec
```

```
inet6 fe80::f816:3eff:feff:4f77/64 scope link
valid_lft forever preferred_lft forever
```

基于 GenericCloud 制作私有镜像成功，此方法适用于当前没有虚拟机镜像，第一次制作时使用。

三、使用云主机快照制作镜像

使用快照制作镜像也是 OpenStack 云计算平台中很常用的一种方式，这种方法方便、易操作。例如，想做一个带有数据库的镜像，首先启动一台云主机，然后安装数据库并设置开机自启，然后创建快照制作镜像，以后只要使用这个镜像启动的云主机，就自带数据库服务。

（一）快照的概念

一般对快照的理解就是能够将系统还原到某个瞬间，这就是快照的作用。

快照针对要保存的数据分为内存快照和磁盘快照，内存快照就是保存当前内存的数据，磁盘快照就是保存硬盘的数据。快照针对保存方式分为内部快照和外部快照。

1. 内部快照

内部快照是指快照信息和虚拟机存在同一个 QCOW2 镜像中，使用单个的 QCOW2 文件来保存快照和快照之后的改动。这种快照是 libvirt 的默认行为，操作包含创建、回滚和删除等，但是只能针对 QCOW2 格式的磁盘镜像文件，而且运行过程较慢。

2. 外部快照

外部快照是指做快照时原虚拟机的 disk 将变为 readonly 的模板镜像，并会新建一个 QCOW2 文件来记录与原模板镜像的差异数据。外部快照的结果是形成一个 QCOW2 文件链：original←snap1←snap2←snap3。

（二）OpenStack 原生虚拟机快照

OpenStack 中对虚拟机的快照其实是生成一个完整的镜像，保存在 Glance 服务中，并且可以利用这个快照镜像生成新的虚拟机，与原本的虚拟机并没有什么关系。比较主流的快照实现应该是有快照链的，而且包含内存快照和磁盘快照。

OpenStack 中生成备份和生成快照类似，调用的都是同一个生成镜像的接口。

进入虚拟机修改配置文件，使 root 用户可以通过密码访问云服务器，创建一个镜像快照，即可制作一个已知用户名和密码的 CentOS7.1804 的镜像。

（三）制作快照镜像

使用 OpenStack 命令创建 centos7-cloudvm1 虚拟机快照"centos7.1804-rootssh"，命令如下：

```
[root @ controller ~]# openstack server image create --name centos7.1804-rootssh
centos7-cloudvm1
[root@ controller ~]# openstack image list | grep 1804
 | 025fd7f5-2c35-4ecb-be78-e6bec46e90e5 | CentOS7.1804.image | active |
 | 8b50af41-a0e5-42d6-a621-4d507f703bcc | CentOS7.1804.rootssh | active |
```

创建快照其实就是创建了一个镜像，将此快照下载后便是一个可用的 QCOW2 镜像。将创建的快照"centos7.1804-rootssh"下载至本地目录中，命令如下：

```
[root @ controller ~] # glance        image-download  8b50af41-a0e5-42d6-a621-
4d507f703bcc > CentOS7.1804-rootssh.qcow2
[root@ controller ~]# ls
CentOS7.1804-rootssh.qcow2
CentOS-7-x86_64-GenericCloud-1804_02.qcow2c
```

此时"CentOS7.1804-rootssh.qcow2"镜像上传至 OpenStack 平台中使用的是用户名为 root、密码为 000000 的镜像，可以通过 SSH 协议进行登录访问。

四、使用 Guestfish 工具制作镜像

Guestfish 是 libguestfs 项目中的一个工具软件，提供修改镜像内部配置的功能。它不需要把镜像挂接到本地，而是为用户提供一个 Shell 接口，用户可以查看、编辑和删除镜像内的文件。

Guestfish 提供了结构化的 libguestfs API 访问，可以通过 Shell 脚本、命令行或者交互方式访问。它使用 libguestfs 公开了 guestfs API 的所有功能，是一个用于访问和修改磁盘映像和虚拟机的库。

（一）安装工具

在需要操作的节点中安装 guestfish 工具，命令如下：

```
[root@ image ~]# yum install guestfish libguestfs-tools -y
```

（二）启动服务

修改/etc/libvirt/qemu. conf 配置文件，启动 libvirt 服务，命令如下：

```
[root@ image ~]# vi +442 /etc/libvirt/qemu. conf
    442 user = "root"
    443
    444 # The group for QEMU processes run by the system instance. It can be
    445 # specified in a similar way to user.
    446 group = "root"
[root@ image ~]# systemctl restart libvirtd
```

（三）生成加密密码

在 QCOW2 镜像中修改密码时，需要设置加密密码，使用 openssl 命令生成加密密码，命令如下：

```
[root@ image ~]# openssl passwd -1 000000
$ 1 $ 57zqvSJL $ B6S0chXFu5dd6/MD3wVZ1.
```

（四）运行镜像

使用 guestfish 命令运行 QCOW2 镜像，通过 run 指令运行镜像，命令如下：

```
[root@ image ~]# guestfish --rw -a CentOS-7-x86_64-GenericCloud-1804_02. qcow2c
><fs> run
100%
[▆▆▆▆▆▆▆▆▆▆▆▆▆▆▆▆▆▆▆▆▆▆▆▆▆▆▆▆▆▆▆▆▆▆▆▆▆▆▆▆▆▆▆▆
▆▆▆▆▆▆▆▆▆▆▆▆▆▆▆▆▆▆▆▆▆▆▆▆▆▆▆▆▆▆▆▆▆▆▆▆▆▆▆▆▆▆▆▆▆▆
▆▆▆▆▆▆▆▆▆] --:--
```

对镜像文件系统进行查看，将磁盘挂载至根目录，命令如下：

```
><fs> list-filesystems
```

```
/dev/sda1: xfs
><fs> mount /dev/sda1 /
><fs> ls /
```

（五）修改密码

修改 root 用户密码为 000000，开启 root 用户使用 SSH 远程访问权限。修改/etc/cloud/cloud.conf 配置文件，修改为使用 SSH 远程登录访问。修改/etc/shadow 配置文件，将 root 密码设置为 000000，命令如下：

```
><fs>vi /etc/cloud/cloud. cfg
disable_root: 0
ssh_pwauth: 1
><fs>vi /etc/shadow
root: $ 1 $ 57zqvSJL $ B6S0chXFu5dd6/MD3wVZ1. :17667:0:99999:7:::
><fs> quit
```

此时，CentOS-7-x86_ 64-GenericCloud-1804_ 02. qcow2c 镜像中 root 用户密码已经改变为 000000。

（六）启动测试

将此镜像上传至 OpenStack 平台中，通过命令创建一个云服务器 "centos7-guestfish"，命令如下：

```
[root@ controller ~]# openstack server create --flavor 2V_4G_40G --image centos7-
guestfish --nic net-id=099593e2-f5a8-42c1-a2f3-6203f6e2fb50    centos7-guestfish
[root@ controller ~]# openstack server list
```

ID	Name	Status	Netwroks	Image	Flavor
6f909841-f488fdea3-b578-2abaa6e5ed5c	centos7-guestfish	ACTIVE	vlan127=172. 128. 11. 16	centos7. 1804-rootssh	2V_4G_40G
6f0bcc10-37ad-49a5-8823-a25c15978934	centos7-cloudvm1	ACTIVE	vlan127=172. 128. 11. 14	centos7. 1804-image	2V_4G_40G

此时所创建的云服务器不再需要创建密钥对，可以直接使用用户名 root 和密码 000000 进行 SSH 远程访问，命令如下：

```
[root@ controller ~]# ssh root@ 172. 128. 11. 16
The authenticity of host '172. 128. 11. 16 (172. 128. 11. 16)'can't be established.
ECDSA key fingerprint is SHA256:NkORAZcKLm3wrD6hBKETP1uli0p3d3tquC3KsJnDVow.
ECDSA key fingerprint is MD5:3e:0b:0f:18:1a:ea:3f:bb:21:d5:c8:95:de:bc:29:ce.
Are you sure you want to continue connecting (yes/no)? yes
Warning: Permanently added '172. 128. 11. 16'(ECDSA) to the list of known hosts.
root@ 172. 128. 11. 16's password:
[root@ centos7-guestfish ~]# uname -a
Linux centos7-guestfish. novalocal 3. 10. 0-862. 2. 3. el7. x86 _64 #1 SMP Wed May 9
18:05:47 UTC 2018 x86_64 x86_64 x86_64 GNU/Linux
```

验证使用 Guestfish 工具修改镜像密码成功。这种方式因为涉及第三方软件，对技术要求比较高。

通过本节内容的学习，了解了三种制作私有镜像的方式，第一种方式和第三种方式适合没有基础镜像，需要通过下载公有镜像来制作的场景，第二种方式适合有基础镜像，需要在基础镜像上制作进一步操作的场景。感兴趣的可以自学其他制作私有镜像的方法。

第二节　云主机的申请与配置调整

考核知识点及能力要求：

- 了解云计算平台中使用命令创建云主机的方法。
- 掌握云计算平台服务调度机制与配置调整方法。

• 能够根据实际工作需求，在线调整云主机的配置。

一、云主机的申请

在日常使用 OpenStack 云计算平台的过程中，申请云主机应该是最常用的一个操作。部门 A 可能需要云主机部署公司门户网站，部门 B 可能需要云主机搭建主从数据库服务进行测试等。下面较全面地介绍了云主机的申请流程与步骤。

（一）云主机申请流程

OpenStack 中云主机的申请流程需要经过以下 9 个步骤，如图 8-3 所示。

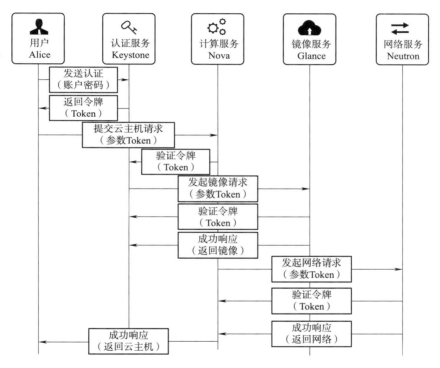

图 8-3 申请虚拟机过程

第一，用户通过命令行或者 Horizon 控制面板的方式登录 OpenStack，Keystone 验证证书（Credentials）。

第二，Keystone 对用户的证书进行验证，验证通过后，会给用户发布一个验证令牌（Token）和用户所需服务的位置点（Endpoint）。

第三，用户得到位置点之后，携带令牌，向 Nova 发起请求，请求创建云主机。

第四，Nova 使用用户的 Token 向 Keystone 进行认证，确认是否允许用户执行这样的操作。

第五，Keystone 认证通过之后，返回指令给 Nova，Nova 开始执行创建云主机的请求。首先需要镜像资源，其次需要 Nova 携带令牌和所需要的镜像名向 Glance 提出镜像资源的请求。

第六，Glance 携带 Token 去向 Keystone 进行认证，确认是否允许提供镜像服务。Keystone 认证成功后，返回给 Glance，Glance 向 Nova 提供镜像服务。

第七，创建云主机还需要网络服务。Nova 携带 Token 向 Neutron 发送网络服务的请求。

第八，Neutron 携带 Nova 返回的 Token 向 Keystone 进行认证，确认是否允许向其提供网络服务。Keystone 认证成功后，返回给 Neutron，Neutron 则为 Nova 提供网络服务。

第九，Nova 获取镜像和网络之后，开始创建云主机，通过 Hypervisior 调用底层硬件资源进行创建。创建完成返回给用户，最终成功执行了用户的请求。

（二）使用命令行申请云主机

通过 OpenStack 命令申请云主机，需要查询所需参数，例如，云主机使用镜像 ID、所申请的云主机资源配置类型以及所使用的虚拟网络 ID。

通过 OpenStack 命令查询镜像列表信息，命令如下：

```
[root@ openstack ~]# openstack image list
+-------------------------------------+--------+---------+
| ID                                  | Name   | Status  |
+-------------------------------------+--------+---------+
| 4c71efc2-d810-4f73-acef-2ad12de6970e| cirros | active  |
+-------------------------------------+--------+---------+
```

通过 OpenStack 命令查询云主机类型列表信息，命令如下：

```
[root@ openstack ~]# openstack flavor list
+------+-------+-----+------+-----------+-------+-----------+
|ID    |Name   |RAM  |Disk  |Ephemeral  |VCPUs  |Is Public  |
```

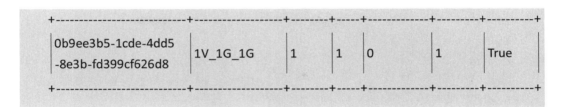

```
+-----------------------------+------------------+-----+----+-----------+--------+---------+
| 0b9ee3b5-1cde-4dd5          | 1V_1G_1G         | 1   | 1  | 0         | 1      | True    |
| -8e3b-fd399cf626d8          |                  |     |    |           |        |         |
+-----------------------------+------------------+-----+----+-----------+--------+---------+
```

通过 OpenStack 命令查询网络列表信息，命令如下：

```
[root@ openstack ~]# openstack network list
+--------------------------------+-----------+--------------------------------------+
| ID                             | Name      | Subnets                              |
+--------------------------------+-----------+--------------------------------------+
| 7912f6ae-ccdc-4d4b-            | net       | 17c045a1-5299-4709-9dbf-b7bc8cad13c1 |
| 8046-1a21d02042d6              |           |                                      |
+--------------------------------+-----------+--------------------------------------+
```

通过 OpenStack 命令选择 cirros 镜像、云主机类型选择 1V_1G_1G 的配置，并使用
net 网络申请云主机 cirros，命令如下：

```
[root@ openstack ~]# openstack server create --flavor 1V_1G_1G --image cirros --nic
net-id=7912f6ae-ccdc-4d4b-8046-1a21d02042d6 cirros
+-------------------------------------+---------------------------------------------+
| Field                               | Value                                       |
+-------------------------------------+---------------------------------------------+
|OS-DCF:diskConfig                    |MANUAL                                       |
|OS-EXT-AZ:availability_zone          |                                             |
|OS-EXT-SRV-ATTR:host                 |None                                         |
|OS-EXT-SRV-ATTR:hypervisor_hostname  |None                                         |
|OS-EXT-SRV-ATTR:instance_name        |                                             |
|OS-EXT-STS:power_state               |NOSTATE                                      |
|OS-EXT-STS:task_state                |scheduling                                   |
|OS-EXT-STS:vm_state                  |building                                     |
|OS-SRV-USG:launched_at               |None                                         |
|OS-SRV-USG:terminated_at             |None                                         |
|accessIPv4                           |                                             |
|accessIPv6                           |                                             |
|addresses                            |                                             |
```

|adminPass |2QPuTVRbF3EK
|config_drive	
|created |2021-07-06T01:55:58Z
|flavor |1V_1G_1G(9b9ee3b5-1cde-4dd5-8e3b-fd399cf626d8)
|hostId	
|id |67d95ba9-0d0b-435c-8291-a8791f576470
|image |cirros(4c71efc2-d810-4f73-acef-2ad12de6970e)
|key_name |None
|name |cirros
|progress |0
|project_id |55b50cbb4dd59b873cb15a8b03db43
|properties	
|security_groups |name = 'default'
|status |BUILD
|updated |2021-07-06T01:55:59Z
|user_id |9ee4731c00c24f659b8790be6b77bc8a
|volumes_attached	

使用命令创建云主机，需要查询很多信息，在平时工作中，一般常用 Dashboard 界面创建云主机。

二、云主机的配置调整

调整和扩展 OpenStack 实例或虚拟机的大小其实很简单，OpenStack Compute 是按需提供虚拟机的中央组件，使系统管理员可以创建具有特定硬件规格（RAM、CPU 和磁盘空间）的实例。在 OpenStack 中，每个创建的实例都有一种风格（资源模板），除了可以确定实例的大小和容量外，还可以指定辅助临时存储、交换磁盘、限制使用的元数据或者特殊项目访问，因此必须定义这些额外的属性。

OpenStack 管理员经常会遇到需要根据新兴的计算需求升级或降级服务器的情况。创建的云主机，后期使用资源不足，需要扩充云主机资源时（如 CPU、内存、磁盘等），则需要修改云主机的类型。例如，部署一台具有 20 GB 硬盘大小的服务器，根据工作需要希望将其硬盘升级到 40 GB。

修改 OpenStack 所有节点 Nova 配置文件，开启 "允许后期动态调整虚拟机的资源" 选项，如果不修改，则无法动态调整虚拟机资源，命令如下：

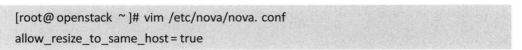

```
[root@ openstack ~]# vim /etc/nova/nova. conf
allow_resize_to_same_host = true
```

修改完成后，重启 Nova 服务，命令如下：

```
[root@ openstack ~]# systemctl restart openstack-nova*
```

将所创建的云主机 cirros vCPU 扩容至 2 核，内存扩容至 2 GB，硬盘扩容至 2 GB，通过命令创建一个 2 核 CPU、2 GB 内存、2 GB 硬盘的云主机类型，命令如下：

```
[root@ openstack ~]# openstack flavor create --vcpus 2 --ram2 --disk 2 2V_2G_2G
+-----------------------------+-------------------------------------------+
|Field                        |Value                                      |
+-----------------------------+-------------------------------------------+
|OS-FLV-DISABLED:disabled     |False                                      |
|OS-FLV-EXT-DATA:ephemeral    |0                                          |
|disk                         |2                                          |
|id                           |7d2432ae-1f83-4a56-94a2-d4d90a9f5d14       |
|name                         |2V_2G_2G                                   |
|os-flavor-acess:is_public    |True                                       |
|properties                   |                                           |
|ram                          |2                                          |
|rxtx_factor                  |1. 0                                       |
|swap                         |                                           |
|vcpus                        |2                                          |
```

通过 OpenStack 命令查询云主机类型列表信息，命令如下：

```
[root@ openstack ~]# openstack flavor list
```

ID	Name	RAM	Disk	Ephemeral	VCPUs	Is Public
0b9ee3b5-1cde-4dd5-8e3b-fd399cf626d8	1V_1G_1G	1	1	0	1	True
7d2432ae-1f83-4a56-94a2-d4d90a9f5d14	2V_2G_2G	2	2	0	2	True

通过 OpenStack 命令使用新创建的 2V_2G_2G 云主机类型进行云主机扩容，命令如下：

```
[root@ openstack ~]# openstack   server resize   --flavor 2V_2G_2G   cirros
```

使用 OpenStack 命令调整云主机类型后，经过一段时间主要再次确认调整。通过 OpenStack 命令查看 server 列表信息，确认 Server 状态，命令如下：

```
[root@ openstack ~]# openstack server list
+--------------------------------+----------+----------------+---------------------+----------+------------+
| ID                             | Name     | Status         | Networks            | Image    | Flavor     |
+--------------------------------+----------+----------------+---------------------+----------+------------+
| 67d95ba9-0d0b-435c             | cirros   | VERIFY         | net = 10. 10. 0. 6  | cirros   | 2V_2G_2G   |
| -8291-a8791f576470             |          | _RESIZE        |                     |          |            |
+--------------------------------+----------+----------------+---------------------+----------+------------+
```

确认 Server 状态为 VERIFY_RESIZE 时，即可通过命令确认调整大小的操作，命令如下：

```
[root@ openstack ~]# openstack server resize --confirm cirros
[root@ openstack ~]# openstack server list
+--------------------------------+----------+----------------+---------------------+----------+------------+
| ID                             | Name     | Status         | Networks            | Image    | Flavor     |
+--------------------------------+----------+----------------+---------------------+----------+------------+
| 67d95ba9-0d0b-435c             | cirros   | ACTIVE         | net = 10. 10. 0. 6  | cirros   | 2V_2G_2G   |
| -8291-a8791f576470             |          |                |                     |          |            |
+--------------------------------+----------+----------------+---------------------+----------+------------+
```

通过本节内容的学习，可以掌握如何在线调整云主机大小的配置。在日常工作中，经常会遇到需要为云主机调整配置。还有一种方法也可以调整配置，就是将云主机先制作成快照镜像，然后用更高配置的 Flavor 启动快照镜像，只是这种方法需要对云主机进行关机操作，比直接调整复杂。

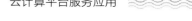

第三节　OpenStack 云平台部署应用

考核知识点及能力要求：

- 掌握使用远程连接工具访问创建的云主机。
- 掌握云计算服务安装的方法。
- 能够在 OpenStack 云主机上部署应用并访问。

某公司部门员工拟将公司经常使用的图标库通过网页展示，方便开发人员使用。此方案需要使用 OpenStack 平台创建云主机，并安装 Nginx 服务，将图标库通过网页展示。

一、创建云主机

在前面讲述了 OpenStack 平台上传镜像与创建云主机的方法，此处将提供的 centos7.5.qcow2 镜像上传至 OpenStack 平台，并使用该镜像创建云主机 1 台，创建成功后，使用远程连接工具连接。

二、安装基础服务

图标库界面展示的是一个前端界面，需要依赖 Nginx 服务，使用 Yum 的方式安装 Nginx 服务，具体步骤如下。

1. 配置 Yum 源

将提供的 icons-repo 目录上传至云主机节点的 /opt 目录下，上传后查看目录，命令如下：

```
[root@ icon ~]# ll /opt/
total 0
drwxr-xr-x 4 root root 38 Dec 28 08:25 icons-repo
[root@ icon ~]#
```

删除或移除原有的 Yum 文件，命令如下：

```
[root@ icon ~]# mv /etc/yum. repos. d/*   /media/
```

新建 local. repo 文件，命令如下：

```
[root@ icon ~]# vi /etc/yum. repos. d/local. repo
```

文件内容如下：

```
[nginx]
name = nginx
baseurl = file://opt/icons-repo
gpgcheck = 0
enabled = 1
```

清除缓存，查看 Yum 源是否可用，命令如下：

```
[root@ icon ~]# yum clean all
Loaded plugins: fastestmirror
Cleaning repos: nginx
Cleaning up everything
Maybe you want: rm -rf /var/cache/yum, to also free up space taken by orphaned data
from disabled or removed repos
Cleaning up list of fastest mirrors
[root@ icon ~]# yum repolist
Loaded plugins: fastestmirror
Determining fastest mirrors
nginx                              | 2. 9 kB        00:00:00
nginx/primary_db                   | 98 kB         00:00:00
repo id                            repo name       status
nginx                              nginx           129
repolist: 129
```

看到 repolist 数量为 129 即为配置 Yum 源成功。

2. 安装 Nginx

配置完本地 Yum 源之后，可以使用 Yum 命令安装 Nginx 服务，安装命令如下：

```
[root@ icon ~]# yum install nginx -y
```

等待安装完毕，Nginx 服务安装成功。

三、使用云主机部署应用

将提供的 icons. tar. gz 软件包上传至云主机的/root 目录下，然后解压，命令如下：

```
[root@ icon ~]# tar -zxvf icons. tar. gz
```

将 icons 目录下的所有文件复制至 Nginx 的工作目录，命令如下：

```
[root@ icon ~]# cp icons/*   /usr/share/nginx/html/
```

启动 Nginx 服务，命令如下：

```
[root@ icon ~]# systemctl start nginx
```

查看界面，图标库首页如图 8-4 所示。

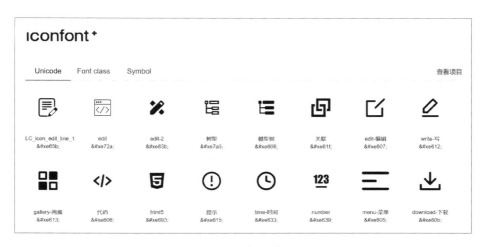

图 8-4　图标库首页

第四节　Kubernetes 云平台部署应用

考核知识点及能力要求：

- 了解容器 Kubernetes 平台编排部署应用的方法。
- 掌握容器私有镜像的制作方法。
- 能够在 Kubernetes 平台使用私有镜像部署应用。

一、定制私有镜像

某公司部门员工拟将公司经常使用的图标库通过网页展示，方便开发人员使用。为了方便，计划使用容器化的方式进行部署，故需要制作私有化镜像满足容器化部署的需求，具体制作镜像过程如下。

（一）环境准备

可以直接使用物理服务器或者虚拟机进行 Kubernetes 集群的部署，考虑到环境准备的便捷性，使用 VMWare Workstation 进行实验；考虑到 PC 机的配置，使用单节点安装 Kubernetes 服务，即将 Master 节点和 Node 节点安装在一个节点上（此时，Master 节点既是 Master，也是 Node），其节点规划见表 8-1。

表 8-1　　　　　　　　　　　　　　　节点规划

节点角色	主机名	内存/GB	硬盘/GB	IP 地址
Master/Node	master	12	100	192. 168. 200. 19

此次安装 Kubernetes 服务的系统为"CentOS7.5-1804",Docker 版本为"docker-ce-19.03.13",Kubernetes 版本为"1.18.1"。

(二) 编写 Dockerfile 制作镜像

使用远程连接工具连接至 Master 节点,创建 Dockerfile 的工作目录,命令如下:

```
[root@ master ~]# mkdir /opt/nginx
```

将图标库页面文件压缩包 icons.tar.gz 上传至/opt/nginx 目录下,并在该目录下创建 Dockerfile 文件,命令及文件内容如下:

```
[root@ master nginx]# vi Dockerfile
```

Dockerfile 文件内容如下:

```
#Nginx with icons
# 指定基础镜像
FROM nginx
# 指定
MAINTAINER MRJ
# 将 icon 压缩包复制到容器内部
ADD icons.tar.gz /root
# 将 nginx 工作目录下的东西删除
RUN rm -rf /usr/share/nginx/html/*
# 将 icons 中的文件复制到 nginx 的工作目录
RUN cp /root/icons/*  /usr/share/nginx/html/
# 开放 80 端口
EXPOSE 80
# 启动 nginx
CMD ["nginx","-g","daemon off;"]
```

编写完 Dockerfile 文件后,进行镜像的构建,此处将镜像命名为"nginx_ icons: v1.0",具体命令如下:

```
[root@ nginx nginx]# docker build -t nginx_icons:v1.0 .
Sending build context to Docker daemon   52.74kB
Step 1/7 : FROM nginx
 ---> 992e3b7be046
```

```
Step 2/7 : MAINTAINER MRJ
 ---> Running in b36d5637d72c
Removing intermediate container b36d5637d72c
 ---> 2c10e59a9fc0
Step 3/7 : ADD icons. tar. gz /root
 ---> f032b1257958
Step 4/7 : RUN rm -rf /usr/share/nginx/html/*
 ---> Running in 3cb10fdd7256
Removing intermediate container 3cb10fdd7256
 ---> 15db33622b75
Step 5/7 : RUN cp /root/icons/*   /usr/share/nginx/html/
 ---> Running in 6098baa03f2b
Removing intermediate container 6098baa03f2b
 ---> cc1c46a489d4
Step 6/7 : EXPOSE 80
 ---> Running in ee1243e1d6f9
Removing intermediate container ee1243e1d6f9
 ---> 12a13e4d08f3
Step 7/7 : CMD ["nginx","-g","daemon off;"]
 ---> Running in b23d18e9b060
Removing intermediate container b23d18e9b060
 ---> cb3e339cb79e
Successfully built cb3e339cb79e
Successfully tagged nginx_icons:v1. 0
```

查看构建成功的镜像，命令如下：

```
[root@ master nginx]# docker images |grep nginx_icons
nginx_icons       v1. 0        cb3e339cb79e      6 hours ago      133MB
```

二、使用私有镜像启动服务

在 Master 节点的/root 目录下，编写 nginxicons-deployment. yaml 文件，命令及文件内容如下：

```
[root@ master ~ ]# vi nginxicons-deployment. yaml
#nginxicons-deployment. yaml 的内容如下所示
apiVersion: apps/v1
kind: Deployment
```

274

```
metadata:
  name:nginx-icons
spec:
  selector:
    matchLabels:
      app:nginx
  replicas: 2
  template:
    metadata:
      labels:
        app:nginx
    spec:
      containers:
      - name:nginx-icons
        image:nginx_icons:v1. 0
        imagePullPolicy: IfNotPresent
        ports:
        - containerPort: 80
```

运行 nginxicons-deployment. yaml 文件，命令如下：

```
[root@ master ~]# kubectl apply -f nginxicons-deployment. yaml
deployment. apps/nginx-icons created
```

查看创建的 Pod 和 Deployment，命令如下：

```
[root@ master ~]# kubectl get pods
NAME                             READY   STATUS    RESTARTS   AGE
nginx-icons-59dfbb757c-66t2x     1/1     Running   0          10s
nginx-icons-59dfbb757c-p8l9g     1/1     Running   0          10s
[root@ master ~]# kubectl get deployment
NAME          READY   UP-TO-DATE   AVAILABLE   AGE
nginx-icons   2/2     2            2           20s
```

部署完 Deployment 之后，需要使用 Service 服务发现，Nginx 应用才能被访问，在 /root 目录下编写 nginxicons-service. yaml 文件，命令及文件内容如下：

```
[root@ master ~]# vi nginxicons-service. yaml
#nginxicons-service. yaml 文件内容如下：
```

```
apiVersion: v1
kind: Service
metadata:
  name:nginxicons-service
spec:
  selector:
    app:nginx
  ports:
  - port: 80
    protocol: TCP
    targetPort: 80
  type:NodePort
```

执行 nginxicons-service. yaml 文件，命令如下：

```
[root@ master ~]# kubectl apply -f nginxicons-service. yaml
service/nginxicons-service created
```

查看创建的 Service，命令如下：

```
[root@ master ~]# kubectl get svc
NAME                TYPE        CLUSTER-IP        EXTERNAL-IP PORT(S)      AGE
kubernetes          ClusterIP   10. 96. 0. 1      <none>      443/TCP      23h
nginxicons-service  NodePort    10. 101. 162. 144 <none>      80:32030/TCP 10s
```

通过宿主机 IP：32030 访问 Nginx 图标库。

通过本节内容的学习，了解并掌握使用容器平台制作私有化镜像、使用 Kubernetes 平台编排部署应用的方法。这种方法可以快速部署定制化的应用，Kubernetes 平台能保证容器按照用户的期望状态运行。

思考题

1. 私有云平台中有哪几种制作镜像的方式？

2. 通过学习，使用哪种方式制作镜像最方便？

3. 云主机调整配置时能否将配置调小，有什么限制？

4. 简述容器制作镜像的方式。

5. 能否将 OpenStack 中的镜像上传至公有云中使用？

第九章 云计算平台存储服务应用

存储服务应用是云计算平台中一个重要的服务项目。私有云中存储服务包括对象存储服务、块存储服务以及数据存储服务；容器云中也提供了很多卷种类，支持数据的持久化存储，能够部署和使用私有云、容器云平台中的存储服务是云计算工程技术人员必须掌握的技能。

- ●**职业功能**：云计算平台应用（云计算平台存储服务应用）。
- ●**工作内容**：提供云计算平台中的块存储与对象存储服务供用户使用，创建容器云平台持久化存储卷。
- ●**专业能力要求**：能根据用户存储需求，提供云计算平台对象存储服务和块存储服务；能根据用户存储需求，部署容器云平台持久化存储。
- ●**相关知识要求**：掌握数据存储技术知识；掌握对象存储服务知识；掌握块存储服务知识，掌握容器云平台持久化存储卷知识。

第一节　对象存储的使用

考核知识点及能力要求：

- 了解云计算平台对象存储架构与存储机制。
- 掌握云计算平台对象存储容器的管理方法。
- 掌握云计算平台对象存储文件上传与下载的方法。
- 掌握云计算平台对象存储文件权限开放的方法。
- 能够根据需求，提供对象存储服务并对其进行管理。

一、对象存储架构

Swift 对象存储架构分为五块，具体如下。

（一）Object Container 对象容器

容器中存储了对象，对象容器是储存对象的仓库。容器就像是 Linux 中的目录容器，提供了一个整理对象的途径，只是容器无法在自己的账户内创建任意数量的容器（嵌套用户）。容器能够公开，任何人通过公共 URL 可以访问该容器中的对象。

（二）Object 对象

对象就是数据。在对象存储范畴内，对象就是存储的数据。对象存储为二进制文件，其元数据存储在文件的扩展属性（xattrs）中，对象可以是许多不同类型的数据，如文本文件、视频、图像、电子邮件或虚拟机镜像等。

伪文件夹对象，也是对象。它可以用于模拟一种层次结构，从而更好地组织容器中的对象。例如，名为"books"的容器中有一个名为"computer"的伪文件夹。computer文件夹内又有一个名为"linux"的伪文件夹。linux内有两个文件对象，一个名为"the-introduction-to-linux-book"，另一个名为"the-introduction-to-linux-book.epub"。

对象所有权就是指在创建对象时，它归某一个账户所有，如OpenStack项目。账户服务利用数据库来跟踪该账户拥有的容器；对象服务利用数据库来跟踪和存储容器对象。

在访问对象时，对象的创建或检索由代理服务来处理，代理服务使用对象的路径哈希来创建唯一对象ID。用户和应用使用对象的ID来访问该对象。

（三）对象存储服务

对象存储服务使用户无须通过文件系统界面，就能够存储和检索文件及其他数据对象，该服务的分布式架构支持水平扩展。对象冗余通过软件的数据复制来提供，由于通过异步复制支持最终一致性，它非常适合部署跨越不同地理区域的数据中心。

（四）Ring

Ring是Swift最重要的组件，用于记录存储对象与物理位置间的映射关系。在涉及查询Account（账户）、Container（容器）、Object（对象）信息时，就需要查询集群的Ring信息。Ring使用Zone（区域）、Device（设备）、Partition（分区）和Replica（副本）维护这些映射信息。Ring中每个Partition在集群中都（默认）有3个Replica。每个Partition的位置由Ring维护，并存储在映射中。Ring文件在系统初始化时创建，之后每次增减存储节点时，需要重新平衡一下Ring文件中的项目，以保证增减节点时，系统因此而发生迁移的文件数量最少。

（五）一致性哈希算法

Swift利用一致性哈希算法构建了一个冗余的可扩展的分布式对象存储集群。Swift利用一致性哈希的主要目的是在改变集群Node数量时，能够尽可能少地改变已存在Key和Node的映射关系。该算法的思路分为以下3个步骤。

第一，计算每个节点的哈希值，并将其分配到一个$0 \sim 2^{32}$的圆环区间上。

第二，使用相同方法计算存储对象的哈希值，也将其分配到这个圆环上。

第三，从数据映射到的位置开始顺时针查找，将数据保存到找到的第一个节点上。如果超过 2^{32} 仍然找不到节点，就会保存到第一个节点上。假设在这个环形哈希空间中存在 4 台 Node，若增加一台 Node 5，根据算法得出 Node 5 被映射在 Node 3 和 Node 4 之间，那么受影响的将仅是沿 Node 5 逆时针遍历到 Node 3 之间的对象（它们本来映射到 Node 4 上），其分布如图 9-1 所示。

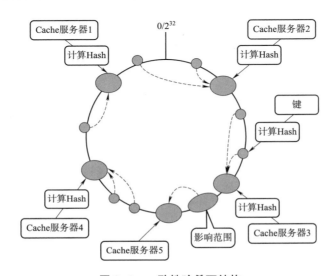

图 9-1　一致性哈希环结构

二、对象存储容器管理

Swift 对象存储的管理分为界面模式和命令行模式，一般使用命令行模式操作 Swift 对象存储服务。

（一）使用 Horizon 控制面板管理容器对象

管理容器对象涉及多项任务，它们可以由个别项目用户执行。在存储大量要分发的数据对象时，也可由管理员执行。侧重于个别项目用户，以及管理容器和容器对象的基本任务，OpenStack 对象存储容器和对象的管理可以通过多种方式实现，如 Horizon 控制面板、对象存储 API 和表述性状态转移（REST）Web 服务或者 OpenStack 统一的 CLI（Command Line Interface，命令行界面）等。

（二）使用 CLI 管理容器对象

容器管理包括创建、列出和删除容器。伪文件夹和容器对象管理包括创建、列出和删除对象。使用 OpenStack CLI 从命令行执行这些任务需要练习，但与操作图形界面相比能够更快产生结果。

通过"openstack container create"命令创建容器，命令如下：

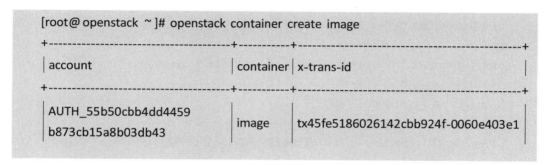

```
[root@ openstack ~]# openstack container create image
+----------------------------------+-----------+-------------------------------------------------+
| account                          | container | x-trans-id                                      |
+----------------------------------+-----------+-------------------------------------------------+
| AUTH_55b50cbb4dd4459             | image     | tx45fe5186026142cbb924f-0060e403e1              |
| b873cb15a8b03db43                |           |                                                 |
```

通过"openstack container list"命令列出用户项目中的所有容器，命令如下：

```
[root@ openstack ~]# openstack container list
+-----------+
| Name      |
+-----------+
| image     |
+-----------+
```

可使用"openstack container delete <container>"命令删除空容器，感兴趣的读者可以自行执行命令尝试删除容器。

三、对象存储文件上传与下载

"OpenStack Object Storage（Swift）"是 OpenStack 开源云计算项目的子项目之一，被称为对象存储，因为没有中心单元或者主控节点，所以它提供了强大的扩展性、冗余性和持久性。Swift 并不是文件系统或者实时的数据存储系统，它被称为对象存储，用于永久类型的静态数据的长期存储，这些数据可以检索、调整，必要时进行更新。最适合存储的数据类型是虚拟机镜像、图片存储、邮件存储和存档备份。

Swift 管理的资源分三级，分别是 Account、Container、Object。如图 9-2 所示，一

个 Tenant 拥有一个 Account，Account 下存放
Container，Container 下存储 Object。

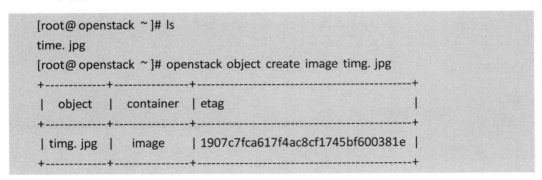

图 9-2　Swift 管理的资源

（一）上传文件至容器

通过 "openstack object create" 命令将本地
图片 timg. jpg 上传至 Image 容器中，命令如下：

```
[root@ openstack ~]# ls
time. jpg
[root@ openstack ~]# openstack object create image timg. jpg
+-------------+---------------+--------------------------------------------+
| object      | container     | etag                                       |
+-------------+---------------+--------------------------------------------+
| timg. jpg   | image         | 1907c7fca617f4ac8cf1745bf600381e           |
+-------------+---------------+--------------------------------------------+
```

上传后可通过 "openstack object list" 命令查询 Image 容器中文件列表信息，命令如下：

```
[root@ openstack ~]# openstack object list image
+-------------+
| Name        |
+-------------+
| timg. jpg   |
+-------------+
```

通过 OpenStack 命令将本地目录 web 中所有图片上传至 Image 容器中，保持目录结
构，命令如下：

```
[root@ openstack ~]# ls web/
60SN0XVGOA74. jpg    800px-RAID_01. svg. png    850px-RAID_6. svg. png    timg1. jpg
timg. jpg    7fb33a2fly1g01ldex795j20hs0a0ajr. jpg
800px-RAID_10. svg. png keystone. jpg    timg2. jpg
[root@ openstack ~]# openstack object create image web/*
+----------------------------------+-----------+------------------------------------+
| object                           | container | etag                               |
+----------------------------------+-----------+------------------------------------+
| web/60SN0XVG0A74. jpg            | image     | b9a03134f23adf5ef6522d548dfcf61d   |
```

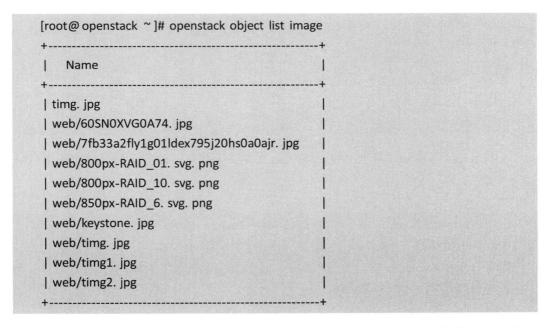

上传后可通过 OpenStack 命令查询 Image 容器中文件列表信息，命令如下：

通过返回信息可以发现 Web 目录和目录中图片全部上传至 Image 容器中，目录结构没有发生改变。

（二）下载容器文件

容器中的文件可通过命令下载至本地，进入 opt 目录，通过"openstack object save"命令下载 Image 容器中 timg. jpg 图片至本地，命令如下：

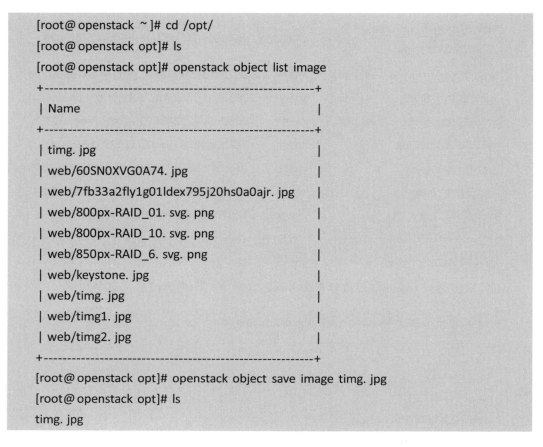

```
[root@ openstack ~]# cd /opt/
[root@ openstack opt]# ls
[root@ openstack opt]# openstack object list image
+------------------------------------------------+
| Name                                           |
+------------------------------------------------+
| timg. jpg                                      |
| web/60SN0XVG0A74. jpg                          |
| web/7fb33a2fIy1g01Idex795j20hs0a0ajr. jpg      |
| web/800px-RAID_01. svg. png                    |
| web/800px-RAID_10. svg. png                    |
| web/850px-RAID_6. svg. png                     |
| web/keystone. jpg                              |
| web/timg. jpg                                  |
| web/timg1. jpg                                 |
| web/timg2. jpg                                 |
+------------------------------------------------+
[root@ openstack opt]# openstack object save image timg. jpg
[root@ openstack opt]# ls
timg. jpg
```

下载 Image 容器 web 目录中的 timg1. jpg 文件，下载到本地后亦可保存容器中目录结构，命令如下：

```
[root@ openstack opt]# openstack object save image web/timg1. jpg
[root@ openstack opt]# ls
timg. jpg web
[root@ openstack opt]# ls web/
timg1. jpg
```

四、 Swift 访问控制列表（ACL）

Swift 的 ACL 对用户和账户有效。用户在账户中有角色，比如 admin，其对账户中的所有容器和对象具有完全的权限。在容器级别中设置 ACL，支持列出使用 "X-Container-Read" 和 "X-Container-Write" 设置的读和写权限。

Swift 客户端设置 ACL，使用 post 子命令和 "-r" 选项设置读，"-w" 选项来设置写，也可以用一个用户列表替换。

通过 Swift 命令查看当前 Image 容器状态信息，命令如下：

```
[root@ openstack opt]# swift stat image
Account: AUTH_55b50cbb4dd4459b873cb15a8b03db43
Container: image
Objects: 10
SBytes: 1280374
Read ACL:
Write ACL:
Sync To:
Sync Key:
Accept-Ranges: bytes
X-Storage-Policy: Policy-0
Last-Modified:Wed, 07 Jul 2021 06:20:10 GMT
X-Timestamp: 1625555937. 56720
X-Trans-Id: tx188726dbe9e649348fd7e-0060e5479d
Content-Type: application/json; charset = utf-8
X-Openstack-Request-Id: tx188726dbe9e649348fd7e-0060e5479d
```

如果使用静态网页访问 Openstack 对象存储服务，管理员需要设置允许链接的 ACL 语法。". r:" 后面跟随允许链接的列表。例如，允许所有链接对对象的访问，命令如下：

```
[root@ openstack opt]# swift post image -r ". r:* ,. rlistings"
[root@ openstack opt]# swift stat image
Account: AUTH_55b50cbb4dd4459b873cb15a8b03db43
Container: image
Objects: 10
Bytes: 1280374
Read ACL: . r:* ,. rlistings
Write ACL:
Sync To:
Sync Key:
Accept-Ranges: bytes
```

X-Trans-Id: txbc4c47fbb10d45dbb44df-0060e5499f

X-Storage-Policy: Policy-0

Last-Modified:Wed, 07 Jul 2021 06:28:39 GMT

X-Timestamp: 1625555937. 56720

Content-Type: application/json; charset = utf-8

X-Openstack-Request-Id: txbc4c47fbb10d45dbb44df-0060e5499f

通过 HTTP 访问容器地址，地址格式为"<IP>: 8080/v1/<Account>/<Container>"，如图 9-3 所示。

This XML file does not appear to have any style information associated with it. The document tree is shown below.

```
▼<container name="image">
  ▼<object>
      <name>timg.jpg</name>
      <hash>1907c7fca617f4ac8cf1745bf600381e</hash>
      <bytes>198358</bytes>
      <content_type>image/jpeg</content_type>
      <last_modified>2021-07-06T08:40:34. 211800</last_modified>
  </object>
  ▼<object>
      <name>web/60SN0XVG0A74. jpg</name>
      <hash>b9a03134f23adf5ef6522d548dfcf61d</hash>
      <bytes>131008</bytes>
      <content_type>image/jpeg</content_type>
      <last_modified>2021-07-07T01:11:03. 653940</last_modified>
  </object>
  ▼<object>
      <name>web/7fb33a2f1y1g01ldex795j20hs0a0ajr.jpg</name>
```

图 9-3　容器列表

此时在访问地址后输入容器中图片的名称或者路径，即可查看文件内容，如图 9-4 所示。

通过本节内容的学习，可以了解 Swift 对象存储的架构与存储原理，能创建对象存储容器供用户使用，也能对对象存储进行管理。

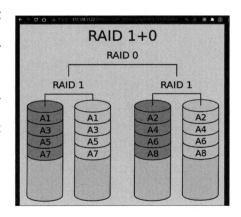

图 9-4　访问图片

第二节 块存储服务的使用

考核知识点及能力要求:

- 了解块存储服务的使用场景与作用。
- 了解块存储服务的架构与底层实现原理。
- 掌握块存储卷创建和使用方法。
- 能够创建块存储卷供用户使用并对卷进行管理。

一、块存储服务的使用场景与作用

块存储服务(Cinder)为用户实例提供块存储设备。供应和使用存储的方法由块存储驱动程序或者在多后端配置情况下的驱动程序决定。有多种可用的驱动程序,如NAS、SAN、NFS、iSCSI、Ceph 等。图 9-5 所示为虚拟机对块存储的使用场景和要求。

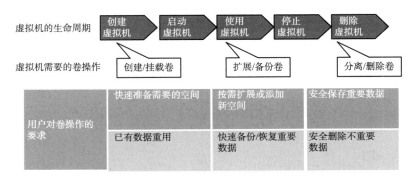

图 9-5 虚拟机对块存储的使用场景和要求

块存储 API 和调度程序服务通常在控制节点上运行。根据使用的驱动程序，卷服务可以在控制节点、计算节点或者独立存储节点上运行。

Cinder 是 OpenStack 中提供块存储服务的组件，主要是为虚拟机实例提供虚拟磁盘，在 OpenStack 中提供对卷从创建到删除整个生命周期的管理。从虚拟机实例的角度来看，挂载的每一个卷都是一块硬盘。

二、块存储架构

云计算平台中的块存储服务底层使用的是 LVM 技术，块存储技术是在 LVM 技术上进行了封装和优化，具体架构如下。

（一）核心架构

Cinder 采用的是松散的架构理念，由 Cinder API 统一管理外部对 Cinder 的调用，Cinder Scheduler 负责调度合适的节点去构建 Volume 存储。Volume Provider 通过 Driver 负责具体的存储空间，然后 Cinder 内部依旧通过消息队列 Queue 沟通，解耦各子服务支持异步调用。

（二）核心组件

Cinder 的组件主要有 6 个，见表 9-1。

表 9-1　　　　　　　　　　　Cinder 的组件

组件名称	功能
Cinder API	接收 API 请求，调用 Cinder Volume
Cinder Volume	管理 Volume 的服务，与 Volume Provider 协调工作，管理 Volume 的生命周期
Cinder Scheduler	通过调度算法，选择最合适的存储节点创建 Volume
Volume Provider	数据的存储设备，为 Volume 提供物理存储空间
Message Queue	Cinder 的各子服务通过消息队列实现进程间的通信和相互协作
Database Cinder	存储数据文件的数据库

1. Cinder API

Cinder API 的职责是接收 API 请求，调用 Cinder API 执行操作。Cinder API 对接收到的 HTTP API 请求会做如下处理：检查客户端传入的参数是否合法有效→调用 Cinder

其他子服务处理客户端请求→将 Cinder 其他子服务返回的结果序列号返回给客户端。具体处理过程如图 9-6 所示。

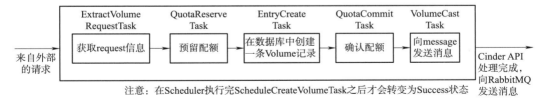

图 9-6 创建 Volume 时 Cinder API 的处理过程

2. Cinder Scheduler

Cinder 可以有多个存储节点，当需要创建 Volume 时，Cinder Scheduler 会根据存储节点的属性和资源使用情况选择一个最合适的节点来创建 Volume，具体处理过程如图 9-7 所示。

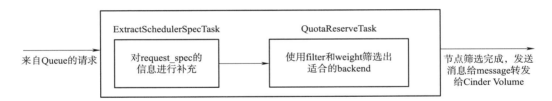

图 9-7 创建 Volume 时 Cinder Scheduler 的处理过程

3. Cinder Volume

Cinder Volume 在存储节点上运行，OpenStack 对 Volume 的操作最后都是交给 Cinder Volume 完成的，具体处理过程如图 9-8 所示。但是，Cinder Volume 自身并不管理真正的存储设备，存储设备是由 Volume Provider 管理的。Cinder Volume 与 Volume Provider 一起实现 Volume 生命周期的管理。Cinder Volume 会定期向 Cinder 报告存储节点的空闲容量，做筛选启动，实现 Volume 生命周期管理，包括 Volume 的 Create、Extend、Attach、Snapshot、Delete 等环节。

4. Volume Provider

数据存储设备为 Volume 提供物理存储空间。Cinder Volume 支持多种 Volume Provider，如图 9-9 所示，每种 Volume Provider 通过自己的 Driver 与 Cinder Volume 协调工作。

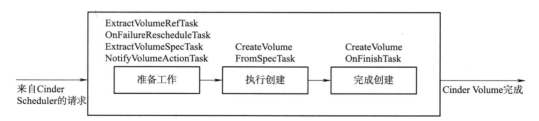

图 9-8 创建 Volume 时 Cinder Volume 的处理过程

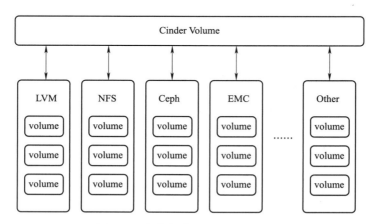

图 9-9 支持多种 Volume Provider

5. Message Queue

Cinder 各个子服务通过消息队列实现进程间通信和相互协作。因为有了消息队列，子服务之间实现了解耦，这种松散结构也是分布式系统的重要特征。

三、块存储卷的创建和使用

当虚拟机存储空间不足需要扩容存储时，可以使用 Cinder 卷进行挂载扩容；或者当虚拟机为了保证数据安全，需要将数据存放在外置存储中时，也可使用 Cinder 卷挂载虚拟机，将数据存储在块存储中。

块存储服务硬盘是独立的一个服务系统，可以简单存在于控制节点、计算节点中，也可以存在于高性能存储服务系统中。将数据存储于块存储中是当前云服务的一个主要场景。

公有云中云服务器启动的存储空间就是块存储服务提供的云硬盘，它提供高性能的数据安全服务。

（一）创建块存储卷

通过"openstack volume create"命令创建一个"cinder-volume"卷，大小为 1 GB，命令如下：

```
[root@ openstack ~ ]# openstack volume create --size 1 cinder-volume
+------------------------+------------------------------------------+
| Field                  | Value                                    |
+------------------------+------------------------------------------+
| attachments            | []                                       |
| availability_zone      | nova                                     |
| bootable               | false                                    |
|consistencygroup_id     | None                                     |
| created_at             | 2021-07-08T03:31:23. 000000              |
| description            | None                                     |
| encrypted              | False                                    |
| id                     | 6b726da3-7e77-4e92-b0eb-81449ad52bdb     |
| migration_status       | None                                     |
|multiattach             | False                                    |
| name                   | cinder-volume                            |
| properties             |                                          |
| replication_status     | None                                     |
| size                   | 1                                        |
| snapshot_id            | None                                     |
| source_volid           | None                                     |
| status                 | creating                                 |
| type                   | None                                     |
| updated_at             | None                                     |
| user_id                | 9ee4731c00c24f659b8790be6b77bc8a         |
+------------------------+------------------------------------------+
```

查询当前虚拟机列表，然后通过命令将创建的 cinder-volume 卷连接至云主机上，命令如下：

```
[root@ openstack ~ ]# openstack server list
+----------------------------+----------+----------+----------------------+----------+-------------+
|ID                          |Name      |Status    |Networks              |Image     |Flavor       |
+----------------------------+----------+----------+----------------------+----------+-------------+
```

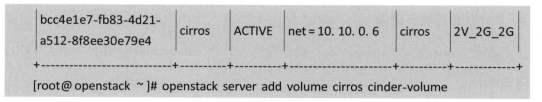

```
bcc4e1e7-fb83-4d21-   cirros   ACTIVE   net = 10. 10. 0. 6   cirros   2V_2G_2G
a512-8f8ee30e79e4
+---------------------+---------+--------+-------------------+--------+-----------+
[root@ openstack ~]# openstack server add volume cirros cinder-volume
```

查看 Volume 列表信息，命令如下：

```
[root@ openstack ~]# openstack volume list
+------------------------+---------------+--------+------+-------------------------+
| ID                     | Name          | Status | Size | Attached to             |
+------------------------+---------------+--------+------+-------------------------+
| 6b726da3-7e77-4e92-    | cinder-volume | in-use | 1    | Attached to cirros on   |
| b0eb-81449ad52bdb      |               |        |      | /dev/vdb                |
+------------------------+---------------+--------+------+-------------------------+
```

通过返回信息可以发现所创建的 Cinder-Volume 卷已经被使用，且被挂载至 cirros 的/dev/vdb 设备上。

（二）使用块存储卷

通过 SSH 连接工具登录 cirros 虚拟机，cirros 镜像可以使用 cirros 用户名和 "cubswin：）" 密码进行远程登录访问。通过 lsblk 命令查询云主机中磁盘信息，命令如下：

```
$ lsblk
NAME        MAJ:MIN RM        SIZE   RO   TYPE  MOUNTPOINT
vda         253:0   0         1G     0    disk
`-vda1      253:1   0         1011. 9M 0   part  /
vdb         253:16  0         1G     0    disk
```

可以在虚拟机中查看到一个 vdb 设备，大小为 1 GB，此设备为挂载的 cinder-volume 卷设备。对此设备进行分区操作，将全部空间划分为一个 vdb1 分区。因为 cirros 用户没有 root 权限，可使用 sudo 命令赋权，命令如下：

```
$ sudo fdisk /dev/vdb
Device contains neither a valid DOS partition table, nor Sun, SGI or OSF disklabel
Building a new DOS disklabel with disk identifier 0xd2a2b791.
Changes will remain in memory only, until you decide to write them.
After that, of course, the previous content won't be recoverable.
```

```
Warning: invalid flag 0x0000 of partition table 4 will be corrected by w(rite)
Command (m for help): n
Partition type:
p    primary (0 primary, 0 extended, 4 free)
e    extended
Select (default p): p
Partition number (1-4, default 1): 1
First sector (2048-2097151, default 2048):
Using default value2048
Last sector,+sectors or +size{K,M,G}(2048-2097151, default 2097151):
Using default value 2097151

Command (m for help): w
The partition table has been altered!

Calling ioct1() to re-read partition table.
Syncing disks.
```

使用"mkfs. ext3"命令对/dev/vdb1 分区进行格式化操作,命令如下:

```
$  sudo mkfs. ext3 /dev/vdb1
mke2fs 1. 42. 2 (27-Mar-2012)
Filesystem label =
OS type: Linux
Block size = 4096 (log = 2)
Fragment size = 4096 (log = 2)
Stride = 0 blocks, Stripe width = 0 blocks
65536 inodes, 261888 blocks
13094 blocks (5. 00% ) reserved for the super user
First data block = 0
Maximum filesystem blocks = 268435456
8 block groups
32768 blocks per group, 32768 fragments per group
8192 inodes per group
Superblock backups stored on blocks:
32768, 98304, 163840, 229376
Allocating group tables: done
Writing inode tables: done
Creating journal (4096 blocks): done
Writing superblocks and filesystem accounting information: done
```

格式化完成后，对分区进行挂载，便可对其进行数据读写操作。将/dev/vdb1 分区挂载至"/mnt"目录下，在该目录中创建一个"cinder"目录和一个"cinder-volume"文件，命令如下：

```
$ sudo mount /dev/vdb1 /mnt/
$ sudo lsblk
NAME            MAJ:MIN RM          SIZE RO   TYPE        MNOUNTPOINT
vda             253:0       0          1G  0   disk
`-vda1          253:1       0     1011.9M  0   part        /
vdb             253:16      0          1G  0   disk
`-vdb1          253:17      0       1023M  0   part        /mnt
$ sudo mkdir /mnt/cinder
$ sudo touch /mnt/cinder-volume
$ 1s /mnt
cinder          cinder-volume           lost+found
```

通过本节内容的学习，了解块存储的使用场景、架构和使用方法。块存储可以简单理解为外接硬盘，在服务器使用过程中，当空间不够用时，可以给服务器插入硬盘。当云主机空间不够时，可以使用块存储卷外接到云主机，扩展云主机的存储空间。块存储卷还可以实现持久化存储，如果数据都存放在云主机的根磁盘，一旦释放云主机，数据也就不复存在了，但是存储在块存储中的数据可以得到保留。

思考题

1. 简述对象存储和块存储的使用场景。

2. 使用对象存储的优势是什么？

3. 块存储使用的底层技术是什么？

4. 为什么要使用块存储，而不是直接使用系统盘？

5. 如何创建和使用动态的 PV 卷？

6. PV 的后端存储卷除了使用 NFS，还能够使用什么存储技术？

7. 简述 PV 的访问模式。

第十章　云计算平台网络服务应用

　　网络服务是云计算平台中一个重要的基础服务，网络服务提供给云服务器以相互访问的环境和云服务器与外部网络通信的需求。管理云服务器通信网络、规划云服务器通信网络、维护云服务器通信网络的安全是云计算工程技术人员必须掌握的能力。

● **职业功能**：云计算平台应用（云计算平台网络服务应用）。

● **工作内容**：创建云计算平台私有网络，为云主机提供网络连接，能够定义安全组策略保护云主机安全。

● **专业能力要求**：能够根据网络使用需求，提供VPC专属私有网络服务；能够根据网络安全需求，提供安全组服务。

● **相关知识要求**：掌握VPC网络知识；掌握安全组知识。

第一节　VPC 专用私有网络

考核知识点及能力要求：

• 了解 IP 地址的划分方法与策略。

• 掌握 VPC 专用私有网络架构与创建方法。

• 掌握路由器的概念与创建方法。

• 能够使用私有云创建 VPC 私有网络并使用。

一、VXLAN 私有网络架构

首先介绍网络中 Underlay 和 Overlay 的概念。Underlay 是指物理网络层，Overlay 是指在物理网络层之上的逻辑网络，又称为虚拟网络。Overlay 建立在 Underlay 的基础上，需要物理网络中的设备两两互联。Overlay 的出现突破了 Underlay 的物理局限性，使网络的架构更为灵活。以 VLAN 为例，在 Underlay 环境下，不同网络的设备需要连接至不同的交换机，如果要改变设备所属的网络，则要调整设备的连线。引入 VLAN 后，调整设备所属网络只需将设备加入目标 VLAN 下，避免了设备的连线调整。

（一）云计算平台下 VLAN 的痛点

平时使用私有云时，最常用的网络模式是 VLAN，在应对用户量不大的情况，VLAN 模式可以应付自如，但是 VLAN 模式也有不足，具体如下。

1. VLAN ID 数量不足

VLAN Header 由 12 bit 组成，理论上限为 4 096 个，可用 VLAN 数量为 1 ~ 4 094 个，

无法满足云环境下的需求。

2. 虚拟机热迁移

云计算场景下，传统服务器变成一个个运行在宿主机上的虚拟机（Virtual Machine，VM）。VM 是运行在宿主机的内存中，所以可以在不中断的情况下从宿主机 A 迁移到宿主机 B，前提是迁移前后 VM 的 IP 和 MAC 地址不能发生变化，这就要求 VM 处在同一个二层网络中。因为在三层环境下，不同 VLAN 使用不同的 IP 段。

3. MAC 表项有限

普通的交换机 MAC 表项有 4 KB 或 8 KB 等，在小规模场景下这不会成为瓶颈。然而在云环境下，每台物理服务器上运行多台 VM，每个 VM 有可能有多张虚拟网卡，MAC 地址会成倍增长，此时交换机的 MAC 表项的最大数量限制将成为必须面对的问题。

（二）针对痛点 VXLAN 的解决方法

VXLAN 模式可以看作是 VLAN 模式的升华，几乎拥有无限的数量，在公有云中被广泛应用，VXLAN 的优点如下。

1. 以多取胜

VXLAN Header 由 24 bit 组成，所以理论上 VNI 的数量为 16 777 216 个，解决了 VLAN ID 数量不足的问题。

在 OpenStack 中，尽管 br-tun 上的 VNI（VXLAN Network Identifier，VXLAN 的标识）数量增多，但br-int 上的网络类型只能是 VLAN，所有 VM 都有一个内外 VNI 转换的过程，将用户层的 VNI 转换为本地层的 VLAN ID。

尽管 br-tun 上 VNI 的数量为 16 777 216 个，但 br-int 上 VLAN ID 只有 4 096 个，那引入 VXLAN 是否有意义？答案是肯定的，以目前的物理机计算能力来说，假设每个 VM 属于不同的 Tenant，1 台物理机上也不可能运行 4 094 个 VM，所以这样映射是有意义的。VXLAN 架构如图 10-1 所示。

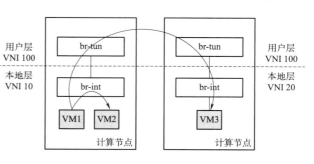

图 10-1　VXLAN 架构

由此可知，所有的 VM 属于同一个 Tenant，尽管在用户层同一 Tenant 的 VNI 一致，但在本地层，同一 Tenant 由 nova-compute 分配的 VLAN ID 可以不一致。同一宿主机上同一 Tenant 的相同 Subnet 之间的 VM 相互访问不需要经过内外 VNI 转换，而不同宿主机上相同 Tenant 的 VM 之间相互访问则需要经过 VNI 转换。

2. 暗度陈仓

如图 10-2 所示，VM 的热迁移需要迁移前后 IP 和 MAC 地址不能发生任何改变，所以需要 VM 处于一个二层网络中。VXLAN 可以将原有的报文进行再次封装，利用 UDP 进行传输，因而也称为 MAC In UDP，表面上传输的是封装后的 IP 和 MAC，实际传播的是封装前的 IP 和 MAC。

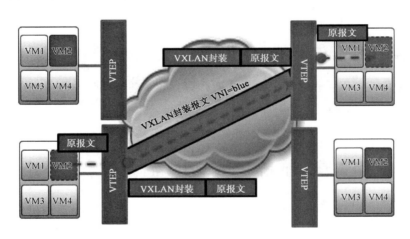

图 10-2　VXLAN 封装报文

3. 销声匿迹

在云环境下，接入交换机的表项大小会成为瓶颈，解决这个问题的方法无外乎两种。

第一种，扩大表项。更高级的交换机有更大的表项，使用高级交换机取代原有接入交换机，此举会增加交换机设备成本。

第二种，隐藏 MAC 地址。在不增加成本的前提下，使用 VXLAN 也能取得同样的效果。通过前文可知，VXLAN 是对原有的报文再次封装，实现 VXLAN 功能的 VTEP（VXLAN Tunnel End Point，VXLAN 隧道的终点）角色可以位于交换机或者 VM 所在的宿主机中。如果 VTEP 角色位于宿主机上，接入交换机只会学习经过再次封装后 VTEP

的 MAC 地址，不会学习宿主机上 VM 的 MAC 地址。

图 10-3 所示为 VTEP 角色实现 VXLAN 功能的过程。

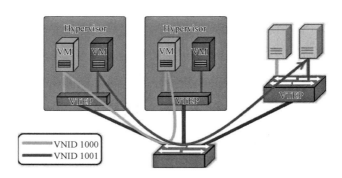

图 10-3 VTEP 角色实现 VXLAN 功能的过程

（三）VXLAN 报文

VXLAN 报文是在原有报文基础上再次进行封装来实现三层传输二层的目的。如图 10-4 所示，原有封装后的报文成为 VXLAN 的 Data 部分，VXLAN Header 为 VNI，IP 层 Header 为源和目的 VTEP 地址，链路层 Header 为源 VTEP 的 MAC 地址和到目的 VTEP 的下一个设备 MAC 地址。

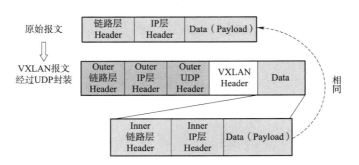

图 10-4 VXLAN 报文

二、 VPC 专用网络的创建

通过案例介绍如何在私有云计算平台创建 VPC 私有网络的步骤与流程。

（一）创建网络

在云计算平台中，用户默认创建的网络模式为 VXLAN，通过 "openstack network create" 命令创建 int1 网络，命令如下：

```
[root@ openstack ~]# openstack network create int1
+----------------------------+--------------------------------------+
| Field                      | Value                                |
+----------------------------+--------------------------------------+
| admin_state_up             | UP                                   |
| availability_zone_hints    |                                      |
| availability_zones         |                                      |
| created_at                 | 2021-07-09T03:03:38Z                 |
| description                |                                      |
| dns_domain                 | None                                 |
| id                         | 6695bee3-57bd-4f46-a73a-ea6dfa7500ac |
| ipv4_address_scope         | None                                 |
| ipv6_address_scope         | None                                 |
| is_default                 | False                                |
| is_vlan_transparent        | None                                 |
|mtu                         | 1450                                 |
| name                       | int1                                 |
| port_security_enabled      | True                                 |
| project_id                 | 55b50cbb4dd4459b873cb15a8b03db43     |
| provider:network_type      | vxlan                                |
| provider:physical_network  | None                                 |
| provider:segmentation_id   | 44                                   |
| qos_policy_id              | None                                 |
| revision_number            | 2                                    |
| router:external            | Internal                             |
| segments                   | None                                 |
| shared                     | False                                |
| status                     | ACTIVE                               |
| subnets                    |                                      |
| tags                       |                                      |
| updated_at                 | 2021-07-09T03:03:39Z                 |
+----------------------------+--------------------------------------+
```

通过返回信息可以查看关于 int1 网络的信息，其中"provider：network_ type"字段表示当前网络为 VXLAN 模式，" provider：segmentation_ id"字段为当前 VXLAN 网络的 VNI。

通过"openstacknetwork create"命令创建一个 VXLAN 网络"int2"，命令如下：

```
[root@ openstack ~]# openstack network create int2
+-------------------------------+-------------------------------------------------------+
| Field                         | Value                                                 |
+-------------------------------+-------------------------------------------------------+
| admin_state_up                | UP                                                    |
| availability_zone_hints       |                                                       |
| availability_zones            |                                                       |
| created_at                    | 2021-07-09T05:34:58Z                                  |
| description                   |                                                       |
| dns_domain                    | None                                                  |
| id                            | a9d40050-c16c-4163-95bf-a8a32ac026f8                  |
| ipv4_address_scope            | None                                                  |
| ipv6_address_scope            | None                                                  |
| is_default                    | False                                                 |
| is_vlan_transparent           | None                                                  |
|mtu                            | 1450                                                  |
| name                          | int2                                                  |
| port_security_enabled         | True                                                  |
| project_id                    | 55b50cbb4dd4459b873cb15a8b03db43                      |
| provider:network_type         | vxlan                                                 |
| provider:physical_network     | None                                                  |
| provider:segmentation_id      | 28                                                    |
| qos_policy_id                 | None                                                  |
| revision_number               | 2                                                     |
| router:external               | Internal                                              |
| segments                      | None                                                  |
| shared                        | False                                                 |
| status                        | ACTIVE                                                |
| subnets                       |                                                       |
| tags                          |                                                       |
| updated_at                    | 2021-07-09T05:34:58Z                                  |
+-------------------------------+-------------------------------------------------------+
```

（二）创建子网

通过命令创建的 int1 网络只是一个网络模式，并不能直接进行使用，需要在 int1 网络中创建子网。通过使用"openstack subnet create"命令创建"int1-subnet"子网，网段使用"10.10.1.0/24"，命令如下：

```
[root@ openstack ~ ]# openstack subnet create --subnet-range 10. 10. 1. 0/24 --network
int1 int1-subnet
+------------------------+------------------------------------------------+
| Field                  | Value                                          |
+------------------------+------------------------------------------------+
| allocation_pools       | 10. 10. 1. 2-10. 10. 1. 254                    |
|cidr                    | 10. 10. 1. 0/24                                |
| created_at             | 2021-07-09T03:25:52Z                           |
| description            |                                                |
| dns_nameservers        |                                                |
| enable_dhcp            | True                                           |
| gateway_ip             | 10. 10. 1. 1                                   |
| host_routes            |                                                |
| id                     | 40ccd397-bfde-4590-82e4-dc1a26064a2e           |
| ip_version             | 4                                              |
| ipv6_address_mode      | None                                           |
| ipv6_ra_mode           | None                                           |
| name                   | int1-subnet                                    |
| network_id             | 6695bee3-57bd-4f46-a73a-ea6dfa7500ac           |
| project_id             | 55b50cbb4dd4459b873cb15a8b03db43               |
| revision_number        | 0                                              |
| segment_id             | None                                           |
| service_types          |                                                |
|subnetpool_id           | None                                           |
| tags                   |                                                |
| updated_at             | 2021-07-09T03:25:52Z                           |
+------------------------+------------------------------------------------+
```

通过命令在 int2 网络中创建子网。通过"openstack subnet create"命令创建"int2-subnet"子网，网段使用"10. 10. 2. 0/24"，命令如下：

```
[root@ openstack ~ ]# openstack subnet create --subnet-range 10. 10. 2. 0/24 --network
int2 int2-subnet
+------------------------+------------------------------------------------+
| Field                  | Value                                          |
+------------------------+------------------------------------------------+
| allocation_pools       | 10. 10. 2. 2-10. 10. 2. 254                    |
|cidr                    | 10. 10. 2. 0/24                                |
```

```
| created_at          | 2021-07-09T05:36:43Z                 |
| description         |                                      |
| dns_nameservers     |                                      |
| enable_dhcp         | True                                 |
| gateway_ip          | 10. 10. 2. 1                         |
| host_routes         |                                      |
| id                  | 95dc3fcc-7641-4e1c-9aed-f799c6129b68 |
| ip_version          | 4                                    |
| ipv6_address_mode   | None                                 |
| ipv6_ra_mode        | None                                 |
| name                | int2-subnet                          |
| network_id          | a9d40050-c16c-4163-95bf-a8a32ac026f8 |
| project_id          | 55b50cbb4dd4459b873cb15a8b03db43     |
| revision_number     | 0                                    |
| segment_id          | None                                 |
| service_types       |                                      |
|subnetpool_id        | None                                 |
| tags                |                                      |
| updated_at          | 2021-07-09T05:36:43Z                 |
+---------------------+--------------------------------------+
```

至此，VPC 私有网络创建完毕。接下来创建云主机，使用创建的 VPC 私有专用网络。

三、虚拟机的创建

通过案例介绍在私有云中创建云主机并使用 VPC 私有网络。

（一）使用网络创建虚拟机

使用网络创建虚拟机之前，需要查询网络 ID 信息。通过 "openstack network list" 命令查询所创建的 int1、int2 网络信息，命令如下：

```
[root@ openstack ~ ]# openstack network list
+-------------------------------+-----------+-------------------------------+
| ID                            | Name      | Subnets                       |
+-------------------------------+-----------+-------------------------------+
| 19b09afc-60f6-4f18-           |           | ad726677-174f-4acb-           |
| b1ad-ac7f7f693fd8             | net       | 8ae5-88e40db3713a             |
```

| 6695bee3-57bd-4f46-a73a-ea6dfa7500ac | int1 | 40ccd397-bfde-4590-82e4-dc1a26064a2e |
| a9d40050-c16c-4163-95bf-a8a32ac026f8 | int2 | 95dc3fcc-7641-4e1c-9aed-f799c6129b68 |

通过"openstack server create"命令，使用 cirros 镜像、1V_1G_1G 云主机类型、int1 网络创建一个"int1-vm"云服务器，命令如下：

```
[root@ openstack ~ ]# openstack server create --flavor centos --image cirros-raw --nic
net-id = 6695bbe3-57bd-4f46-a73a-ea6dfa7500ac int1-vm
+------------------------------+---------------------------------------------------+
| Field                        | Value                                             |
+------------------------------+---------------------------------------------------+
| OS-DCF:diskConfig            | MANUAL                                            |
| OS-EXT-AZ:availability_zone  |                                                   |
| OS-EXT-SRV-ATTR:host         | None                                              |
| OS-EXT-SRV-ATTR:hypervisor_hostname | None                                       |
| OS-EXT-SRV-ATTR:instance_name |                                                  |
| OS-EXT-STS:power_state       | NOSTATE                                           |
| OS-EXT-STS:task_state        | scheduling                                        |
| OS-EXT-STS:vm_state          | building                                          |
| OS-SRV-USG:launched_at       | None                                              |
| OS-SRV-USG:terminated_at     | None                                              |
| accessIPv4                   |                                                   |
| accessIPv6                   |                                                   |
| addresses                    |                                                   |
| adminPass                    | zdxSe4vFTJ99                                       |
| config_drive                 |                                                   |
| created                      | 2021-07-09T05:47:34Z                              |
| flavor                       | 1V_1G_1G(8061e989-dc66-468e-9393-779b62db2eb2)    |
| hostId                       |                                                   |
| id                           | d11a15af-59e9-4982-b5d0-fbef0c6bb9f2              |
| image                        | cirros(04a70d3c-2268-4e04-9ae1-a9a763edbd6d)     |
| key_name                     | None                                              |
| name                         | int1-vm                                           |
```

```
| progress           | 0                                  |
| project_id         | 55b50cbb4dd4459b873cb15a8b03db43   |
| properties         |                                    |
| security_groups    | name = 'default'                   |
| status             | BUILD                              |
| updated            | 2021-07-09T05:47:34Z               |
| user_id            | 9ee4731c00c24f659b8790be6b77bc8a   |
| volumes_attached   |                                    |
+--------------------+------------------------------------+
```

通过"openstack server create"命令，使用 cirros 镜像、1V_1G_1G 云主机类型、int2 网络创建一个"int2-vm"云服务器，命令如下：

```
[root@ openstack ~]# openstack server create --flavor 1V_1G_1G --image cirros --nic net-id = a9d40050-c16c-4163-95bf-a8a32ac026f8 int2-vm
+----------------------------------+-------------------------------------------------+
| Field                            | Value                                           |
+----------------------------------+-------------------------------------------------+
| OS-DCF:diskConfig                | MANUAL                                          |
| OS-EXT-AZ:availability_zone      |                                                 |
| OS-EXT-SRV-ATTR:host             | None                                            |
| OS-EXT-SRV-ATTR:hypervisor_hostname| None                                          |
| OS-EXT-SRV-ATTR:instance_name    |                                                 |
| OS-EXT-STS:power_state           | NOSTATE                                         |
| OS-EXT-STS:task_state            | scheduling                                      |
| OS-EXT-STS:vm_state              | building                                        |
| OS-SRV-USG:launched_at           | None                                            |
| OS-SRV-USG:terminated_at         | None                                            |
| accessIPv4                       |                                                 |
| accessIPv6                       |                                                 |
| addresses                        |                                                 |
| adminPass                        | X8ZELd2Lcm5R                                    |
| config_drive                     |                                                 |
| created                          | 2021-07-09T05:49:35Z                            |
| flavor                           | 1V_1G_1G(8061e989-dc66-468e-9393-779b62db2eb2)  |
| hostId                           |                                                 |
| id                               | 898d16e6-c25a-4fa2-811f-91b79a68c01b            |
| image                            | cirros(04a70d3c-2268-4e04-9ae1-a9a763edbd6d)    |
```

```
| key_name            | None                                |
| name                | int2-vm                             |
| progress            | 0                                   |
| project_id          | 55b50cbb4dd4459b873cb15a8b03db43    |
| properties          |                                     |
| security_groups     | name = 'default'                    |
| status              | BUILD                               |
| updated             | 2021-07-09T05:49:35Z                |
| user_id             | 9ee4731c00c24f659b8790be6b77bc8a    |
| volumes_attached    |                                     |
+---------------------+-------------------------------------+
```

（二）查看网络拓扑

登录 Dashboard 页面，选择左侧菜单栏"项目→网络→网络拓扑"菜单命令，查看当前网络拓扑图。网络拓扑如图 10-5 所示，所创建的 int1 和 int2 两个网络为独立的网络，中间不进行连通通信。

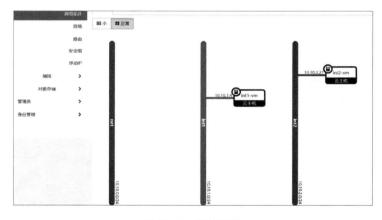

图 10-5　网络拓扑

至此，云主机创建完毕，网络使用的是创建的 VPC 私有网络，但此时该网络不能互相通信，还需要借助路由，下面创建路由进行网络连接。

四、路由创建使用

在网络实际使用过程中，有时可能需要将两个专用私有网络连通，这时就可以使用路由器将它们连接起来。路由使用的组件与连通内部网络相同，使用 Namespace 创建一个隔离的 Container，允许 Subnet 间的网络包进行中转。

通过"openstack router create"命令创建一个路由器"router1"，命令如下：

```
[root@ openstack ~]# openstack router create router1
+-----------------------+----------------------------------------+
| Field                 | Value                                  |
+-----------------------+----------------------------------------+
| admin_state_up        | UP                                     |
| availability_zone_hints |                                      |
| availability_zones    |                                        |
| created_at            | 2021-07-09T06:29:36Z                   |
| description           |                                        |
| distributed           | False                                  |
| external_gateway_info | None                                   |
| flavor_id             | None                                   |
| ha                    | False                                  |
| id                    | 23f7781c-9166-4561-b8dd-1fd28d191469   |
| name                  | router1                                |
| project_id            | 55b50cbb4dd4459b873cb15a8b03db43       |
| revision_number       | 1                                      |
| routes                |                                        |
| status                | ACTIVE                                 |
| tags                  |                                        |
| updated_at            | 2021-07-09T06:29:36Z                   |
+-----------------------+----------------------------------------+
```

通过"openstack router add"命令将 int1-subnet 和 int2-subnet 子网接口添加至路由器 router1 中，命令如下：

```
[root@ openstack ~]# openstack router add subnet router1 int1-subnet
[root@ openstack ~]# openstack router add subnet router1 int2-subnet
```

登录 Dashboard 页面，选择左侧菜单栏"项目→网络→网络拓扑"菜单命令，查看当前网络拓扑图。如图 10-6 所示，可以发现所创建的 int1 和 int2 两个网络直接通过 router1 设备进行连接，int1 和 int2 网络的网关存在于 router1 设备上，这样两个网络就可以直接相互访问了。

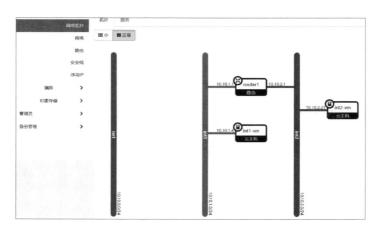

图 10-6　网络拓扑

选择左侧菜单栏"项目→资源管理→云主机"菜单命令，查看当前项目云主机列表，在 int2-vm 云主机后的下拉菜单中选择"控制台"命令，进入云主机控制台界面。进入控制台界面后，使用 cirros 用户名和"cubswin:)"密码进行登录访问，用户名密码在控制台界面有提示信息，如图 10-7 所示。

```
Connected (unencrypted) to: QEMU (instance-00000005)                Send CtrlA
[    3.547809] Freeing unused kernel memory: 920k freed
[    3.590306] Write protecting the kernel read-only data: 12288k
[    3.637786] Freeing unused kernel memory: 1596k freed
[    3.672546] Freeing unused kernel memory: 1184k freed

further output written to /dev/ttyS0

login as 'cirros' user. default password: 'cubswin:)'. use 'sudo' for root.
int2-vm login:
login as 'cirros' user. default password: 'cubswin:)'. use 'sudo' for root.
int2-vm login: cirros
Password:
$ ip a
1: lo: <LOOPBACK,UP,LOWER_UP> mtu 16436 qdisc noqueue
    link/loopback 00:00:00:00:00:00 brd 00:00:00:00:00:00
    inet 127.0.0.1/8 scope host lo
    inet6 ::1/128 scope host
       valid_lft forever preferred_lft forever
2: eth0: <BROADCAST,MULTICAST,UP,LOWER_UP> mtu 1450 qdisc pfifo_fast qlen 1000
    link/ether fa:16:3e:2d:73:3d brd ff:ff:ff:ff:ff:ff
    inet 10.10.2.21/24 brd 10.10.2.255 scope global eth0
    inet6 fe80::f816:3eff:fe2d:733d/64 scope link
       valid_lft forever preferred_lft forever
$
```

图 10-7　控制台访问

使用 int2-vm 云主机控制台对 int1-vm 云主机进行访问测试，使用 ping 命令测试连通性。此时，int2-vm 云主机可以通过 router1 路由器访问 int1-vm 云主机。

通过本节内容的学习，了解 VXLAN 的工作模式、路由的工作原理，掌握 VPC 私有云网络的创建与连接，掌握路由器的创建使用，能通过路由器连通专用私有网络。与公有云相比，私有云计算平台中的网络模式并不复杂，感兴趣的读者可以更深入地学习云计算平台网络。

第二节　安全组服务

考核知识点及能力要求：

- 了解基础网络协议。
- 掌握云计算平台安全组配置的方法。
- 能够使用云计算平台安全组管理访问连接。

一、基础网络协议

在使用云计算平台中的安全组服务之前，先了解一下常用的基础网络协议。

（一）ICMP 协议

ICMP（Internet Control Message Protocol，Internet 控制报文协议）是 TCP/IP 协议簇的一个子协议，用于在 IP 主机、路由器之间传递控制消息。控制消息是指网络是否通畅、主机是否可达、路由是否可用等网络本身的消息。这些控制消息虽然并不传输用户数据，但是对用户数据的传递起着重要作用。

ping 命令是用来探测本机与网络中另一主机之间是否能通信的命令，如果两台主机之间 ping 不通，则表明这两台主机不能建立连接。ping 是定位网络连通性的一个重要手段，是基于 ICMP 协议来工作的，ping 命令会发送一份 ICMP 回显请求报文给目标主机，并等待目标主机返回 ICMP 回显应答。因为 ICMP 协议会要求目标主机在收到消息之后，必须返回 ICMP 应答消息给源主机，如果源主机在一定时间内收到了目标主机的应答，则表明两台主机之间网络是可达的。

（二）TCP

传输控制协议（Transmission Control Protocol，TCP）是一种面向连接的、可靠的、基于字节流的传输层通信协议，由 IETF（国际互联网工程任务组）的 RFC793 定义。TCP 旨在适应支持多网络应用的分层协议层次结构。网络中计算机中进程之间依靠 TCP 提供可靠的通信服务。TCP 假设可以从较低级别的协议获得简单的、可能不可靠的数据报服务。原则上，TCP 应该能够在从硬线连接到分组交换或者电路交换网络的各种通信系统上操作。

SSH（Secure Shell）协议由 IETF 的网络小组（Network Working Group）制定，是建立在应用层基础上的安全协议。SSH 专为远程登录会话和其他网络服务提供安全性的协议。SSH 在正确使用时可以弥补网络中的漏洞，利用 SSH 协议可以有效避免远程管理过程中的信息泄露问题。SSH 最初是 UNIX 系统上的一个程序，后来又迅速扩展到其他操作平台，其客户端适用于多种平台，例如，几乎所有 UNIX 平台（包括 HP-UX、Linux、AIX、Solaris、Digital UNIX、Irix 以及其他平台）都可以运行 SSH。

（三）UDP

用户数据报协议（User Datagram Protocol，UDP）是一种无连接的简单的面向数据报的传输层通信协议，RFC768 描述了 UDP 。UDP 不提供可靠性，只是把应用程序传给 IP 层的数据报发送出去，但是并不能保证这些数据报能到达目的地。由于 UDP 在传输数据报前不用在客户和服务器之间建立一个连接，且没有超时重发等机制，故而传输速度很快。

UDP 主要用于不要求分组顺序到达的传输中，提供面向事务的简单不可靠信息传送服务。UDP 协议基本上是 IP 协议与上层协议的接口，适用端口分别运行在同一台设备上的多个应用程序。

二、安全组的定义和规则

安全组（Security Group）是一些规则的集合，用来对虚拟机的访问流量加以限制，对应到底层，就是给虚拟机所在的宿主机添加 Iptables 规则。

管理员可以定义 N 个安全组，每个安全组可以有 N 个规则，也可以给每个实例绑定 N 个安全组。Nova 中总是有一个 Default 安全组，这个是不能被删除的。创建实例时，如果不指定安全组，会默认使用 Default 安全组。

安全组主要是用于主机防护，针对每一个 Port 做网络访问控制，所以其更像一个主机防火墙。

安全组定义的是允许通过的规则集合，即规则的动作就是 ACCEPT。换句话说，定义的是白名单规则，因此如果虚拟机关联的是一个空规则安全组，则虚拟机既出不去也进不来。因为是白名单规则，所以无所谓安全组规则的顺序，而且一个虚拟机 Port 可以同时关联多个安全组，此时相当于规则集合的并集。

每个安全组中的关联规则控制着组中访问实例的流量。任何进入的流量与规则不匹配将会默认被拒绝。用户可以在安全组中添加或者删除规则，并且可以修改默认的或任何其他安全组中的规则，来允许通过不同的端口和协议访问实例。例如，用户可以为实例上运行的 DNS 修改规则来允许通过 SSH 访问实例、Ping 通实例或者允许 UDP 流量。

三、安全组配置

下面通过案例进行安全组的配置，具体步骤如下。

（一）管理安全规则

打开浏览器访问"http://192.168.100.10/dashboard"，使用管理员用户登录云管理平台。

1. 创建云主机

利用所创建的 flat 网络 net，创建云主机 test，测试本机与云主机连通性，如图 10-8 所示。

在本机上打开 CMD 命令窗口，通过"ping 10.10.0.3"命令测试网络连通性，如图 10-9 所示。

2. 配置规则

在 Dashboard 界面中，选择左侧导航栏"项目→网络→安全组"菜单命令，在"安全组"页面单击"管理规则"按钮。在跳转对话框中添加 ICMP 协议入口规则和出口规则，然后单击"添加"按钮，如图 10-10、图 10-11 所示。

图 10-8　云主机列表

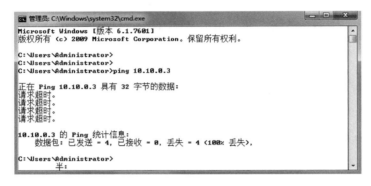

图 10-9　测试网络连通性

图 10-10　添加 ICMP 入口规则

按照同样的操作添加 TCP 入口规则和出口规则。再次按照同样的操作添加 UDP 入口规则和出口规则。

3. 测试网络连通性

配置完成安全规则后，测试本机与云主机的连通性，命令如下：

图 10-11　添加 ICMP 出口规则

```
Microsoft Windows [版本 6.1.7601]
版权所有<c> 2009 Microsoft Corporation。保留所有权利。
c:\Users\Administrator>ping 10.10.0.3
正在 Ping 10.10.0.3 具有 32 字节的数据:
来自 10.10.0.3 的回复:字节=32 时间<1ms TTL=64
来自 10.10.0.3 的回复:字节=32 时间<1ms TTL-64
来自 10.10.0.3 的回复:字节=32 时间<1ms TTL-64
来自 10.10.0.3 的回复:字节-32 时间<1ns TTL-64
10.10.0.3 的 Ping 统计信息:
数据包:已发送 =4 ,已接收 = 4,丢失 = 0 <0% 丢失>,往返行程的估计的时间<以
毫秒为单位>:
最短= 0ms, 最长 = 0ms,平均 = 0ms
```

（二）创建安全组

通过"openstack security group create"命令创建安全组"test"，命令如下：

```
[root@ controller ~]# openstack security group create test --description ceshi
+------------------+------------------------------------------------------------+
| Field            | value                                                      |
+------------------+------------------------------------------------------------+
| created_at       | 2021-07-09T09:15:39Z                                       |
| description      | ceshi                                                      |
| id               | 492d920f-c4bc-42bf-ad59-794fb9e986c9                       |
| name             | test                                                       |
| project_id       | 55b50cbb4dd4459b873cb15a8b03db43                           |
| revision-number  | 2                                                          |
```

| rules | created_at = '2021-07-09T09:15:39Z', direction = 'egress', ethertype = 'IPv6', id = '9ba1195c-89c6-4ff2-a501-db876665598c', updated_at = '2021-07-09T09:15:39Z' created_at = '2021-07-09T09:15:39Z', direction = 'egress', ethertype = 'IPv4', id = 'f9fd0053-522f-4a48-9a0e-de4a2abc6dbd', updated_at = '2021-07-09T09:15:39Z' |
| updated_at | 2021-07-09T09:15:39Z |

通过"openstack security group list"命令查询安全组列表，命令如下：

```
[root@ controller ~]# openstack security group list
```

ID	Name	Description	Project
492d920f-c4bc-42bf-ad59-794fb9e986c9	test	ceshi	55b50cbb4dd4459b873cb15a8b03db43
7cf5e817-6090-49d5-9482-b457ed065d75	default	Defaultsecyruty group	55b50cbb4dd4459b873cb15a8b03db43
7fabf6a4-472d-413f-bc79-bc95034f896e	default	Defaultsecyruty group	a184a157399043c2a40abc52df0459a2

通过"openstack security group delete"命令删除所创建的安全组，命令如下：

```
# openstack security group delete test
```

通过本节内容的学习，可以了解常用的基础网络协议，掌握云计算平台安全组的创建与配置、安全组规则的创建。在云计算平台中，安全组策略是一道保护屏障，类似于防火墙。在后续实战练习中使用安全组规则，保障云主机或应用的安全。

思考题

1. 私有云的 VPC 私有网络和公有云的 VPC 私有网络有区别吗？

2. 简述 VXLAN 这种网络架构的优势。

3. 云计算平台中路由的作用是什么？

4. 云计算平台的安全组是基于什么实现的？

5. 能否将云计算平台的安全组看作一个防火墙，为什么？

第四篇
云安全管理

　　云计算相关的安全问题被统称为云安全，这一概念包含两个方面的含义。一是云计算本身的安全保护，通常称为云计算安全，主要是针对云计算自身存在的安全隐患，研究相应的安全防护措施和解决方案，如云计算安全体系架构、云计算应用服务安全、云计算数据保护等，云计算安全是云计算健康可持续发展的重要前提。二是使用云的形式提供和交付的安全，这也是云计算技术在信息安全领域的具体应用，称为安全云计算，主要利用云计算架构，采用云服务模式，实现安全的服务化或者统一安全监控管理。目前，云计算有三种典型的交付模式：

- 软件即服务（SaaS），提供给用户以服务的方式使用应用程序的能力。
- 平台即服务（PaaS），提供给用户在云基础设施上部署和使用开发环境的能力。
- 基础设施即服务（IaaS），提供给用户以服务的方式使用处理器、存储、网络以及其他基础计算资源的能力。

　　核心服务层中的 SaaS 及 PaaS 均是以 IaaS 为基础的，所以 IaaS 的安全决定整个云计算平台的安全。

　　近年来云计算安全能力备受关注，影响企业的选择。2020 年中国信息通信研究院的云计算发展调查报告显示，42.4% 的企业在选择公有云服务商时会考虑服务安全性，43% 的企业在私有云安全上的投入占 IT 总投入的 10% 以上，较上年提升了 4.8%。企业如何构建安全的云平台成为上云的关键要素。

第十一章 云计算平台设备安全管理

云计算平台设备安全管理是云计算平台对外提供服务的第一道屏障。硬件安全管理包括防火墙、上网行为管理设备的上架，设备间的连线、配置等；设置管理员复杂密码、配置管理员权限、部署堡垒机服务等。

- ●**职业功能**：云安全管理（云计算平台设备安全管理）。
- ●**工作内容**：配置防火墙与上网行为管理设备的连接，对服务器设置复杂密码与用户管理，配置堡垒机服务，保障服务器安全。
- ●**专业能力要求**：能够根据硬件设备上网需求，配置与连接服务器、防火墙和上网行为管理设备等；能够设置复杂服务器管理员密码，并定期更换；能够配置服务器的管理员登录权限；能够使用堡垒机管理服务器、网络设备等。
- ●**相关知识要求**：掌握防火墙配置知识；掌握上网行为管理设备配置知识；掌握服务器密码与权限配置知识；掌握堡垒机使用知识。

第一节　防火墙与上网行为管理设备

考核知识点及能力要求：

- 了解防火墙设备的基本信息。
- 了解上网行为管理设备的基本信息。
- 掌握防火墙与上网行为管理设备基本连接的方法。
- 能够配置防火墙、上网行为管理与云计算平台设备的连接。

一、防火墙设备

防火墙是云计算数据中心机房必不可少的硬件设备，关系到云数据中心机房是否可以对外访问，云数据中心机房的安全性、访问控制等。

（一）防火墙简介

防火墙是一个由软件和硬件设备组合而成、架设在内部网络和外部网络之间以及专用网络与公共网络之间的保护屏障，是一种获取安全性方法的形象说法。防火墙可以由一台路由器构成，也可以由一台或一组主机构成。一般放置在内外网的接口处，用来过滤进出网络的数据包，即按照系统管理员预先定义好的规则控制数据包的进出。它常运用在大型机房中。

如图 11-1 所示，在 Internet（互联网）与 Intranet（内联网）之间建立起一个 Security Gateway（安全网关），从而使内部网络避免非法用户入侵。防火墙主要由服务访问规则、验证工具、包过滤和应用网关 4 个关键部分组成。

　　防火墙实际上就是一个位于计算机和其所连接的网络之间的软件或者硬件，计算机流入流出的所有网络通信都需要通过防火墙，常运行在大型机房中。

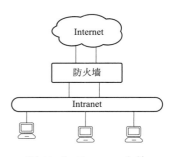

图 11-1　Internet 上的
防火墙结构

（二）防火墙的作用功能

　　防火墙设备具有良好的保护功能。外部入侵者想要入侵目标计算机，必须首先穿越防火墙的第一道安全防线，才可以接触到目标计算机。用户可以将防火墙配置成不同的安全保护级别，级别越高安全性能越高，但是往往高级别的保护会禁用掉一些服务，如视频流等。

　　防火墙对流经的网络进行安全扫描，如此便会过滤掉一些潜在的攻击，以免其在目标计算机上被执行。防火墙可以关闭不使用的网络端口，而且能禁止特定的网络端口的流出通信，封锁木马。它还可以禁止来自特殊站点的访问，从而防止来自不明入侵者的所有通信。

（三）防火墙技术类型

　　根据工作原理，防火墙技术可以分为包过滤技术、应用代理技术、状态检测技术。

1. 包过滤技术

　　包过滤技术是一种最早使用的防火墙技术，其第一代是"Static Packet Filtering"（静态包过滤）。使用包过滤技术的防火墙通常工作在 OSI 模型中的 Network Layer（网络层）之上，后来发展为"Dynamic Packet Filtering"（动态包过滤），在此之上增加了 Transport Layer（传输层）。简而言之，包过滤技术工作的地方就是基于 TCP/IP 协议的数据报文进出的通道，把这两层作为数据监控的对象，对每个数据包的头部、协议、地址、端口、类型等信息进行分析，并与预先设定好的防火墙过滤规则进行核对，一旦发现某个包的某个或多个部分与过滤规则相匹配，并且条件为阻止的时候，这个包就会被丢弃。适当设置包过滤规则，可以让防火墙变得更加安全有效，但是这种技术只能根据预设的过滤规则进行判断，一旦出现管理员意料之外的有害数据包，那防火墙就形同虚设。为解决这个问题，人们对包过滤技术进行了改进，改进后的技术就是动态包过滤技术，该技术在保持原有的静态包过滤的技术和过滤规则的基础上，会对已经成功与计算机连接的报文传输进行跟踪，并且判断该连接所发送的数据包是否会对系统构成威胁，一旦触发自身判断机制，防火墙就会自动产生新的过滤规则，或者对已经存在的过滤规则进行修改，从而阻止该有害数据的继续传输。但由于动态包过滤需要消耗额外的资源和时间来提取数据包内容，进行判断处理，因此与静态包过滤相比，运行效率会大幅度降低。

基于包过滤技术的防火墙设备，其优点是对用户透明，处理速度快且易于维护。其缺点是非法访问一旦突破防火墙，即可对主机上的软件和配置漏洞进行攻击。同时，正常工作的前提都依赖过滤规则的实施，又不能满足建立精细规则的要求，且只能在网络层和传输层工作，并不断判断高级协议里的数据是否有害。

2. 应用代理技术

由于包过滤技术无法提供完善的数据保护措施，而一些特殊的报文攻击仅靠包过滤技术方法并不能消除危害，如 SYN 攻击、ICMP 洪水攻击等，因此需要一种更全面的保护技术，这样就衍生出应用代理技术类型的防火墙。

这种代理技术的防火墙使用代理服务器的方式应用于内部网络和外部网络之间，在应用层上实现安全控制功能，起到内联网络和外联网络之间应用服务的转接作用。

3. 状态检测技术

状态检测防火墙采用了状态检测包过滤技术，等同于继包过滤技术和应用代理技术后的扩展。状态检测防火墙在网络层上有一个检查引擎，截获数据包并抽取出与应用层状态有关的信息，并以此为依据判断是否接受该连接，所以这种技术提供了高度安全的解决方案，同时具备良好的适应性和扩展性。

状态检测防火墙基本保持了简单包过滤防火墙的优点，性能相对稳定，同时对应用是透明的，在此基础上对安全性有了很大提升。这种防火墙摒弃了简单包过滤防火墙，仅考察进出网络的数据包，不关心数据包状态的缺点，在防火墙的核心部分建立状态连接表，维护了连接，将进出的数据当成每个事件来处理。可以说，应用代理型防火墙是规范了特定的应用协议上的行为，而状态检测包过滤防火墙则是规范了网络层和传输层的行为。

二、上网行为管理设备

上网行为管理能够有效规范用户的上网行为、保障内部信息安全、防止带宽资源滥用、防止无关网络行为影响工作效率、记录上网轨迹满足法规要求、管控外发信息降低泄密风险、掌握组织动态、优化用户管理、为网络管理与优化提供决策依据等。目前上网行为管理设备的使用越来越广泛，下面将介绍它的定义与连接。

（一）上网行为管理设备的定义

上网行为管理设备是专门用于防止在网络上进行非法信息传播，避免国家重要信息和商业及科研成果机密泄露的产品，它可以用来实时监控、管理网络资源的使用情况，提高整体工作效率。上网行为管理设备经常适用于实施内容审计与行为监控、行为管理的环境，尤其是按等级计算机信息系统安全保护的相关单位或部门。

（二）上网行为管理设备的连接

上网行为管理设备在进行连接部署时，与路由器、交换机、防火墙之间的连接有一定的顺序，防火墙主要用来防止黑客入侵以及病毒、木马的袭击。上网行为管理是在审计内网人员上网时使用，这样一来防火墙就需要放置在上网行为管理设备之前，依次为"路由器→防火墙→上网行为管理设备→核心交换机"，其连接拓扑如图 11-2 所示。通俗来讲，防火墙是防盗门，而上网行为管理设备就等同于室内门。

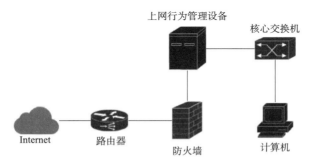

图 11-2　上网行为管理设备的连接拓扑图

一般来说，这种顺序比较烦琐且设备众多，在部署上网行为管理设备时不一定要求使用硬件设备，同样可以采取软件的方式进行部署。如使用 WFilter，如果采用这种软件旁路连接的方式，那么行为管理设备就要连接在核心交换机上，顺序结构依次为"路由器→防火墙→核心交换机→上网行为管理设备（旁路部署）"，连接拓扑如图 11-3 所示。

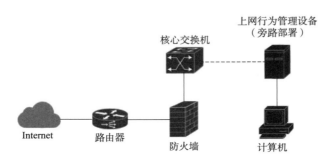

图 11-3　上网行为管理设备（旁路部署）的连接拓扑图

通过本节内容的学习，可以了解防火墙设备、上网行为管理设备的基本信息及作用，掌握设备间的连线部署。使用好防火墙与上网行为管理设备，可以有效保障云计算数据中心安全。

第二节　密码与权限管理

考核知识点及能力要求：

- 了解服务器密码管理的方法。
- 掌握设置复杂密码的方法。
- 掌握用户与组的管理。
- 能够对服务器进行密码管理、用户管理和权限管理。

一、密码管理制度

机房工作人员应当遵守机房服务器密码管理制度。密码管理制度的具体内容如下：

• 机房工作人员应严格执行密码管理规定，对操作密码定期进行更改，任何密码不得外泄，如有因密码外泄而造成各种损失的情况，由当事人负全部责任。

• 不同级别的管理人员应掌握有不同权限的密码，密码由各管理人员负责，不得记在纸上，不得由字母或者数字简单构成。

• 最高级别的密码最多只能由两名本单位相关部门的最高管理人员拥有。

• 如因安装软硬件网络设备而需要安装单位知道密码时，安装调试好后，应及时更改安装设备和相关设备的密码。

• 网站各业务的注册人员的密码，本单位网站管理人员不得公开、编辑或者透露。因用户个人原因造成自己的账号与密码丢失时，将由用户个人承担一切后果。

二、复杂密码的创建

对机房的服务器来讲，密码安全尤为重要，一旦密码泄露或者被破解，面临的可能是整个数据中心机房瘫痪，损失可达几千万元甚至上亿元。服务器使用复杂密码，可以在一定程度上提升服务器的安全性。Linux 系统有多种方式可以自动生成复杂密码，具体方式如下。

（一）SHA 算法获取随机密码

可以使用当前日期的 SHA 值作为创建随机密码的基础。

创建一个 10 位的随机密码，命令如下：

```
[root@ localhost ~]# date +% s |sha256sum |base64 |head -c 10 ;echo
YWMzZWE4OD
```

要创建一个 15 位的随机密码，命令如下：

```
[root@ localhost ~]# date +% s |sha256sum |base64 |head -c 15 ;echo
YmZhMTBjMDY2YTF
```

（二）使用/dev/urandom 模块创建随机密码

使用内嵌的/dev/urandom 模块可以创建随机密码，但是最多只支持 32 个字符。

生成一个 10 位的由小写字母组成的密码，命令如下：

```
[root@ localhost ~]# < /dev/urandom tr -dc a-z |head -c $ {1:-10};echo
nfcmcorffd
```

生成一个 10 位的由大写字母组成的密码，命令如下：

```
[root@ localhost ~]# < /dev/urandom tr -dc A-Z |head -c $ {1:-10};echo
SDVDIHRRGY
```

生成一个 10 位的由数字组成的密码，命令如下：

```
[root@ localhost ~]# < /dev/urandom tr -dc 0-9 |head -c $ {1:-10};echo
4052649675
```

生成一个 10 位的由数字和大写字母组成的密码，命令如下：

```
[root@ localhost ~]# < /dev/urandom tr -dc 0-9-A-Z |head -c $ {1:-10};echo
LC0GOM1T3T
```

生成一个 10 位的随机密码（包含数字、大小写字母），命令如下：

```
[root@ localhost ~]# < /dev/urandom tr -dc 0-9-A-Z-a-z |head -c $ {1:-10};echo
DSGTnM0mTW
```

生成一个 10 位的随机密码（包含数字、大小写字母、特殊字符），命令如下：

```
[root@ localhost ~]# < /dev/urandom tr -dc 0-9-A-Z-a-z-/ |head -c $ {1:-10};echo
xYTYFS4/dB
```

注意：使用特殊字符的密码可能导致系统无法识别，此方法慎用。

（三）OpenSSL 随机函数

在 Linux 系统中，可以使用系统自带的 OpenSSL 函数生成随机密码。

使用 base 64 编码格式生成随机密码，命令如下：

```
[root@ localhost ~]# openssl rand -base64 10
1bpuW3uNWDfqbQ==
```

使用十六进制编码格式生成随机密码，命令如下：

```
[root@ localhost ~]# openssl rand -hex 10
37bb530ce4a7ba556827
```

以上是 3 种最常用的创建复杂密码的方法，感兴趣的读者可以自行查找资料，寻找更多创建复杂密码的方法。

三、 Linux 用户与组管理

Linux 是一个多用户、多任务的操作系统。Linux 系统支持多个用户在同一时间内登录，不同用户可以执行不同的任务，而且互不影响。不同用户具有不同的访问权限，每个用户在权限允许的范围内完成不同的任务，Linux 正是通过这种权限的划分与管理，实现了多用户多任务的运行机制。

（一）用户与组

在 Linux 操作系统中，每个用户都有唯一的用户名和密码。登录系统时，只有正确输入用户名和密码，才能进入系统和自己的主目录。

用户组是具有相同特征用户的逻辑集合。简单来说，有时人们需要让多个用户具有相同的权限，例如，查看、修改某一个文件的权限，一种方法是分别对多个用户进行文件访问授权，如果有 10 个用户，就需要授权 10 次，那如果有 100、1 000 甚至更多的用户呢？显然，这种方法不太合理。最好的方式是建立一个组，让这个组具有查看、修改此文件的权限，然后将所有需要访问此文件的用户放入这个组中。那么，所有用户就具有了和组一样的权限，这就是用户组。

将用户分组是 Linux 系统中对用户进行管理及控制访问权限的一种手段，通过定义用户组，简化对用户的管理工作。

用户和用户组的对应关系有以下 4 种。

第一种：一对一。一个用户可以存在于一个组中，是组中的唯一成员。

第二种：一对多。一个用户可以存在于多个用户组中，此用户具有多个组的共同权限。

第三种：多对一。多个用户可以存在于一个组中，这些用户具有和组相同的权限。

第四种：多对多。多个用户可以存在于多个组中，也就是以上 3 种关系的扩展。

（二）用户与组的配置文件

在 Linux 中，万物皆文件，所以用户与组也以配置文件的形式保存在系统中。登录 Linux 系统时，虽然输入的是自己的用户名和密码，但其实 Linux 系统并不认识这些用户名，它只认识用户名对应的 ID 号（也就是一串数字）。Linux 系统将所有用户与组的配置信息存放在以下 4 个文件中：

- /etc/passwd：用户及其属性信息（名称、UID、主组 ID 等）。

- /etc/group：组及其属性信息。

- /etc/shadow：用户密码及其相关属性。

- /etc/gshadow：组密码及其相关属性。

下面依次对这 4 个文件做详细的讲解，首先使用 root 用户登录 Linux 操作系统。

1./etc/passwd

查看/etc/passwd 文件的第一行，命令如下：

```
[root@ localhost ~]# cat /etc/passwd |head -1
root:x:0:0:root:/root:/bin/bash
```

每行用户信息都以 ":" 作为分隔符，划分为 7 个字段，每个字段所表示的含义如下：

- root：登录用户名。用户名仅为了方便用户记忆，Linux 系统是通过 UID 来识别用户身份、分配用户权限的。/etc/passwd 文件中定义了用户名和 UID 之间的对应关系。

- x：密码。表示此用户设有密码，但不是真正的密码，真正的密码保存在/etc/shadow 文件中。

- 0（第一个）：UID，也就是用户 ID。每个用户都有唯一的一个 UID，Linux 系统通过 UID 识别不同的用户，0 代表超级用户。

- 0（第二个）：GID（Group ID）简称 "组 ID"，表示用户初始组的组 ID 号。

- root：全名或者注释。这个字段并没有什么重要的用途，只是用来解释这个用户的意义。

• /root：用户宿主目录，就是用户登录后有操作权限的访问目录，通常称为用户的主目录；

• /bin/bash：用户默认使用 Shell。Shell 就是 Linux 的命令解释器，是用户和 Linux内核之间沟通的桥梁。

2. /etc/group

查看/etc/group 文件的第一行，命令如下：

```
[root@ localhost ~]# cat /etc/group |head -1
root:x:0:
```

每行用户信息都以"："作为分隔符，划分为 4 个字段，每个字段所表示的含义如下：

• root：群组名称，也就是用户组的名称，由字母或者数字构成。同/etc/passwd 中的用户名一样，组名也不能重复。

• x：群组密码。和/etc/passwd 文件一样，这里的"x"仅仅是密码标识，真正加密后的组密码默认保存在/etc/gshadow 文件中。

• 0：GID，就是群组的 ID 号。Linux 系统是通过 GID 区分用户组的，同用户名一样，组名也只是为了便于管理员记忆。这里的组 GID 与/etc/passwd 文件中第 4 个字段的 GID 相对应，实际上，/etc/passwd 文件中使用 GID 对应的群组名，就是通过此文件对应得到的。

• 最后一个字段：组内用户列表，显示这个组的所有用户，多个用户之间用逗号分隔。

3. /etc/shadow

查看/etc/shadow 文件的第一行，命令如下：

```
[root@ localhost ~]# cat /etc/shadow |head -1
root: $ 6 $ 95LQTIC/ $ I3iCkZjYgFVcQZ5wov1qQUgqoUNOXhd647sUtk90h3PMHwXDQw
R2DEJcpveVhMSRq2Wtw5hK. tCaJ9Ve5qxiP/:18103:0:99999:7:::
```

每行用户信息都以"："作为分隔符，划分为 9 个字段，每个字段所表示的含义如下：

- root：登录用户名，同/etc/passwd 文件的用户名有相同的含义。

- $6$95LQTIC/$I3iCkZjYgFVcQZ5wov1qQUgqoUNOXhd647sUtk90h3PMHwXDQw R2DEJcpveVhMSRq2Wtw5hK. tCaJ9Ve5qxiP/：密码。这里保存的是真正加密的密码。目前 Linux 的密码采用的是 SHA512 散列加密算法，原来采用的是 MD5 或者 DES 加密算法。SHA512 散列加密算法的加密等级更高，也更加安全。

- 18103：表示最后一次修改密码的时间。18103 表示此 root 账号在 1970 年 1 月 1 日（Unix 诞生之日）之后的第 18103 天修改了 root 用户密码。

- 0：最小修改间隔时间。也就是说，该字段规定了从第 3 字段（最后一次修改密码的日期）起，多长时间之内不能修改密码。如果是 0，则密码可以随时修改；如果是 10，则代表密码修改后 10 天之内不能再次修改密码。

- 99999：代表密码有效期。这个字段可以指定距离第 3 字段（最后一次更改密码）多长时间内需要再次变更密码，否则该账户密码会过期。该字段的默认值为 99999，也就是 273 年，可认为是永久生效。如果改为 90，则表示密码被修改 90 天之后必须再次修改，否则该用户即将过期。管理服务器时，通过这个字段强制用户定期修改密码。

- 7：表示密码需要变更前的警告天数，与第 5 字段相比，当账户密码有效期快到期时，系统会给此账户发出警告信息，该字段的默认值是 7，也就是说，距离密码有效期的第 7 天开始，每次登录系统都会向该账户发出"修改密码"的警告信息。

- 倒数第三个字段：表示密码过期多久后账户将被锁定。如果此字段规定的宽限天数是 10，则代表密码过期 10 天后失效；如果是 0，则代表密码过期后立即失效；如果是-1，则代表密码永远不会失效。

- 倒数第二个字段：表示账号失效时间。同第 3 个字段一样，使用自 1970 年 1 月 1 日以来的总天数作为账户的失效时间。该字段表示账号在此字段规定的时间之外，无论密码是否过期，都将无法使用。该字段通常被使用在具有收费服务的系统中。

- 最后一个字段：这个字段目前没有被使用，等待新功能的加入。

4. /etc/gshadow

查看/etc/gshadow 文件的第一行，命令如下：

```
[root@ localhost ~]# cat /etc/gshadow |head -1
root:::
```

每行用户信息都以"："作为分隔符，划分为 4 个字段，每个字段所表示的含义如下：

- root：群组名称，同/etc/group 文件中的组名相对应。

- 第二个字段：群组密码。对大多数用户来说，通常不设置组密码，因此该字段常为空，但有时为"!"，指的是该群组没有组密码，也不设有群组管理员。

- 第三个字段：组管理员列表。考虑到 Linux 系统中账号太多，而超级管理员 root 可能比较忙碌，因此，当有用户想要加入某群组时，root 或许不能及时做出回应。这种情况下，如果有群组管理员，那么他无须通过 root，就能将用户加入自己管理的群组中。不过，由于目前有 sudo 之类的工具，因此，群组管理员的这个功能已经很少使用了。

- 最后一个字段：组内用户列表和/etc/group 文件中最后一个字段显示内容相同。

（三）用户与组创建

用户和组创建，就是添加用户和用户组、更改密码和设定权限等操作。可能会觉得用户管理没有意义，因为使用个人计算机时，不管执行什么操作，都以管理员账户登录，而从来没有添加和使用过其他普通用户。这样做对个人计算机来讲影响不大，但在服务器上却是行不通的。

例如，一个管理团队共同维护一组服务器，难道每个人都能够被赋予管理员权限吗？显然是不行的，因为不是所有数据都可以对每位管理员公开，而且在运维团队中，如果有某位管理员对 Linux 系统不熟悉，那么赋予他管理员权限的后果可能是灾难性的。因此，越是对安全性要求高的服务器，越需要建立合理的用户权限等级制度和服务器操作规范。

Linux 系统中，使用 useradd 命令新建用户，其基本格式如下：

```
[root@ localhost ~]# useradd [参数] 用户名
```

useradd 常用参数及含义如下：

- -u：UID。普通用户的 UID 由系统从 1 000 开始依次指定。Centos 7 以前的版本是从 500 开始。

- -d：主目录。指定用户的主目录。主目录必须写绝对路径，如果需要手动指定主目录，则一定要注意权限。

- -c：用户说明。指定/etc/passwd 文件中各用户信息中第 5 个字段的描述性内容，可以随意配置。

- -g：组名或者组 ID。指定用户的初始组。一般以和用户名相同的组作为用户的初始组，在创建用户时会默认建立初始组。

- -G：组名或者组 ID。指定用户的附加组。把用户加入其他组，一般都使用附加组。

- -s：shell。指定用户登录后所使用的 Shell，默认是/bin/bash。

- -e：日期。指定用户的失效日期，格式为"YYYY-MM-DD"，也就是/etc/shadow 文件的第八个字段。

- -o：允许创建用户的 UID 相同。例如，执行"useradd -u 0 -o usertest"命令创建用户 usertest，它的 UID 和 root 用户的 UID 相同，都是 0。

- -m：建立用户时强制建立用户的 home 目录。建立系统用户时，该选项是默认的。

- -r：创建系统用户，也就是 UID 在 1 000 以下，供系统程序使用的用户。由于系统用户主要用于运行系统所需服务的权限配置，因此创建系统用户时，默认不会创建主目录。

1. 创建用户

Linux 系统已经规定了非常多的默认值，在没有特殊要求下，无须使用任何参数即可成功创建用户。

以系统默认值创建用户 skill，命令如下：

```
[root@ localhost ~]# useradd skill
```

在用户信息文件/etc/passwd 中查询与 skill 用户相关的数据，命令如下：

```
[root@ localhost ~]# cat /etc/passwd |grep skill
skill:x:1001:1001::/home/skill:/bin/bash
```

可以发现，skill 用户的 UID 为 1001。初始组 ID 为 1001，附加组 ID 为 1001，其 home 目录为/home/skill/，用户的登录 Shell 为/bin/bash。

在用户密码文件/etc/shadow 中查询与 skill 用户相关的数据，命令如下：

```
[root@ localhost ~]# cat /etc/shadow  |grep skill
skill:!!:18814:0:99999:7:::
```

可以发现，skill 用户还没有设置密码，所以密码字段是"!!"，这表示用户没有合理密码，不能正常登录。同时会按照默认值设定时间字段，例如，密码有效期有 99 999 天、距离密码过期 7 天系统会提示用户"密码即将过期"等。

在创建用户时，系统默认会创建与用户同名的群组，例如在组群文件/etc/group 文件中查询与 skill 组相关的数据，命令如下：

```
[root@ localhost ~]# cat /etc/group  |grep skill
skill:x:1001:
```

在组群文件/etc/gshadow 查询与 skill 组相关的数据，命令如下：

```
[root@ localhost ~]# cat /etc/gshadow  |grep skill
skill:!::
```

上述命令没有设定组密码，所以这里没有密码，也没有组管理员。

使用 useradd 命令创建用户的过程，其实就是修改了与用户相关的几个文件或者目录。

2. 修改密码

使用 useradd 命令创建新用户时，并没有设定用户密码，因此创建的用户还无法用来登录系统，在 Linux 系统中，使用 passwd 命令为用户设置或者修改。

passwd 命令的基本格式如下：

```
[root@ localhost ~]# passwd [参数] 用户名
```

passwd 常用参数及含义如下。

• -S：查询用户密码的状态，也就是/etc/shadow 文件中此用户密码的内容。仅 root 用户可用。

- -l：暂时锁定用户，该选项会在/etc/shadow 文件中指定用户的加密密码串前添加"！"，使密码失效。仅 root 用户可用。

- -u：解锁用户，和-l 选项相对应，只能 root 用户使用。

- --stdin：可以将通过管道符输出的数据作为用户的密码。主要在批量添加用户时使用。

- -n 天数：设置该用户修改密码后，多长时间不能再次修改密码，对应/etc/shadow 文件中各行密码的第 4 个字段。

- -x 天数：设置该用户的密码有效期，对应/etc/shadow 文件中各行密码的第 5 个字段。

- -w 天数：设置用户密码过期前的警告天数，对应/etc/shadow 文件中各行密码的第 6 个字段。

- -i 日期：设置用户密码失效日期，对应/etc/shadow 文件中各行密码的第 7 个字段。

使用 root 账户修改 skill 普通用户的密码，命令如下：

```
[root@ localhost ~]# passwd skill
Changing password for user skill.
New password:                    #输入密码 123456
BAD PASSWORD: The password is shorter than 8 characters
Retype new password:             #再次输入密码 123456
passwd: all authentication tokens updated successfully.
```

可以看到提示，skill 用户的密码设置成功。可自行尝试退出 root 用户，使用 skill 用户登录。

3. 删除用户

在 Linux 系统中，使用 userdel 命令删除用户。userdel 命令功能很简单，就是删除用户的相关数据。此命令只有 root 用户才能使用。

删除用户 skill，命令如下：

```
[root@ localhost ~]# userdel -r skill
```

- -r 参数表示在删除用户的同时删除用户的 home 目录。

注意：在删除用户的同时如果不删除用户的 home 目录，那么 home 目录就会变成没有属主和属组的目录，也就是垃圾文件。

4. 创建用户组

在 Linux 系统中，使用 groupadd 命令创建用户组，其基本格式如下：

```
[root@ localhost ~]# groupadd [参数] 组名
```

groupadd 常用参数如下。

- -g GID：指定组 ID。
- -r：创建系统群组。

创建新群组"group1"，命令如下：

```
[root@ localhost ~]# groupadd group1
```

在组群文件/etc/group 文件中查询与 group1 组相关的数据，命令如下：

```
[root@ localhost ~]# cat /etc/group |grep group1
group1:x:1002:
```

5. 修改用户组

对于创建完成的用户组，可以使用 groupmod 命令修改其用户组的相关信息。

将用户组 group1 改名为"testgroup"，命令如下：

```
[root@ localhost ~]# groupmod -n testgroup group1
```

在组群文件/etc/group 文件中查询与 testgroup 组相关的数据，命令如下：

```
[root@ localhost ~]# grep "testgroup" /etc/group
testgroup:x:1002:
```

可以发现，组名变成了 testgroup，但是 GID 还是 1002。

注意：用户名、组名和 GID 不要随意修改，因为非常容易导致管理员逻辑混乱。如果非要修改用户名或者组名，则建议先删除旧的，再建立新的。

6. 删除用户组

在 Linux 系统中，使用 groupdel 命令删除用户组（群组），其基本格式如下：

```
[root@ localhost ~]# groupdel 组名
```

使用 groupdel 命令删除群组，其实就是删除/etc/group 文件和/etc/gshadow 文件中有关目标群组的数据信息。

删除上面创建的群组 group1（改名为"testgroup"），命令如下：

```
[root@ localhost ~]# grep "testgroup" /etc/group /etc/gshadow
/etc/group:testgroup:x:1002:
/etc/gshadow:testgroup:!::
[root@ localhost ~]# groupdel testgroup
[root@ localhost ~]# grep "testgroup" /etc/group /etc/gshadow
[root@ localhost ~]#
```

在删除前可以查看文件内的组信息，删除后，组信息也被相应删除了。

注意：不能使用 groupdel 命令随意删除群组。此命令仅适用于删除那些"不是任何用户初始组"的群组，换句话说，如果有群组还是某个用户的初始群组，则无法使用 groupdel 命令删除。

已经创建的用户 testuser，系统会默认创建 testuser 组作为 testuser 用户的初始组，在/etc/passwd 文件和/etc/gourp、/etc/gshadow 文件中查询 testuser 用户和 testuser 组的相关信息，命令如下：

```
[root@ localhost ~]# grep "testuser" /etc/passwd /etc/group /etc/gshadow
/etc/passwd:testuser:x:1003:1003::/home/testuser:/bin/bash
/etc/group:testuser:x:1003:
/etc/gshadow:testuser:!::
```

尝试删除群组 testuser，命令如下：

```
[root@ localhost ~]# groupdel testuser
groupdel: cannot remove the primary group of user 'testuser'
```

可以发现，groupdel 命令删除 testuser 群组失败，提示"不能删除 testuser 用户的初始组"。如果一定要删除 testuser 群组，要么修改 testuser 用户的 GID，也就是将其初始组改为其他群组，要么先删除 testuser 用户。

7. 用户加入或者移除群组

为了避免系统管理员（root）太忙碌，无法及时管理群组，可以使用 gpasswd 命令给群组设置一个群组管理员，代替 root 完成将用户加入或移出群组的操作。

gpasswd 命令的基本格式如下：

> [root@ localhost ~]# gpasswd 参数 组名

gpasswd 常用参数及含义如下。

- 参数为空：表示给群组设置密码，仅 root 用户可用。

- "-A user1，..."：表示将群组的控制权交给 "user1，..." 等用户管理，也就是说，设置 "user1，..." 等用户为群组的管理员，仅 root 用户可用。

- "-M user1，..."：表示将 "user1，..." 加入此群组中，仅 root 用户可用。

- -r：移除群组的密码，仅 root 用户可用。

- -R：让群组的密码失效，仅 root 用户可用。

- -a user：将 user 用户加入到群组中。

- -d user：将 user 用户从群组中移除。

从以上参数可以发现，除 root 可以管理群组外，可设置多个普通用户作为群组的管理员，但也只能进行 "将用户加入群组" 和 "将用户移出群组" 操作。

创建新群组 "groupa" 并设置密码，创建用户 "testa" 并设置为群组管理员，在/etc/group 和/etc/gshadow 文件中查看相关信息，命令如下：

```
[root@ localhost ~]# groupadd groupa              #创建组 groupa
[root@ localhost ~]# gpasswd groupa               #给群组创建密码
Changing the password for group groupa
New Password:                                     #输入密码 123456
Re-enter new password:                            #输入密码 123456
[root@ localhost ~]# useradd testa                #创建用户 testa
[root@ localhost ~]# gpasswd -A testa groupa      #设置群组管理员
[root@ localhost ~]# grep "groupa" /etc/group /etc/gshadow
/etc/group:groupa:x:1004:
/etc/gshadow: groupa:  $6$KvjExWAjoC/hAE$AYSa4PNb7QfenJ5/gzSyjBPnO2gqZp/FOvBC
dsHQwTFUtGVxkrDK4jXal9oe9t0o8Z5BObN7NA7ak4XZ1vgkw0:testa:
```

此时可以发现 testa 用户已经成为 groupa 群组的管理员。

四、 Linux 权限管理

学习 Linux 权限管理之前，首先要搞清楚一个问题，Linux 系统中为什么需要设定不同的权限，所有用户都直接使用管理员（root）身份不可以吗？

由于绝大多数用户使用的是个人计算机，使用者一般都是被信任的人（如家人、朋友等）。在这种情况下，都可以使用管理员身份直接登录。但在服务器上就不是这种情况了，往往运行的数据越重要（如游戏数据、用户数据等），价值越高（如电子商城数据、银行数据、身份信息数据等），则服务器中对权限的设定就要越详细，用户的分级也要越明确。

Linux 系统和 Windows 系统不同，Linux 系统为每个文件都添加了很多的属性，最大的作用就是维护数据的安全。例如，在 Linux 系统中，与系统服务相关的文件通常只有 root 用户才能读或写，如/etc/shadow 文件，此文件记录了系统中所有用户的密码数据，非常重要，因此绝不能让任何人读取（否则密码数据会被窃取），只有 root 才可以有读取权限。

如果有一个软件开发团队，组长希望团队中的每个人都可以使用某一些目录下的文件，对非团队的其他人则不予以开放。通过前面章节所学，只需要将团队中的所有人加入新的群组，并赋予此群组读写目录的权限，即可实现要求。反之，如果没有设置好目录权限，就很难防止其他人在系统中乱操作。

例如，root 用户才能使用开关机、新增或者删除用户等命令，一旦允许任何人拥有这些权限，系统很可能经常莫名其妙地崩溃。而且万一 root 用户的密码被其他人获取，就可以登录系统，从事一些只有 root 用户才能执行的操作，在实际生产中，这是绝对不允许发生的。

因此，在服务器上绝对不是所有的用户都使用 root 身份登录，而要根据不同工作和职位的需要，合理分配用户等级和权限等级。

（一） 文件的权限

在 Linux 系统中，最常见的文件权限有 3 种，即对文件的读（用 r 表示）、写（用 w 表示）和执行（用 x 表示，针对可执行文件或目录）权限。在 Linux 系统中，每个文件都明确规定了不同身份用户的访问权限，通过"ls -l"或者"ll"命令即可查看文件或目录的权限。

使用 root 用户登录 Linux 系统，创建文件"testa"和目录"testb"并查看，命令如下：

```
[root@ localhost ~]# touch testa
[root@ localhost ~]# mkdir testb
[root@ localhost ~]# ls -l
total 0
-rw-r--r-- 1  root  root  0  Jul 6  09:34  testa
drwxr-xr-x 2  root  root  6  Jul 6  09:34  testb
```

可以发现，每行的第一列表示的就是各文件针对不同用户设定的权限，一共 10 位，第 1 位用于表示文件类型，其中"d"表示为目录；"-"表示普通文件。第 2~10 位共 9 个字符表示该文件或目录不同用户的读、写和执行权限。以 ls 命令输出信息中的 testa 文件为例，其权限为-rw-r--r--，各权限位的含义如图 11-4 所示。

可以看出，Linux 将访问文件或目录的用户分为 3 类，分别是文件的所有者、所属组以及其他人。显然，Linux 系统为 3 种不同的用户身份分别规定了是否对文件有读、写和执行权限。以图 11-4 为例，所有者拥有对文件的读和写权限，但是没有执行权限（该文件不是可执行文

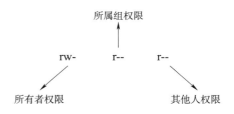

图 11-4 各权限位的含义

件）；所属组中的用户只拥有读权限，也就是说，这部分用户只能读取文件内容，无法修改文件；除此之外其他人也是只能读取该文件。

在 Linux 系统中，多数文件的所有者和所属群组都是 root（都是 root 账户创建的），这也就是 root 用户是超级管理员、权限足够大的原因。

（二）修改文件或目录的所有者和所属组

在 Linux 系统中，使用 chown 命令（"change owner"的缩写）可以修改文件或目录的所有者，此外，这个命令也可以修改文件或目录的所属组。

当只需要修改所有者时，chown 命令的基本格式如下：

```
[root@ localhost ~]# chown -R 所有者 文件或目录
```

注意：-R 选项表示连同子目录中的文件或目录，都更改所有者。

如果需要同时更改所有者和所属组，chown 命令的基本格式如下：

```
[root@ localhost ~]# chown -R 所有者:所属组 文件或目录
```

如果只需要修改更改所属组，chown 命令的基本格式如下：

```
[root@ localhost ~]# chown -R :所属组 文件或目录
```

注意：使用 chown 命令修改文件或目录的所有者（或所属者）时，要保证所有者（或用户组）存在，否则该命令无法正确执行，会提示"invalid user"或者"invaild group"。

1. 修改文件或目录的所有者

首先，创建 user 普通用户，然后使用 root 用户在/home/user 目录下创建文件"test1"并写入"hello world"，命令如下：

```
[root@ localhost ~]# useradd user
[root@ localhost ~]# cd /home/user/
[root@ localhost user]# touch test1
[root@ localhost user]# echo "hello world" > test1
[root@ localhost user]# ll
total 0
-rw-r--r-- 1 root root 0 Jul   6 09:22 test1
```

可以发现文件的所有者是 root，普通用户 user 对这个文件拥有只读权限，切换到 user 用户，对 test1 文件进行操作，命令如下：

```
[root@ localhost user]# su user
[user@ host-172-128-11-14 ~ ] $ ll
total 0
-rw-r--r-- 1 root root 0 Jul   7 01:35 test1
[user@ host-172-128-11-14 ~ ] $ cat test1
hello world
```

切换到 user 用户之后，可以查看 test1 文件，但是当编辑 test1 文件时，会提示权限不足，命令如下：

```
[user@ host-172-128-11-14 ~ ] $ echo "hello world2" >> test1
bash: test1: Permission denied
```

切换回 root 用户，使用 chown 命令更改文件的所有者为 user，命令如下：

```
[user@ host-172-128-11-14 ~] $  exit
[root@ localhost user]# chown user test1
[root@ localhost user]# ll
total 0
-rw-r--r-- 1 user root 0 Jul   6 09:34 test1
```

可以发现所有者变成了 user 用户，这时 user 用户对这个文件就拥有了读、写权限。切换 user 用户，对 test1 文件进行编辑操作，命令如下：

```
[root@ localhost user]# su user
[user@ host-172-128-11-14 ~] $  echo "hello world2" >> test1
[user@ host-172-128-11-14 ~] $  cat test1
hello world
hello world2
```

此时可以发现 user 用户对 test1 文件有了写的权限。

2. 修改所属组

使用 chown 命令修改 test1 文件所属组，在修改所属组前，确保组是确实存在的。将 test1 文件的所属组从 root 修改为 user，命令如下：

```
[root@ localhost user]# chown :user test1
[root@ localhost user]# ll
total 4
-rw-r--r-- 1 user user 25 Jul   7 01:56 test1
```

user 组不用创建，因为在创建 user 用户的时候，系统默认就创建了。可以发现此时 test1 文件的所有者和所属组均为 user。

（三）修改文件或目录的权限

文件权限对一个系统至关重要，每个文件都设定了针对不同用户的访问权限。那么，是否可以手动修改文件的访问权限呢？答案是可以的，通过 chmod 命令即可修改文件或目录的权限。chmod 命令设定文件权限有两种方式，使用数字或者符号来修改权限。

1. 使用数字方式修改权限

Linux 系统中，文件的基本权限由 9 个字符组成，以 rwxrw-r-x 为例，使用数字来代表各个权限，各个权限与数字的对应关系如下：

```
r --> 4
w --> 2
x --> 1
```

由于这 9 个字符分属三类用户，因此每种用户身份包含 3 个权限（r、w、x），通过将 3 个权限对应的数字累加，最终得到的值即可作为每种用户所具有的权限。以 rwxrw-r-x 为例，所有者、所属组和其他人分别对应的权限值内容如下：

```
所有者 = rwx = 4+2+1 = 7
所属组 = rw- = 4+2 = 6
其他人 = r-x = 4+1 = 5
```

所以，此权限对应的权限值就是 765。使用数字方式修改文件权限的基本格式如下：

```
[root@ localhost ~]# chmod [-R] 权限值 文件名
```

注意：-R 选项表示连同子目录中的文件或目录，也都修改设定的权限，该参数在修改文件权限的时候可以不加。

将 test1 文件设置为 755 的权限，命令如下：

```
[root@ localhost user]# chmod 755 test1
[root@ localhost user]# ll
total 4
-rwxr-xr-x 1 user user 25 Jul   7 01:56 test1
```

通过返回信息可以发现修改文件权限成功。

2. 使用符号方式修改权限

既然文件的基本权限就是三种用户身份（所有者、所属组和其他人）搭配三种权限（r、w、x），chmod 命令中使用 u、g、o 分别代表三种身份（所有者、所属组、其他人），使用 a 表示全部的身份（all 的缩写）。

使用符号方式修改文件权限的基本格式如图 11-5 所示。

新建 test2 文件，并设定 test2 文件权限为 rwxr-xr-x，命令如下：

```
         u
         g        +（加入）      r
chmod              －（删除）     w      文件或目录名
         o        ＝（设定）     x
         a
```

图 11-5　使用符号方式修改文件权限的基本格式

```
[root@ localhost ~]# touch test2
[root@ localhost ~]# ll
total 0
-rw-r--r-- 1 root root 0 Jul   7 03:01 test2
[root@ localhost ~]# chmod u = rwx,go = rx test2
[root@ localhost ~]# ll
total 0
-rwxr-xr-x 1 root root 0 Jul   7 03:01 test2
```

增加 test2 文件所有用户写的权限，命令如下：

```
[root@ localhost ~]# chmod a+w test2
[root@ localhost ~]# ll
total 0
-rwxrwxrwx 1 root root 0 Jul   7 03:01 test2
```

（四）禁止 root 用户远程登录

在 Linux 系统中，root 用户几乎拥有所有的权限，远高于 Windows 系统中的 administrator 用户权限。一旦 root 用户信息被泄露，对服务器来说将是极为致命的威胁。所以禁止 root 用户通过 SSH 的方式进行远程登录，可以极大地提高服务器的安全性，即使 root 用户密码泄露出去也能够保障服务器的安全。

在日常机房管理工作中，一般禁止 root 用户直接远程登录，一般开设一个或多个普通用户进行登录。如果必须使用 root 用户，可以使用 su 命令切换 root 用户或者使用 sudo 命令拥有 root 权限来执行命令。

禁止 root 用户远程 SSH 登录，需要修改 Linux 系统的配置文件/etc/ssh/sshd_config，修改命令如下：

```
[root@ localhost ~]# vi /etc/ssh/sshd_config
```

定位到/etc/ssh/sshd_config 配置文件的第 38 行，将"#PermitRootLogin yes"修改为"PermitRootLogin no"，然后重启 SSHD 服务：

```
[root@ localhost ~]# systemctl restart sshd
```

重启服务之后，不影响已经连接的 SSH，只对以后的连接产生影响。可自行使用远程连接工具 SSH 测试连接。

通过本节内容的学习，可以了解密码管理制度，掌握复杂密码的创建、用户与用户组的管理、权限管理等。在云计算平台的日常使用中，为了安全，服务器只有少数人员能够操作，而且不会直接使用 root 用户进行操作。

第三节　堡垒机服务部署使用

考核知识点及能力要求：

- 了解堡垒机的基本架构与原理。
- 掌握堡垒机服务的安装与使用方法。
- 能够部署堡垒机服务，通过堡垒机对服务器进行访问管理。

一、堡垒机服务简介

堡垒机，即在一个特定的网络环境下，为了保障网络和数据不受来自外部和内部用户的入侵和破坏，而运用各种技术手段监控和记录运维人员对网络内的服务器、网络设备、安全设备、数据库等操作行为，以便集中报警、及时处理及审计定责。

（一）云堡垒机

云堡垒机（Cloud Bastion Host，CBH）是一款 4A 统一安全管控平台，为企业提供集中的账号（Account）、鉴权（Authorization）、认证（Authentication）和审计（Audit）等管理服务。

云堡垒机是一种可提供高效运维、认证管理、访问控制、安全审计和报表分析功能的云安全服务。云租户运维人员可以通过云堡垒机完成资产的运维和操作审计。堡垒机通过基于协议正向代理，实现对 SSH、Windows 远程桌面、SFTP 等常见运维协议的数据流进行全程记录，再通过数据流重置的方式进行录像回放，达到运维审计的目的。

云堡垒机提供云计算安全管控的系统和组件，包含部门、用户、资源、策略、运维、审计等功能模块，集单点登录、统一资产管理、多终端访问协议、文件传输、会话协同等功能于一体。通过统一运维登录入口，基于协议正向代理技术和远程访问隔离技术，实现对服务器、云主机、数据库、应用系统等云上资源的集中管理和运维审计。

云堡垒机无须安装部署，可以通过 HTML5 技术连接管理多个云服务器，企业用户只需要使用主流浏览器或手机 App，即可随时随地实现高效运维。云堡垒机支持 RDP、SSH、Telnet、VNC 等多种协议，可以访问所有 Windows、Linux 或 Unix 操作系统。企业用户可以通过云堡垒机管理多台云服务器，满足三级等保对用户身份鉴别、访问控制、安全审计等条款的要求。

从功能上讲，云堡垒机综合了核心系统运维和安全审计管控两大主干功能；从技术实现上讲，它通过切断终端计算机对网络和服务器资源的直接访问，而采用协议代理的方式，接管了终端计算机对网络和服务器的访问。形象地说，终端计算机对目标的访问，均需要经过运维安全审计的翻译。正如同运维安全审计扮演着看门者的角色，所有对网络设备和服务器的请求都要从这扇大门经过。因此，运维安全审计能够拦截非法访问和恶意攻击，对不合法命令进行阻断，过滤掉所有对目标设备的非法访问行为，并对内部人员误操作和非法操作进行审计监控，以便事后责任追踪。

传统堡垒机多以硬件形式进行售卖，硬件一体机本质上就是将软件部署在独立的硬件设备上，其架构如图 11-6 所示。

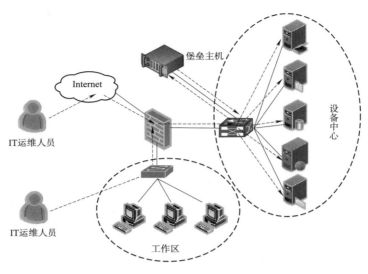

图 11-6　堡垒机的架构

尽管硬件一体机在部署上线和独立运维上有其优势，但在面临新一代堡垒机需要解决的各种需求时，越来越成为一种限制。同时，硬件一体机带来的额外硬件维护管理工作也成为运维人员的一种负担。随着硬件虚拟化技术及云计算平台的普及，软件部署方式成为堡垒机的首选。相较于硬件而言，软件模式不仅更易于部署和维护，而且在扩缩容、高可用方案上更具灵活的优势。

（二）云堡垒机优势

云堡垒机的优势主要表现在以下六个方面。

1. HTML5 一站式管理

无须安装特定客户端，无须安装任何插件，通过任意终端的主流浏览器（包括移动端 App 浏览器）登录，用户随时随地打开即可进行运维。

HTML5 管理界面简洁易用，集中管理用户、资源和权限，支持批量创建用户、批量导入资源、批量授权运维、批量登录资源等高效运维管理方式。

2. 操作指令精准拦截

针对资源敏感操作进行二次复核，系统预置标准 Linux 字符命令库或者自定义命令，对运维操作指令和脚本精准拦截，并通过异步"动态授权"，实现对敏感操作的动态管控，防止误操作或者恶意操作的发生。

3. 核心资源二次授权

借鉴银行金库授权机制，针对重要资源的运维权限设置多人授权。若需登录重要资源，需要多位授权候选人进行"二次授权"，加强对核心资源数据的保护，增强数据安全防护和管理能力，保障核心资源数据的绝对安全。

4. 应用发布扩展

针对数据库类、Web 应用类、客户端程序类等不同应用资源，提供统一访问入口，并可提高对应用操作的图形化水平。

5. 数据库运维审计

针对 DB2、MySQL、SQL Server 和 Oracle 等云数据库，支持统一资源运维管理，以及 SSO 单点登录工具一键登录数据库，提供对数据库操作的全程记录，实现对云数据库的操作指令进行解析，100%还原操作指令。

6. 自动化运维

自动化运维是将系统运维管理中复杂、重复、数量基数大的操作，通过统一的策略、任务将复杂运维精准化和效率化，将运维人员从重复的体力劳动中解放出来，提高运维效率。

二、堡垒机服务安装

JumpServer 是全球首款完全开源、符合 4A 规范（包含认证、授权、账号和审计）的运维安全审计系统。JumpServer 的后端技术栈为 Python 和 Django，前端技术栈为 Vue. js 和 Element UI，遵循 Web 2.0 规范。

与传统堡垒机相比，JumpServer 采用了分布式架构设计，可以灵活扩展，水平扩容。JumpServer 还采用了领先的容器化部署方式，并且提供体验极佳的纯浏览器化 Web Terminal。产品交互界面美观、用户体验优异，同时支持对接多种公有云计算平台，满足企业在云环境下的部署和使用。针对企业用户网络安全等级保护要求，JumpServer 堡垒机已经获得公安部颁发的"计算机信息系统安全专用产品销售许可证"，助力企业快速构建身份鉴别、访问控制、安全审计等方面的能力，为企业通过等级保护评估提供支持。

（一）服务器环境准备

准备一台物理服务器或者使用 VMWare 软件准备一台虚拟机，最低配置要求如下：

- 堡垒机节点：2 CPU/4 GB 内存/50 GB 硬盘。

（二）操作系统准备

安装 CentOS 7.5 系统，使用 CentOS-7-x86_64-DVD-1804.iso 镜像文件进行最小化安装。

（三）网络环境准备

节点只需要一个网络，若使用物理服务器，需要配合三层交换机使用，交换机上需要划分一个 VLAN，为了方便记忆，VLAN 可以配置成"192.168.100.0/24"网段；只需要配置第一个网卡，例如，堡垒机节点配置 IP 为"192.168.100.102"。

若使用 VMWare 环境，虚拟机网卡使用仅主机模式，在 VMWare 工具的虚拟网络编辑器中，配置仅主机模式的网段，如图 11-7 所示，并给节点的第一个网卡配置 IP，堡垒机节点配置为"192.168.100.102"。

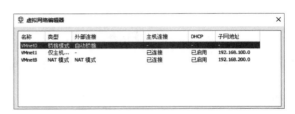

图 11-7　虚拟网络配置

（四）基础环境配置

在按照要求配置和启动虚拟机后，配置节点的虚拟机 IP 地址为"192.168.100.102"，使用远程连接工具进行连接。成功连接后，进行如下操作。

1. 修改主机名

修改节点的主机名为"jumpserver"，命令如下：

```
# hostnamectl set-hostname jumpserver
```

2. 关闭防火墙与 SELinux

将节点的防火墙与 SELinux 关闭，并设置永久关闭 SELinux，命令如下：

```
# systemctl disable firewalld --now
# setenforce 0
# sed   -i   s#SELINUX = enforcing#SELINUX = disabled#    /etc/selinux/config
# iptables -F
# iptables -X
# iptables -Z
# /usr/sbin/iptables-save
```

3. 配置本地 Yum 源

使用提供的软件包配置 Yum 源，使用远程连接工具自带的传输工具，将 jumpserver. tar. gz 软件包上传至 Jumpserver 节点的/root 目录下。

解压软件包 jumpserver. tar. gz 至/root 目录下，命令如下：

```
# tar -zxvf jumpserver. tar. gz -C /opt/
# ls /opt/
compose   config   docker   docker. service   images jumpserver-repo   static. env
```

将默认 Yum 源移至/media/目录，并创建本地 Yum 源文件，命令及文件内容如下：

```
# mv /etc/yum. repos. d/*   /media/
# cat >> /etc/yum. repos. d/jumpserver. repo << EOF
[jumpserver]
name = jumpserver
baseurl = file:///opt/jumpserver-repo
gpgcheck = 0
enabled = 1
EOF
# yum repolist
repo id    repo name    status
jumpserver jumpserver    2
```

4. 安装依赖环境

安装 Python 数据库，命令如下：

```
# yum install python2 -y
```

安装配置 Docker 环境，命令如下：

```
# cp -rf /opt/docker/*   /usr/bin/
# chmod 775 /usr/bin/docker*
# cp -rf /opt/docker. service /etc/systemd/system/
# chmod 755 /etc/systemd/system/docker. service
# systemctl daemon-reload
# systemctl enable docker --now
```

验证服务状态，命令如下：

```
# docker --version
Docker version 18. 06. 3-ce, build d7080c1
# docker-compose --version
docker-compose version 1. 27. 4, build 40524192
```

5. 安装 JumpServer 服务

加载 JumpServer 服务组件镜像，命令如下：

```
# cd /opt/images/
# sh load. sh
```

创建 JumpServer 服务组件目录，命令如下：

```
# mkdir -p /opt/jumpserver/{core,koko,lion,mysql,nginx,redis}
# cp -rf /opt/config /opt/jumpserver/
```

生效环境变量 static. env，使用所提供的脚本 up. sh 启动 JumpServer 服务，命令如下：

```
# cd /opt/compose/
# source /opt/static. env
# sh up. sh
Creating network "jms_net" with driver "bridge"
Creating jms_mysql   . . . done
Creating jms_redis    . . . done
Creating jms_core     . . . done
Creating jms_celery  . . . done
Creating jms_luna    . . . done
Creating jms_lion     . . . done
Creating jms_lina     . . . done
Creating jms_nginx  . . . done
Creating jms_koko    . . . done
```

通过浏览器访问"http://192.168.100.102"，使用用户名 admin 和密码 admin 登录 JumpServer Web。在登录页面，单击"忘记密码"按钮，设置新密码，然后进行登录，登录成功后如图 11-8 所示。

图 11-8　登录成功

至此，JumpServer 服务安装完成。接下来介绍如何使用云堡垒机服务。

三、堡垒机服务使用

下面通过案例介绍如何使用堡垒机服务管理服务器。假设生产环境通过远程操控服务器导致服务器故障，为了查明故障原因及责任人，通过 JumpServer 查询记录，进行如下操作。

（一）用户管理

使用管理员 admin 用户登录 JumpServer 管理平台。选择左侧导航栏"用户管理→用户列表"菜单命令，单击右侧"创建"按钮，创建业务部门用户 yewu01 并设置密码，系统角色为用户，如图 11-9 所示。

（二）管理资产

选择左侧导航栏"资产管理→管理用户"菜单命令，单击右侧"创建"按钮。在跳转页面创建远程连接用户，用户名为 root 密码为服务器密码，单击"提交"按钮进行创建。

图 11-9　创建用户

选择左侧导航栏"系统用户"菜单命令，单击右侧"创建"按钮，在跳转页面创建系统用户，选择主机协议"SSH"，设置密码为服务器 SSH 的密码。

选择左侧导航栏"资产管理→资产列表"菜单命令，单击右侧"创建"按钮，如图 11-10 所示。

图 11-10　管理资产

在跳转页面创建资产，将云管理平台主机（controller）加入资产内，成功创建后如图 11-11 所示。

图 11-11　创建资产成功

（三）资产授权

选择左侧导航栏"权限管理→资产授权"菜单命令，单击右侧"创建"按钮，创建资产授权规则，如图 11-12 所示。

图 11-12　创建资产授权规则

退出当前用户，登录用户 yewu01，验证资产授权。

然后选择左侧导航栏"Web 终端"菜单命令，进入终端连接页面，如图 11-13 所示。

单击左侧资产主机 controller，进行远程连接测试，如图 11-14 所示。

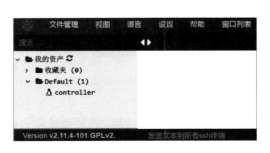

图 11-13　进入 SSH 终端

图 11-14 远程连接测试

输入"df -h"命令，将/root 目录下文件"anaconda-ks. cfg"删除，命令如下：

```
开始连接到 web@ 192.168.100.10 0.5
Last login: Thu Jul 8 23:03:44 2021 from 192.168.100.102
[root@ controller ~]# df -h
Filesystem  Size  Used  Avail  Use%  Mounted on
/dev/mapper/centos-root  17G  1.1G  16G  7%  /
devtmpfs  476M  0  476M  0%  /dev
tmpfs  488M  0  488M  0%  /dev/shm
tmpfs  488M  7.7M  488M  2%  /run
tmpfs  488M  0  488M  0%  /sys/fs/cgroup
/dev/sda1  1024M  130M  885M  13%  /boot
tmpfs  98M  0  98M  0%  /run/user/0
[root@ controller ~]# rm -rf anaconda-ks.cfg
```

（四）运维审计

退出当前用户登录，使用管理员用户登录平台。选择左侧导航栏"会话管理→命令记录"菜单命令，查询操作用户及操作命令。

选择左侧导航栏"会话管理→会话管理"菜单命令，单击右侧"历史会话"标签，查询连接记录。单击历史会话记录末尾的"回放"按钮，查看操作录屏，如图 11-15 所示。

凭借登录记录、操作记录及录屏，可以查询出对主机或者服务器误操作的运维人员，这一切体现堡垒机审计功能的强大。

通过本节内容的学习，可以了解堡垒机的基本架构和原理、云堡垒机的优势，掌

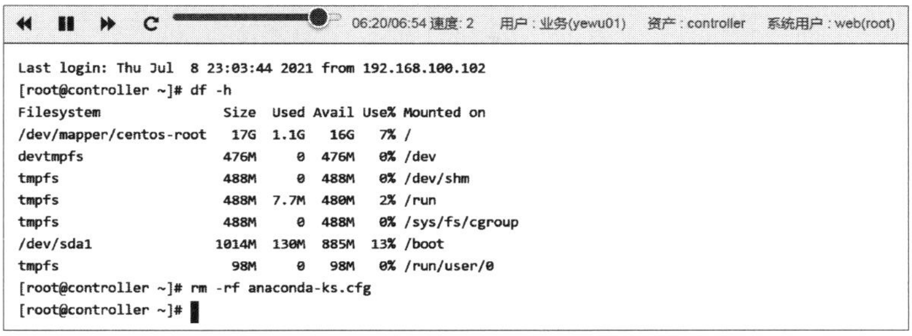

图 11-15　查看操作录屏

握堡垒机服务的安装与使用。堡垒机目前被广泛应用于云资产管理，可以很好地追溯问题所在，快速定位问题，因为所有通过堡垒机进行的操作，都会被记录下来。JumpServer 是目前开源主流的堡垒机服务，感兴趣的读者可以寻找资料深入学习堡垒机的使用。

思考题

1. 防火墙和上网行为管理设备是否是数据中心机房必须拥有的设备？

2. 复杂的服务器密码是否需要经常修改？

3. 简述使用云堡垒机的优势。

4. 简述创建复杂密码的方法。

第十二章　云计算平台系统安全管理

　　云计算平台系统安全管理主要针对的是云计算系统本身，是对云计算系统自带的安全模块进行操作与使用，主要包括云计算平台安全组的创建与使用，云计算平台中项目、用户、角色的认知与权限管理，云计算平台中的资源限制管理等。能够对云计算平台安全组、用户、项目、资源进行权限划分与管理，是云计算工程技术人员必须掌握的技能。

- ●**职业功能**：云安全管理（云计算平台系统安全管理）。
- ●**工作内容**：为不同部门创建云计算平台项目、创建用户并定义角色，创建云计算安全组保障云系统安全。
- ●**专业能力要求**：能够根据云计算平台使用需求，配置用户管理权限；能够查看监控日志，了解安全状态；能够应急处理各类突发的攻击或异常事件。
- ●**相关知识要求**：掌握云计算平台中项目、用户、角色管理知识；掌握云计算平台安全组管理知识；掌握容器云平台安全管理知识；掌握常见异常处理知识。

第一节　云计算平台用户权限管理

考核知识点及能力要求：

- 了解云计算平台中项目、用户、角色的概念。

- 掌握云计算平台中项目、用户、角色的创建与使用的方法。

- 掌握云计算平台权限管理的方法。

- 能够为不同部门创建项目与用户、定义角色、正常使用云计算平台。

一、云计算平台项目、用户、角色介绍

在云计算平台中，用户登录平台，使用平台资源，不同的用户属于不同的项目，也称租户，且承担不同的角色任务。在前面的章节中，已经学习了项目、用户与角色的概念，掌握了这几种概念之间的关系。下面详细介绍项目、用户与角色的概念与关系。

（一）项目

在 OpenStack 版本 Mitaka（April 2016）之前，使用的是 Tenant，在 Mitaka 版本之后，更多使用的是 Project（项目）这个词，而不倾向于使用 Tenant。

项目也就是云计算平台资源的权限、配额及用户等若干对象的集合。可以给一个项目赋予若干资源、一定的权限以及若干用户。项目就好像是一个部门或者项目组的抽象概念。

- 用户通过项目访问计算管理资源（OpenStack 服务），也就是说必须指定一个相应的项目才可以申请 OpenStack 服务。

- 各项目相互独立，在当前项目下无法查看其他项目信息。

（二）用户

用户就是云计算平台资源的管理者和使用者。从使用云计算平台的角度来讲，主要有两种类型的用户：一种是超级管理员，即 admin；另一种是普通用户。admin 是云计算平台默认用户，主要负责云计算平台的资源管理，包括建立租户、用户，分配资源权限等，就像是公司负责人或者项目的总负责人。普通用户就是云计算平台资源的实际使用者，就像是部门的员工或者项目组成员：

- 一个用户就是一个有身份验证信息的 API 消费实体。

- 一个用户可以属于多个租户（也称项目或组织）、角色。

（三）角色

角色代表特定项目中的用户操作权限，可以理解为项目是使用云环境的客户，这些客户可以是一个项目组、工作组或公司，这些客户中会建立不同的账号（用户）及其对应的权限（角色）。

以公司某员工需要向公司财务部门申请出差费用报销为例，说明用户、项目、角色三者的关系。

用户代表员工 A 持有相关的信息，如姓名、工号、电子邮箱等。用户 A 同时属于不同的几个项目组，例如，他既是 IT 项目的员工，也是市场部的员工。当员工 A 提出出差补贴的申请时，必须指定一个他所属的项目（即这个出差补贴成本从 IT 部还是市场部划出）。而角色则规定了该员工在某一个项目所拥有的权限，比如什么费用可以报销、什么费用不可以报销。

角色是可执行一系列特定操作的用户特性，角色规定了用户在某个项目中的一系列权利和特权。一般默认有超级管理员权限 admin 和普通权限 user。

二、云计算平台项目、用户、角色的创建使用

登录已搭建完毕的 OpenStack 平台，进行下列操作。

（一）创建项目

在搭建好的 OpenStack 平台中，默认已经创建了 3 个项目。查看项目列表，命令如下：

```
[root@ openstack ~]# source /etc/keystone/admin-openrc. sh
[root@ openstack ~]# openstack project list
+--------------------------------------+---------+
| ID                                   | Name    |
+--------------------------------------+---------+
| 0dd87985eb314fed828e6888aed4880d     | demo    |
| 55b50cbb4dd4459b873cb15a8b03db43     | admin   |
| a184a157399043c2a40abc52df0459a2     | service |
+--------------------------------------+---------+
```

可以发现有 Demo、Admin 和 Service 3 个项目。这些项目中，Admin 项目代表管理组，拥有平台的最高权限，可以更新、删除和修改系统的任何数据。Service 代表平台内所有服务的总集合。平台安装的所有服务默认会被加入此项目中，为后期的统一管理提供帮助。Service 项目可以修改当前项目下所有服务的配置信息，提交和修改项目的内容。Demo 项目是一个演示测试项目，没有什么实际用处。

在创建项目时需要指定 domain，也就是域。查看域信息，命令如下：

```
[root@ openstack ~]# openstack domain list
```

创建一个新的项目"test"，并描述为"test project"，命令如下：

```
[root@ openstack ~]# openstack project create --domain demo --description "test project" test
+-------------+----------------------------------+
| Field       | Value                            |
+-------------+----------------------------------+
| description | test project                     |
| domain_id   | 0fd68b47435a4559b0bc42cd64e8cb87 |
| enabled     | True                             |
| id          | 9a8db70e4d9f46b6bdc0b87db4e96d52 |
| is_domain   | False                            |
```

```
| name          | test                             |
| parent_id     | 0fd68b47435a4559b0bc42cd64e8cb87 |
| tags          | []                               |
+---------------+----------------------------------+
```

查看项目列表，可以查看到 test 项目，命令如下：

```
[root@ openstack ~]# openstack project list
+----------------------------------+---------+
| ID                               | Name    |
+----------------------------------+---------+
| 0dd87985eb314fed828e6888aed4880d | demo    |
| 55b50cbb4dd4459b873cb15a8b03db43 | admin   |
| 9a8db70e4d9f46b6bdc0b87db4e96d52 | test    |
| a184a157399043c2a40abc52df0459a2 | service |
+----------------------------------+---------+
```

登录 OpenStack 的 Dashboard 界面，选择"身份管理→项目"菜单命令，可以在页面右侧发现 test 项目已被创建，如图 12-1 所示。

图 12-1　项目显示

（二）创建用户

创建 test 用户，并设置登录密码为"123456"，命令如下：

```
[root@ openstack ~]# openstack user create --domain demo --password = 123456 test
+---------------------+----------------------------------+
| Field               | Value                            |
+---------------------+----------------------------------+
| domain_id           | 0fd68b47435a4559b0bc42cd64e8cb87 |
| enabled             | True                             |
```

```
| id                  | c306d8997dec49b9a0a207dfc6970ce3    |
| name                | test                                |
| options             | {}                                  |
| password_expires_at | None                                |
+---------------------+-------------------------------------+
```

查看平台中用户列表，命令如下：

```
[root@ openstack ~]# openstack user list
+----------------------------------+--------------------+
| ID                               | Name               |
+----------------------------------+--------------------+
| 0f8782af6a654d77b587e25a32f91f28 | cinder             |
| 1ab30f77400448eba6b2d47e55084540 | demo               |
| 2550fa93b1fe4cb582f1f46353b836d8 | ceilometer         |
| 2d2a345336184b1ebbdf022f710084e8 | neutron            |
| 48b816f9db9541b4bd9ca49ad453574c | glance             |
| 765a16c99d7d42a4b69ff941f7791b54 | aodh               |
| 788efa329f324b91a431ad56cd7b9a14 | nova               |
| 7ecae98d16d54483b964c9c2548fd7bc | swift              |
| 962612a3e7784df38d0c98fea1f30320 | heat               |
| 9ee4731c00c24f659b8790be6b77bc8a | admin              |
| c306d8997dec49b9a0a207dfc6970ce3 | test               |
| d6fdd1e5e1a348e0b6c5b8c7f33ba5fa | placement          |
| d957a578fed2452ab91bc651f2f1fb97 | heat_domain_admin  |
| e91070fa751e49689963b566db999bee | gnocchi            |
+----------------------------------+--------------------+
```

通过上述代码，可以发现 test 用户已被创建。

（三）使用角色

将 test 用户加入 test 项目，并赋予 test 用户 user 角色，命令如下：

```
[root@ openstack ~]# openstack role add --project test --user test user
```

执行完命令之后没有报错信息即为成功，可以在 Dashboard 查看项目中成员信息。
登录 OpenStack Dashboard 界面，在左侧导航栏选择"身份管理→项目"菜单命令，在右侧页面 test 项目后的下拉菜单中选择"管理成员"命令，跳转至编辑项目"对话框"，如图 12-2 所示，test 用户在 test 项目下，而且当前是 user 角色。

图 12-2　编辑项目

（四）用户使用

使用创建的 test 用户登录 OpenStack Dashboard 界面，此时可以发现左侧导航栏少了管理员选项，因为 test 用户是 user 角色。如图 12-3 所示，在左侧导航栏选择"身份管理→项目"菜单命令，也只能查看到 test 用户所在的项目，说明项目之间是隔离的。

图 12-3　test 用户查看项目

对 user 角色的用户来说，正常使用云计算平台没有任何问题。使用 test 用户创建镜像，在左侧导航栏选择"项目→资源管理→镜像"菜单命令，进入镜像管理界面。在镜像管理界面，单击左上角"+创建镜像"按钮，创建镜像，按要求填写相关信息，上传镜像。填写镜像名称为 "test-image"，选择镜像为 cirros 镜像，镜像格式为 QCOW2，确认参数填写正确后，单击右下角 "创建镜像" 按钮，创建完成后，如图 12-4 所示。

图 12-4 创建镜像完成

在等待一段时间后，test-image 镜像上传成功。

以上就是关于云计算平台项目、用户、角色的简单创建和使用。接下来对云计算平台的权限管理进行更详细的介绍。

三、云计算平台权限管理

假设当前公司研发部想使用公司的云计算平台申请云主机，供研发使用，为了资源的隔离与安全，管理员首先给研发部创建了自己的项目 "dev-dept"，命令如下：

```
[root @ openstack ~ ] # openstack project create --domain demo --description " dev project" dev-dept
+-----------------+--------------------------------------------------+
| Field           | Value                                            |
+-----------------+--------------------------------------------------+
| description     | dev project                                      |
| domain_id       | 0fd68b47435a4559b0bc42cd64e8cb87                 |
| enabled         | True                                             |
| id              | a99b4dc0696f438bb3e730ca5ef9daf2                 |
| is_domain       | False                                            |
| name            | dev-dept                                         |
| parent_id       | 0fd68b47435a4559b0bc42cd64e8cb87                 |
| tags            | []                                               |
+-----------------+--------------------------------------------------+
```

接着，创建研发部的用户 dev-user，设置密码为"123456"，命令如下：

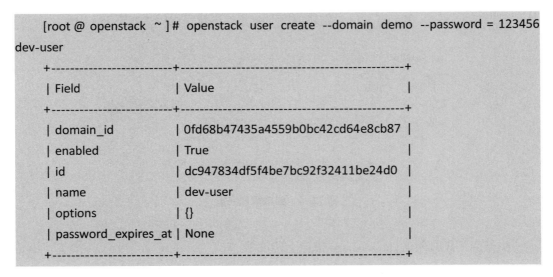

```
[root @ openstack ~ ]# openstack user create --domain demo --password = 123456
dev-user
+--------------------+------------------------------------+
| Field              | Value                              |
+--------------------+------------------------------------+
| domain_id          | 0fd68b47435a4559b0bc42cd64e8cb87   |
| enabled            | True                               |
| id                 | dc947834df5f4be7bc92f32411be24d0   |
| name               | dev-user                           |
| options            | {}                                 |
| password_expires_at | None                              |
+--------------------+------------------------------------+
```

将 dev-user 用户添加到 dev-dept 项目下，并赋予 user 角色，命令如下：

```
[root@ openstack ~ ]# openstack role add --project dev-dept --user dev-user user
```

这样就完成了研发部项目与用户的创建，研发部可以通过 dev-user 用户登录 Dashboard 页面进行相关操作。可以正常上传镜像、创建云主机。在使用过程中，管理员发现研发部自行上传了很多镜像，占用了太多空间，研究决定取消研发部用户上传镜像的权限。

其实在 OpenStack 中，真正限制用户操作权限的是 policy.json 文件，每一个服务在 /etc/服务名/下都有这个文件。

取消研发部上传镜像的权限，可以编辑/etc/glance/policy.json 文件，命令如下：

```
[root@ openstack ~ ]# vi /etc/glance/policy.json
```

找到第五行，进行修改：

```
"add_image":"",            #修改前
"add_image": "role:admin",  #修改后
```

修改完 add_image 字段后，上传镜像操作只有 admin 角色的用户才能使用。修改完配置文件后保存退出文件，用户可自行使用 dev-user 登录 Dashboard 界面验证上传镜像操作，测试此功能是否被禁止了。

简单来说，policy 就是用来控制某一个用户在某个项目中的权限的。这个用户能执行什么操作，不能执行什么操作，就是通过 policy 机制来实现的。直观地看，policy 就是一个 json 文件，位于/etc/服务名/policy.json 中，每一个服务都有一个对应的 policy.json 文件，通过配置这个文件，实现了对 user 的权限管理。

通过本节内容的学习，对云计算项目、用户、角色又有了更深的认识。在企业私有云的使用中，能为各部门创建项目和用户、定义角色，让各部门在使用云计算平台的过程中互不干扰，还能对云计算平台本身的权限进行管理，保障云计算平台的安全。

第二节　云计算平台安全组管理

考核知识点及能力要求：

• 了解云计算平台安全组的作用。

• 掌握云计算平台安全组的创建与使用的方法。

• 能够创建安全组规则，保障云系统、云应用的安全。

一、云计算平台安全组

云计算平台安全组是一些规则的集合，用来对虚拟机的访问流量加以限制，反映到底层，就是使用 iptables 给虚拟机所在的宿主机添加 iptables 规则。

安全组针对的是虚拟机端口（Port），因为虚拟机的 IP 是已知条件，定义规则时不需要指定虚拟机 IP，例如，定义入方向访问规则时，只需要定义源 IP、目标端口、协议，不需要定义目标 IP。而防火墙针对的是整个二层网络，一个二层网络肯定会有很多虚拟机，因此规则需要同时定义源 IP、源端口、目标 IP、目标端口、协议。

下面通过实战案例介绍云计算平台安全组的使用，更加感同身受地了解云安全组是如何发挥作用的。

二、云计算平台安全组的使用

某公司想在云计算平台上创建一个虚拟机，将公司的门户网站运行在该虚拟机上，为了确保网站的安全，管理员决定创建云计算平台安全组 httpuse，该安全组只放行 80 和 22 端口，即只能访问云主机的 80 和 22 端口。

（一）创建安全组

登录 OpenStack Dashboard 界面，在导航栏左侧选择"项目→网络→安全组"菜单命令，打开安全组页面。在安全组页面中，单击右上角"+创建安全组"按钮，然后填写安全组名称为 httpuse，如图 12-5 所示。

图 12-5　创建安全组

填写完信息之后，单击右下角"创建安全组"按钮，完成创建。

（二）管理规则

创建完安全组之后，需要添加管理规则，在 httpuse 安全组后面的下拉菜单中，选择的"管理规则"按钮，跳转至管理安全组规则页面中，如图 12-6 所示。

可以看到刚创建的安全组中存在两个默认的规则，单击右上角"+添加规则"按钮，添加放行 80 和 22 端口规则操作，如图 12-7 所示，22 端口使用同样的操作。

图 12-6　管理安全组规则

图 12-7　添加 80 端口规则

添加完成后单击右下角"添加"按钮，即可完成规则的添加，如图 12-8 所示。

图 12-8　添加规则完成

（三）测试使用

创建完成后，可以看到管理安全组规则页面出现了两条新的规则。接下来创建一个云主机，使用 httpuse 安全规则。将必要信息填完之后，单击"创建实例"按钮创建云主机，待云主机孵化完毕后，使用远程连接工具连接。在该云主机上安装 HTTP 服务（若云主机可以上网，可以使用系统自带 Yum 源进行安装；若云主机不可以上网，自行配置本地 Yum 源），命令如下：

```
[root@ localhost ~]# yum install httpd -y
... ...
Installed:
    httpd. x86_64 0:2. 4. 6-97. el7. centos

Dependency Installed:
    apr. x86_64 0:1. 4. 8-7. el7    apr-util. x86_64 0:1. 5. 2-6. el7centos-logos. noarch 0:
70. 0. 6-3. el7. centos
    httpd-tools. x86_64 0:2. 4. 6-97. el7. centos    mailcap. noarch 0:2. 1. 41-2. el7

Complete!
```

服务安装完毕后，启动 HTTP 服务，命令如下：

```
[root@ localhost ~]# systemctl start httpd
```

通过浏览器访问 "http://云主机 IP"，如图 12-9 所示。

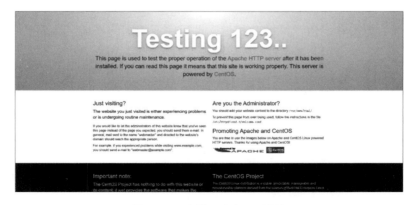

图 12-9　查看云主机 IP 地址

因为该云主机使用了 httpuse 安全组，其他服务端口无法访问，在云主机上安装 FTP 服务进行测试，命令如下：

```
[root@ localhost ~]# yum install vsftpd -y
... ...
Installed:
  vsftpd. x86_64 0:3. 0. 2-29. el7_9

Complete!
```

安装 FTP 服务后，配置匿名访问路径为/opt 目录，命令如下：

```
[root@ localhost ~]# vi /etc/vsftpd/vsftpd. conf
```

编辑 vsftpd. conf 配置文件在文件的第一行添加 "anon_root =/opt"，然后保存退出。
编辑完成后，启动 FTP 服务，命令如下：

```
[root@ localhost ~]# systemctl start vsftpd
```

通过网页访问云主机的 FTP 地址，发现无法访问。在云主机中使用 Netstat 命令查
看端口开放情况，命令如下：

```
[root@ localhost ~]# netstat -ntpl
Active Internet connections (only servers)
Proto Recv-Q Send-Q  Local Address    Foreign Address   State    PID/Program name
tcp      0      0    0. 0. 0. 0: 111   0. 0. 0. 0:*      LISTEN 510/rpcbind
tcp      0      0    0. 0. 0. 0: 22    0. 0. 0. 0:*      LISTEN 1188/sshd
tcp      0      0    127. 0. 0. 1:25   0. 0. 0. 0: *     LISTEN 962/master
tcp6     0      0    :::111           :::*             LISTEN 510/ rpcbind
tcp6     0      0    :::80            :::*             LISTEN 1453/httpd
tcp6     0      0    :::21            :::*             LISTEN 1521/vsftpd
tcp6     0      0    :::22            :::*             LISTEN 1188/sshd
tcp6     0      0    ::1:25           :::*             LISTEN 962/master
```

可以发现 FTP 服务的 21 端口是开放的（防火墙与 SELinux 服务均已关闭），验证
安全组只开放 80 和 22 端口成功。

通过本节内容的学习，对云安全组的使用有了一定的认识，在日常工作中，可以
根据需求创建安全组策略，满足用户对云系统或云应用的安全访问。

第三节　容器云平台安全管理

考核知识点及能力要求：

- 了解容器云平台的安全框架和安全机制。
- 掌握容器云平台中各安全机制的工作流程与原理。
- 掌握容器云平台中的三大安全模块。

一、Kubernetes 安全框架与机制

Kubernetes 作为一个分布式集群的管理工具，保证集群的安全性是其一个重要任务。API Server 是集群内部各个组件通信的中介，也是外部控制的入口。因此，Kubernetes 的安全机制基本就是围绕保护 API Server 设计的。

（一）Kubernetes 安全框架

Kubernetes 安全框架如图 12-10 所示。

Kubernetes 使用认证（Authentication）、鉴权（Authorization）、准入控制（AdmissionControl）三步来保证 API Server 的安全。当用户使用 Kubectl、API、UI，实际上就是操作 API Server 上的资源，之前制作容器镜像创建的 Deployment，使用 API 版本为"apps/v1"，代码显示如下：

```
# API 版本号
apiVersion: apps/v1
# 类型,如:Pod/ReplicationController/Deployment/Service/Ingress
kind: Deployment
```

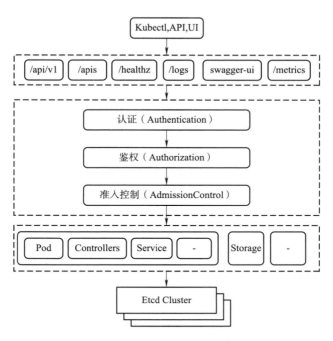

图 12-10　Kubernetes 安全框架

在用户创建 Deployment 时，API Server 会识别用户请求的资源，也就是上面的版本号和类型，如果无法识别则直接报错，识别成功后会经历 3 个关卡，具体如下：

- 第一关是认证（Authentication）。
- 第二关是鉴权（Authorization）。
- 第三关是准入控制（AdmissionControl）。

只有通过这 3 个关卡才可能会被 Kubernetes 创建资源。Kubernetes 安全控制框架主要由上面 3 个阶段进行控制，每一个阶段都支持插件方式，通过 API Server 配置来启用插件。

（二）Kubernetes 安全机制

通常用户如果要安全访问集群 API Server 往往需要证书、Token 或者用户名加密码，Token 在安装 Kubernetes Dashboard 的时候就配置过。

查看当前的 Token，命令如下：

```
[root@ master ~ ] # kubectl -n kubernetes-dashboard describe secret  $ (kubectl -n
kubernetes-dashboard get secret | grep dashboard-admin | awk '{print $ 1}')
    Name:            dashboard-admin-token-dhtf2
    Namespace:       kubernetes-dashboard
    Labels:          <none>
    Annotations:     kubernetes. io/service-account. name: dashboard-admin
                     kubernetes. io/service-account. uid: 4b2f919d-62da-4062-a131-f4e0ce275516

    Type: kubernetes. io/service-account-token

    Data
    ====
    namespace:    20 bytes
    token:eyJhbGciOiJSUzI1NiIsImtpZCI6IkpVTkI1emR0R2Z1TVdWbUVppQnE1bjBFNEtNR0ktem
    k5SWxEaWxaaGRFcFkifQ. eyJpc3MiOiJrdWJlcm5ldGVzL3NlcnZpY2VhY2NvdW50Iiwia3ViZXJuZXR
    lcy5pby9zZXJ2aWNlYWNjb3VudC9uYW1lc3BhY2UiOiJrdWJlcm5ldGVzLWRhc2hib2FyZCIsImt1Ym
    VybmV0ZXMuaW8vc2VydmljZWFjY291bnQvc2VjcmV0Lm5hbWUiOiJkYXNoYm9hcmQtYWRtaW
    4tdG9rZW4tZGh0ZjIiLCJrdWJlcm5ldGVzLmlvL3NlcnZpY2VhY2NvdW50L3NlcnZpY2UtYWNjb3Vud
    C5uYW1lIjoiZGFzaGJvYXJkLWFkbWluIiwia3ViZXJuZXRlcy5pby9zZXJ2aWNlYWNjb3VudC9zZXJ2a
    WNlLWFjY291bnQudWlkIjoiNGIyZjkxOWQtNjJkYS00MDYyLWExMzEtZjRlMGNlMjc1NTE2Iiwic3Vi
    joic3lzdGVtOnNlcnZpY2VhY2NvdW50Omt1YmVybmV0ZXMtZGFzaGJvYXJkOmRhc2hib2FyZC1h
    ZG 1pbiJ9. zt0lH9FNAWQ1Lw5QtlMufM7ScXWthoLEzy-ovLti5C5knGcVRKJ_z481vpbeQnULC-mf
    olVGorivHdXEA 2glbqeqYUur6oLGYopGmW40rW7Bx24HsjDmL-tBaFbOzd2IrekHRyEUt7gB5mw
    AnmmnTx90pTO23I2pHe0eUfcaeu6eCvcXtjs2NJadsySR4XLr4VdOu-NnF_4Ro7l9gz8oWtWjcsib_
    L6Pw0MlFi96GAsNH0-3_912oSBgPmUl4ySY0V3iz2TFjuTjf6qaTaWQVecp_Te_O1dubyWol
    GF1VqkO6MZ3ld2MYHJCpLTk7Gwni92eo43f5O3TmossjOuaNg
    ca. crt:       1025 bytes
```

除了 Token 的方式，还可以通过 ServerAccount 在 Pod 中去访问 API Server，查看当前的默认的 ServerAccount，命令如下：

```
[root@ master ~]# kubectl get sa
NAME        SECRETS     AGE
default      1           7d
```

除了使用上述的两种安全机制，Kubernetes 还保障了传输安全，当前 API Server 使用的是 6443 端口对外提供服务，查看 API Server 端口，命令如下：

```
[root@ master ~]# netstat -ntpl |grep api
tcp6        0        0 :::6443        :::*        LISTEN   13855/kube-apiserve
```

以上就是 Kubernetes 容器云平台的安全框架与安全机制，下面详细介绍 K8S 容器云平台中的三大安全模块。

二、 Kubernetes 安全模块详解

Kubernetes 容器云平台中的三大安全模块为认证（Authentication）、鉴权（Authorization）、准入控制（AdmissionControl）。

（一）认证（Authentication）

在 Kubernetes 容器云平台中认证方式有以下 3 种。

1. HTTP Token 认证

通过一个 Token（字符串）识别合法用户，HTTP Token 的认证是用一个很长的特殊编码方式的，并且难以被模仿的字符串 Token 来表达客户的一种方式。Token 是一个很长、很复杂的字符串，每个 Token 对应一个用户名且存储在 API Server 能访问的文件中。当客户端发起 API 调用请求时，需要在 HTTP Header 里放入 Token。

2. HTTP Base 认证

通过用户名+密码的方式认证。用户名和密码使用 BASE64 算法进行编码，编码后的字符串放在 HTTP Request 中的 HeatherAuthorization 域里发送给服务端，服务端收到后进行编码，获取用户名及密码。

这是传输和认证层面的，第一阶段验证用户的身份，可以理解为门禁，用户通过工卡进行身份验证，验证通过之后就能进入某片区域。

3. 最严格的 HTTPS 证书认证

基于 CA 根证书签名的客户端身份认证方式，首先签署一个 CA 根证书，所有节点的证书都是以这个根证书所签发出来的子证书，并且是 HTTPS 的双向认证。

（二）鉴权（Authorization）

第一阶段用户身份验证通过，然后进入了某片区域，但是这片区域有很多房

间，具体用户能进入哪个房间就得看用户工卡的授权了，用户有权限就可以刷开某个门，没权限就刷不开，所以这就涉及授权。一般使用 RBAC（Role-Based Access Control），基于角色的访问控制，角色就是具体的访问权限的集合，是负责完成授权工作的。

RBAC 基于角色的访问控制，在 Kubernetes 1.5 版本中开始引入，现行版本成为默认标准。相对其他访问控制方式，RBAC 拥有以下几个优势：

· 对集群中的资源和非资源均拥有完整的覆盖。

· 整个 RBAC 完全由几个 API 对象完成，同其他 API 对象一样，可以用 API 或 kubectl 进行操作。

· 可以在运行时进行调整，无须重启 API Server。

RBAC 引入了 4 个新的顶级资源对象：Role、ClusterRole、RoleBinding、ClusterRoleBinding，这 4 种对象类型均可以通过 kubectl 与 API 操作，RBAC 的组成如图 12-11 所示。

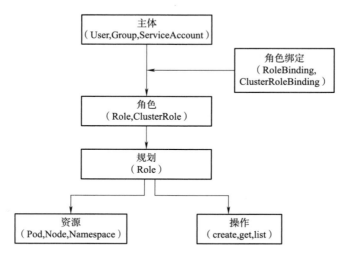

图 12-11 RBAC 的组成

RBAC 核心概念主要包括以下 3 点。

1. 主体（User、Group、ServiceAccount）

· User：用户

· Group：用户组

- ServicAccount：服务账号

2. 角色绑定（RoleBinding、ClusterRoleBinding）

- RoleBinding：将角色绑定到主体（subject），它对应 Role，创建 Role 使用这个去绑定，绑定后才会有相对应的权限。

- ClusterRoleBinding：将集群角色绑定到主体，它对应 ClusterRole，创建 ClusterRole 使用这个去绑定，绑定后才会有相对应的权限。

3. 角色（Role、ClusterRole）

- Role：授权特定命名空间的访问权限，Kubernetes 逻辑隔离是通过使用 Namespaces 实现的，它的授权是在命名空间层面的，决定用户能不能访问到某个命名空间。

- ClusterRole：此为集群层面的，针对所有的命名空间。

（三）准入控制（AdmissionControl）

准入控制在授权后对请求做进一步验证或者添加默认参数，在对 Kubernetes API 服务器的请求过程中，经过认证、授权后，执行准入操作，再对目标对象进行操作。这个准入插件代码在 API Server 中，而且必须被编译到二进制文件中才能被执行。

在对集群进行请求时，每个准入控制插件都按顺序运行，只有全部插件都通过的请求才会进入系统，如果序列中的任何插件拒绝请求，则整个请求将被拒绝，并返回错误信息。

某些情况下，为了适用于应用系统的配置，准入逻辑可能会改变目标对象。此外，准入逻辑也会改变请求操作的一部分相关资源。

AdminssionControl 实际上是一个准入控制器插件列表，发送到 API Server 的请求都需要经过这个列表中的每个准入控制器插件的检查，检查不通过，则拒绝请求。下面列举几个常用插件的功能：

- NamespaceLifecycle：防止在不存在的 Namespace 上创建对象，防止删除系统预置 Namespace。删除 Namespace 时，连带删除所有资源对象。

- LimitRange：确保请求的资源不会超过资源所在 Namespace 命名空间的

LimitRange 的限制。

- ServiceAccount：实现了自动化添加 ServiceAccount。

- ResourceQuota：确保请求的资源不会超过资源的 ResourceQuota 限制。

三、 Kubernetes 安全实战

下面使用几个常用的准入控制插件，以实现简单的容器云平台安全管理。

（一）环境准备

可以直接使用物理服务器或者虚拟机进行 Kubernetes 集群的部署，考虑到环境准备的便捷性，使用 VMWare Workstation 进行实验；考虑到 PC 机的配置，使用单节点安装 Kubernetes 服务，即将 Master 节点和 Node 节点安装在一个节点上（这时，Master 节点既是 Master，也是 Node），其节点规划见表 12-1。

表 12-1　　　　　　　　　　　　　　　　节点规划

节点角色	主机名	内存/GB	硬盘/GB	IP 地址
Master/Node	master	12	100	192. 168. 200. 19

此次安装 Kubernetes 服务的系统为"CentOS7. 5-1804"，Docker 版本为"docker-ce-19. 03. 13"，Kubernetes 版本为"1. 18. 1"。

（二）LimitRange 实战

LimitRange 从字面意思上来看就是对范围进行限制，实际上是对 CPU 和内存资源使用范围的限制。

1. LimitRange 限制范围

一个 LimitRange（限制范围）对象提供的限制能够做到以下几点：

- 在一个命名空间中实施对每个 Pod 或者 Container 最小和最大的资源使用量的限制。

- 在一个命名空间中实施对每个 PersistentVolumeClaim 能申请的最小和最大的存储空间的限制。

- 在一个命名空间中实施对一种资源的申请值和限制值的比值进行控制。

• 设置一个命名空间中对计算资源的默认申请/限制值，并且在运行时自动注入到多个 Container 中。

2. LimitRange 工作流程

LimitRange 的工作流程经历以下 6 个阶段：

• 管理员在一个命名空间内创建一个 LimitRange 对象。

• 用户在命名空间内创建 Pod、Container 和 PersistentVolumeClaim 等资源。

• LimitRange 准入控制器对所有没有设置计算资源需求的 Pod 和 Container 设置默认值与限制值，并跟踪其使用量以保证没有超出命名空间中存在的任意 LimitRange 对象中的最小、最大资源使用量以及使用量比值。

• 若创建或者更新资源（Pod、Container、PersistentVolumeClaim）违反 LimitRange 的约束，向 API 服务器的请求会失败，返回 HTTP 状态码 403 FORBIDDEN 并描述哪一项约束被违反的消息。

• 若命名空间中的 LimitRange 启用了对 cpu 和 memory 的限制，用户必须指定这些值的需求使用量与限制使用量。否则，系统将会拒绝创建 Pod。

• LimitRange 的验证仅在 Pod 准入阶段进行，不对正在运行的 Pod 进行验证。

3. LimitRange 使用

由于 LimitRange 是基于名称空间的，因此为了测试，先创建一个名称空间 mem-test，命令如下：

```
[root@ master ~]# kubectl create namespace mem-test
namespace/mem-test created
```

创建一个 LimitRange 的声明，设置默认限制量和默认请求量，在 Master 节点的/root 目录下，创建"mem-limit. yaml"文件，命令及文件内容如下：

```
[root@ master ~]# vi mem-limit. yaml
```

#men-limit. yaml 文件的内容如下：

```
apiVersion: v1
kind:LimitRange
metadata:
```

```
        name: mem-limit
   spec:
      limits:
      - default:
           memory: 512Mi
        defaultRequest:
           memory: 256Mi
        type: Container
```

在 mem-test 命名空间运行 mem-limit. yaml 文件，命令如下：

```
[root@ master ~ ]# kubectl apply -f mem-limit. yaml --namespace mem-test
limitrange/mem-limit created
```

如果有容器在 mem-test 命名空间下被创建，并且创建时没有指定内存申请值和内存限制值，则会被默认分配 256 MB 的内存请求和 512 MB 的内存上限。下面创建"mem-pod. yaml"文件，启动一个 Pod，镜像使用 Nginx，不声明资源申请和内存限制，命令及文件内容如下：

```
[root@ master ~ ]# vi mem-pod. yaml
#mem-pod. yaml 文件内容如下
apiVersion: v1
kind: Pod
metadata:
   name: mem-pod
spec:
   containers:
   - name: men-pod-default
     image:nginx
     imagePullPolicy: IfNotPresent
```

创建该 Pod，命令如下：

```
[root@ master ~ ]# kubectl apply -f mem-pod. yaml --namespace mem-test
pod/mem-pod created
```

查看这个 Pod 的详细信息，命令如下：

```
[root@ master ~]# kubectl get pod mem-pod --output = yaml --namespace = mem-test
... 忽略输出 ...
containers:
  - image:nginx
    imagePullPolicy: IfNotPresent
    name: men-pod-default
    resources:
      limits:
        memory: 512Mi
      requests:
        memory: 256Mi
... 忽略输出 ...
```

以上输出信息显示 Pod 的容器包含了一个 256 MB 的内存申请和一个 512 M 的内存限制，都是 LimitRange 里声明的默认值。LimitRange 不只是对单个容器进行资源限制，还可以对 Pod 中的资源进行限制，下面给出一个完整的 test-limit. yaml 文件，文件内容如下：

```
apiVersion: v1
kind:LimitRange
metadata:
  name:mylimits
spec:
  limits:
  - max:
      cpu: 4
      memory: 2Gi
    min:
      cpu: 200m
      memory: 6Mi
    maxLimitRequestRatio:
      cpu: 3
      memory: 2
    type: Pod
  - default:
      cpu: 300m
      memory: 200Mi
```

```
defaultRequest:
  cpu: 200m
  memory: 100Mi
max:
  cpu: "2"
  memory: 1Gi
min:
  cpu: 100m
  memory: 3Mi
maxLimitRequestRatio:
  cpu: 5
  memory: 4
type: Container
```

Pod 部分内容详细解释如下：

• max 表示 Pod 中所有容器资源的 limit 值和的上限，也就是整个 Pod 资源的最大 limit，如果 Pod 定义中的 limit 值大于 LimitRange 中的值，则 Pod 无法成功创建。

• min 表示 Pod 中所有容器资源请求总和的下限，也就是所有容器 request 的资源总和不能小于 min 中的值，否则 Pod 无法成功创建。

• maxLimitRequestRatio 表示 Pod 中所有容器资源请求的 limit 值和 request 值比值的上限，例如，该 Pod 中 CPU 的 limit 值为 3，而 request 为 0.5，此时比值为 6，创建 Pod 将会失败。

container 部分内容详细解释如下。

在 container 的部分，max、min 和 maxLimitRequestRatio 的含义和 Pod 中的类似，只不过是针对单个容器而言。下面说明几个情况：

• 如果 container 设置了 max，Pod 中的容器必须设置 limit，如果未设置，则使用 defaultlimt 的值，如果 defaultlimit 也没有设置，则无法成功创建。

• 如果设置了 container 的 min，创建容器时必须设置 request 的值，如果没有设置，则使用 defaultrequest；如果没有 defaultrequest，则默认等于容器的 limit 值；如果 limit 也没有，启动就会报错。

• defaultrequest 和 defaultlimit 则是默认值。

注意：Pod 级别没有这两项设置。

创建一个 Pod，设置内存超过 LimitRange 的上限，尝试是否能启动，首先执行"test-limit. yaml"文件，命令如下：

```
[root@ master ~]# kubectl apply -f test-limit. yaml --namespace mem-test
limitrange/mylimits created
```

接着创建"pod-overmem. yaml"文件，命令及文件内容如下：

```
[root@ master ~]# vi pod-overmem. yaml
```

#pod-overmem. yaml 文件内容如下：

```
apiVersion: v1
kind: Pod
metadata:
  name: pod-overmem
spec:
  containers:
  - name: men-pod-default
    image:nginx
    imagePullPolicy: IfNotPresent
    resources:
      limits:
        memory: 3Gi
```

编辑完成 Yaml 文件后，运行该文件，命令如下：

```
[root@ master ~]# kubectl apply -f pod-overmem. yaml --namespace mem-test
Error from server (Forbidden): error when creating "pod-overmem. yaml": pods "pod-
overmem" is forbidden: [maximum memory usage per Pod is 2Gi, but limit is 3221225472,
maximum memory usage per Container is 1Gi, but limit is 3Gi]
```

此时可以看到创建失败，关于更多 LimitRange 的资源限制，可以自行尝试。

（三）ResourceQuota 实战

ResourceQuota 和 LimitRange 两种控制策略的作用范围都是针对某一 Namespace，ResourceQuota 用来限制 Namespace 中所有的 Pod 占用的总的资源 request 和 limit，而 LimitRange 是用来设置 Namespace 中单个 Pod 默认的资源 request 和 limit 值。

1. ResourceQuota 简介

ResourceQuotas（简称 Quota，资源配额）是对 Namespace 进行资源配额，限制资源使用的一种策略。Kubernetes 是一个多用户架构，当多用户或者团队共享一个 Kubernetes 系统时，SA 使用 Quota 防止用户（基于 Namespace 的）的资源抢占，定义好资源分配策略。

Quota 应用在 Namespace 上，默认情况下是没有 ResourceQuota 的，需要另外创建 Quota，并且每个 Namespace 最多只能有一个 Quota 对象。

2. ResourceQuota 工作方式

当多个 Namespace 共用同一个集群时，可能会有某一个 Namespace 使用的资源配额超过其公平配额，从而导致其他 Namespace 的资源被占用。这个时候用户可以为每个 Namespace 创建一个 ResourceQuota，ResourceQuota 工作方式有如下 4 种方式：

• 用户在 Namespace 中创建资源时，Quota 配额系统跟踪使用情况，以确保不超过 ResourceQuota 的限制值。

• 如果创建或者更新资源违反配额约束，则 HTTP 状态代码将导致请求失败 403 FORBIDDEN。

• 资源配额的更改不会影响已经创建的 Pod。

• API Server 的启动参数通常 Kubernetes 默认启用了 ResourceQuota。在 API Server 的启动参数 "-enable-admission-plugins＝" 中，如果有 ResourceQuota 便为启动。

3. ResourceQuota 实战

ResourceQuota 也是对命名空间进行配置和限额，所以先创建命名空间，以便和集群的其余部分相隔离。

创建命名空间 "quota-test"，命令如下：

```
[root@ master ~]# kubectl create namespace quota-test
namespace/quota-test created
```

创建 "quota-test. yaml" 文件，设置命名空间的资源配额，命令及文件内容如下：

```
[root@ master ~]# vi quota-test. yaml
```

#quota-test. yaml 文件内容如下:

```
apiVersion: v1
kind:ResourceQuota
metadata:
  name: quota-demo
spec:
  hard:
    requests. cpu: "1"
    requests. memory: 1Gi
    limits. cpu: "2"
    limits. memory: 2Gi
    pods: "2"
```

创建 ResourceQuota, 命令如下:

```
[root@ master ~ ]# kubectl apply -f quota-test. yaml -n quota-test
resourcequota/quota-demo created
```

查看 ResourceQuota 详情, 命令如下:

```
[root@ master ~ ]# kubectl get resourcequota quota-demo -n quota-test --output = yaml
... 忽略输出 ...
spec:
  hard:
    limits. cpu: "2"
    limits. memory: 2Gi
    pods: "2"
    requests. cpu: "1"
    requests. memory: 1Gi
status:
  hard:
    limits. cpu: "2"
    limits. memory: 2Gi
    pods: "2"
    requests. cpu: "1"
    requests. memory: 1Gi
  used:
    limits. cpu: "0"
```

```
limits. memory: "0"
pods: "0"
requests. cpu: "0"
requests. memory: "0"
```

ResourceQuota 在 quota-test 命名空间中设置了如下要求：

- 每个容器必须有内存请求和限制，以及 CPU 请求和限制。
- 所有容器的内存请求总和不能超过 1 GiB。
- 所有容器的内存限制总和不能超过 2 GiB。
- 所有容器的 CPU 请求总和不能超过 1 CPU。
- 所有容器的 CPU 限制总和不能超过 2 CPU。
- 所有容器的数量不能超过 2 个。

也就是在名称空间 quota-test 创建 Pod，必须遵守在上面定义的要求。

创建"pod-quota-test. yaml"文件，命令及文件内容如下：

```
[root@ master ~]# vi pod-quota-test. yaml
#pod-quota-test. yaml 文件内容如下
apiVersion: v1
kind: Pod
metadata:
  name: quota-mem-cpu-demo
spec:
  containers:
  - name: quota-mem-cpu-demo-ctr
    image:nginx
    imagePullPolicy: IfNotPresent
    resources:
      limits:
        memory: "800Mi"
        cpu: "800m"
      requests:
        memory: "600Mi"
        cpu: "400m"
```

创建 Pod，命令如下：

```
[root@ master ~ ]# kubectl apply -f pod-quota-test. yaml -n quota-test
pod/quota-mem-cpu-demo created
```

查看配额，命令如下：

```
[root@ master ~ ]# kubectl get resourcequota quota-demo -n quota-test --output = yaml
... 忽略输出 ...
spec:
  hard:
    limits. cpu: "2"
    limits. memory: 2Gi
    pods: "2"
    requests. cpu: "1"
    requests. memory: 1Gi
status:
  hard:
    limits. cpu: "2"
    limits. memory: 2Gi
    pods: "2"
    requests. cpu: "1"
    requests. memory: 1Gi
  used:
    limits. cpu: 800m
    limits. memory: 800Mi
    pods: "1"
    requests. cpu: 400m
    requests. memory: 600Mi
```

创建 "pod-quota-test2. yaml" 文件，尝试创建第二个 Pod，命令及文件内容如下：

```
[root@ master ~ ]# vi pod-quota-test2. yaml
```

#pod-quota-test2. yaml 文件内容如下：

```
apiVersion: v1
kind: Pod
metadata:
  name: quota-mem-cpu-demo-2
```

```
spec:
  containers:
  - name: quota-mem-cpu-demo-2-ctr
    image:nginx
    imagePullPolicy: IfNotPresent
    resources:
      limits:
        memory: "1Gi"
        cpu: "800m"
      requests:
        memory: "700Mi"
        cpu: "400m"
```

创建 Pod，命令如下：

```
[root@ master ~]# kubectl apply -f    pod-quota-test2. yaml -n quota-test
Error from server (Forbidden): error when creating " pod-quota-test2. yaml": pods
"quota-mem-cpu-demo-2" is forbidden: exceeded quota: quota-demo, requested:
requests. memory = 700Mi, used: requests. memory = 600Mi, limited: requests. memory = 1Gi
```

第二个 Pod 不能被成功创建，输出结果显示创建第二个 Pod 会导致内存请求总量超过内存请求配额。在 quota-demo 中还写了关于 Pod 数量的限制，感兴趣的读者可以自行尝试创建 Pod，体验 ResourseQuota 的资源限制功能。

通过本节内容的学习，认识了 Kubernetes 容器云平台自身的安全框架与安全机制，也掌握了 Kubernetes 容器云平台中的三大安全模块。Kubernetes 容器云平台中提供了很多插件保障平台的安全与稳定，本节只是选取了两个常用的模块进行讲解。

思考题

1. 云计算平台中用户、项目、角色的概念与 Linux 系统中用户、组、权限的概念有什么区别？

2. 如何使用 policy 配置文件更精确地控制权限？

3. 云平台中的安全组与物理防火墙有什么区别？

4. 在生产环境下会使用什么样的容器安全配置？

5. 简述常见的准入控制插件。

第十三章　云应用开发安全管理

云应用开发安全管理主要是软件开发过程中需要用到的安全框架与代码层面安全防护。本章介绍常见的 Web 攻击方式的原理和防御方法，基于云平台开发篇中 Dashboard 计费案例介绍 Python Django 框架的安全性。

● **职业功能**：云安全管理（云应用开发安全管理）。

● **工作内容**：在软件开发阶段实施安全防护配置。

● **专业能力要求**：能根据业务需求选择合适的开发框架；能根据安全要求配置 Web 攻击的防御手段；能设置云服务器防火墙规则。

● **相关知识要求**：掌握常见 Web 攻击方式的原理和防御方法；掌握 Django 框架的安全配置方法；掌握云服务器防火墙配置知识。

第一节　Web 攻击方式原理

考核知识点及能力要求：

• 掌握常见 Web 攻击方式的原理。

• 掌握常见 Web 攻击的防御方法。

• 能熟练使用 Web 攻击防御方法。

一、跨站脚本攻击 XSS

跨站脚本攻击（XSS，Cross Site Scripting）者往 Web 页面中插入恶意 JavaScript 代码，当用户浏览该网页时，嵌入其中的 JavaScript 代码会被执行，从而达到恶意攻击用户的目的。

（一）XSS 攻击的分类

XSS 攻击分为反射型 XSS 攻击和存储型 XSS 攻击。

1. 反射型 XSS 攻击

反射型 XSS 攻击又称为非持久性跨站脚本攻击。漏洞产生的原因是攻击者注入的数据反映在响应中。非持久型 XSS 攻击要求用户访问一个被攻击者篡改后的链接，用户访问该链接时，被植入的攻击脚本被用户浏览器执行，从而达到攻击目的。例如，黑客在论坛中发布恶意链接，通过 URL 参数直接注入恶意脚本，最后在响应的数据中包含着危险的代码。如果用户单击了该恶意链接，则会在用户的浏览器上执行恶意脚本，达到黑客的某种目的。

2. 存储型 XSS 攻击

存储型 XSS 攻击又称为持久型跨站脚本攻击，一般将恶意脚本存储在网站数据库中。当一个页面被用户打开时，请求到了数据库中被注入的恶意脚本，浏览器在显示数据时会执行这个请求到的恶意脚本。与持久型 XSS 攻击相比，反射型 XSS 攻击危害性更大，容易生成蠕虫病毒。这是因为每当用户打开页面查看内容时，脚本将会自动执行。例如，网页有一个发表评论的功能，该评论会写入后台数据库，并且访问主页时，会从数据库中加载出所有的评论，那么同时也加载了恶意脚本并执行。

（二）XSS 攻击的防御

一些浏览器自带防御功能，可拦截反射型 XSS 中的 HTML 恶意脚本，但是无法拦截 JavaScript 和富文本中的恶意脚本，所以这就需要自己做防御。常见的防御手段有对特殊字符转义、黑白名单。当然，一些 Web 开发框架也实现了一些常见攻击的防御方法。

1. 特殊字符转义

对包括但不限于单引号、双引号、空格、尖括号进行转义，命令如下：

```
var escapeHtmlProperty = function (str) {
    if(! str) return '';
    str = str. replace(/"/g,'&quto;');
    str = str. replace(/'/g,'&#39;');
    str = str. replace(/ /g,'&#32;');
    return str;
}
var escapeForJS = function(str){
        if(! str) return '';
        str = str. replace(/\\/g,'\\\\');
        str = str. replace(/"/g,'\\"');
        return str;
}
```

2. 黑白名单

若 Web 网页中有富文本的输入和显示，使用特殊字符转义的方式便不容易应对这种情况。恶意 JavaScript 脚本可以藏在 HTML 标签、超链接以及标签属性等任何地方，可以选用黑名单的方式去过滤恶意脚本，例如，把 "<script/>" "onerror" 等这种危险的标签或属性纳入黑名单。但是使用黑名单可能会遗漏一些危险情况，此时就可以选用白名单的方式，把不在白名单中的字符全部过滤掉。这种方式需要先解析 HTML 树状结构，然后再进行过滤，最后把过滤后的安全的 HTML 输出。

解析 HTML 树状结构可以在服务端用 Cheerio 工具，使用安装命令如下：

```
npm install cheerio
```

使用黑白名单方法，命令如下：

```
var xssFilter = function(html) {
    if(! html) return '';
    var cheerio = require('cheerio');
    var $ = cheerio. load(html);//使用 cheerio 工具加载 HTML
    //白名单
    var whiteList = {
        'html': [''],
        'body': [''],
        'head': [''],
        'div': ['class'],
        'img': ['src'],
        'a': ['href'],
        'font':['size','color']
    };

    $ ('* '). each(function(index,elem){
        if(! whiteList[elem. name]) {
            $ (elem). remove();
            return;
        }
        for(var attr in elem. attribs) {
            if(whiteList[elem. name]. indexOf(attr) === -1) {
                $ (elem). attr(attr,null);
            }
        }
    }
```

```
    });
    return  $ . html();
}
```

二、跨站请求伪造（CSRF）

跨域请求伪造（Cross Site Request Forgery）是一种常见的 Web 攻击方式，通过浏览器缓存的认证信息（如 Cookie）来发起伪造的请求。其攻击流程非常简单，如图 13-1 所示。

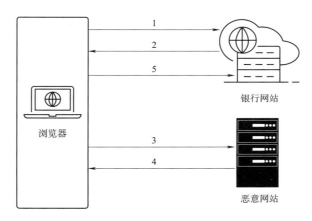

图 13-1 CSRF 攻击流程

1—登录网上银行 2—登录成功，返回 Cookie 3—用户在没有登录银行网站时，访问恶意网站
4—恶意网站构造了一个恶意 URL 让用户单击 5—用户单击恶意 URL 访问到银行网站

CSRF 攻击的流程通常总结为以上 5 步，以下内容讲解 CSRF 的攻击类型。

（一）CSRF 攻击类型

1. GET 类型

GET 类型的 CSRF 非常简单，只需要一个 HTTP 请求，一般会这样利用，代码内容如下：

```
<img src = "http://example. com/withdraw?  amount = 10000&for = hacker" >
```

被攻击者访问含有 img 的页面后，浏览器会自动向 "http://example.com/withdraw？account=xiaoming&amount = 10000&for = hacker" 发出一次 HTTP 请求。服务器 bank. example 就会收到包含被攻击者登录信息的一次跨域请求。

2. POST 类型

POST 类型的 CSRF 通常使用一个自动提交表单来发起攻击，示例代码内容如下：

```
<form action = "http://bank. example/withdraw" method = POST>
    <input type = "hidden" name = "account" value = "xiaoming" />
    <input type = "hidden" name = "amount" value = "10000" />
    <input type = "hidden" name = "for" value = "hacker" />
</form>
<script> document. forms[0]. submit(); </script>
```

访问该页面后，表单会自动提交，相当于模拟用户完成了一次 POST 操作。POST 类型的攻击通常比 GET 要求更加严格一点，但仍并不复杂。个人网站、博客被黑客上传页面的网站都有可能是发起攻击的来源，后端接口不能将安全寄托在仅允许 POST 上面。

3. 超链接类型

超链接类型的 CSRF 并不常见，需要用户单击超链接才会触发。这种类型往往会在论坛发布的图片之中嵌入恶意链接，或者以广告形式出现。攻击者通常会以比较夸张的词语诱骗用户单击。示例代码内容如下：

```
<a href = "http://example. com/csrf/withdraw. php? amount = 1000&for = hacker" taget = "_blank">重磅消息！！ <a/>
```

当用户登录信任的网站，并且保存登录状态时，用户再主动访问该恶意 PHP 页面，则表示攻击成功。

（二）CSRF 防御策略

CSRF 通常从第三方网站发起，被攻击的网站无法阻止攻击发生，只能通过增强自己网站针对 CSRF 的防护能力来提升安全性。

1. 同源检测

既然 CSRF 大多来自第三方网站，那么直接禁止外域发起的请求即可，可根据 HTTP 协议携带的 Origin Header 和 Referer Header 来确定请求的来源域。这两个 Header 在浏览器发起请求时，大多数情况会自动带上，并且不能由前端来自定义内容。服务器可以通过解析这两个 Header 中的域名，确定请求的来源域。

但是对于某些版本的浏览器发起的链接，或者 302 重定向之后，Origin Header 不会被包含在请求中。Referer Header 的值是由浏览器提供的，虽然 HTTP 协议有明确的要求，但是每个浏览器对 Referer 的实现千差万别，并不能保证所有浏览器都没有安全漏洞。在部分情况下，攻击者可以隐藏，甚至修改请求的 Referer。

另外，域名过滤会让来自搜索引擎的链接误认为 CSRF 攻击。同源检测是为了防御来自第三方域名的攻击，但并不能排除本域发起的攻击。如果攻击者有权限在本域发布包含链接、图片等内容，那么攻击者就可以在本域发起攻击，这种情况下同源策略就无法防护。

综上所述，同源检测是相对简单的防范方法，能够防范绝大多数的 CSRF 攻击，但这也不是万无一失的，对安全性要求较高的网站，就需要对关键接口做额外的防护措施。

2. CSRF Token

CSRF 攻击之所以能成功，是因为服务器误把攻击者发起的携带认证信息的请求当成了用户自己的请求。那么就可以让所有用户的请求，都携带一个 CSRF 攻击者无法获取到的 Token。服务器通过校验请求是否携带正确的 Token，来把正常请求和攻击请求区分开，从而防御 CSRF 的攻击。

CSRF Token 的防御策略分为 3 个步骤。

（1）将 CSRF Token 输出到页面中

首先，用户打开页面时，服务器需要给这个用户生成一个 Token，该 Token 通过加密算法对数据进行加密。一般情况下，Token 都包括随机字符串和时间戳的组合，那么在提交时，Token 就不能再存放在 Cookie 中，否则就会被攻击者冒用。因此，为了安全起见，Token 最好存在服务器的 Session 中，然后在每次页面加载时，使用 JavaScript 遍历整个 DOM 树。在 DOM 中的所有的<a>标签和<form>标签后加入 Token，可以解决大部分的请求。但是对于页面加载后动态再生成的 HTML 代码，这种方法就没有作用，需要程序员在编码时手动添加 Token 才行。

（2）提交携带 Token 的请求

对于 GET 请求，Token 将附在请求地址之后，这样 URL 就变成"http://url? csrftoken＝tokenvalue"。而对 POST 请求来说，要在 form 的最后加上以下内容：

```
<input type＝"hidden" name＝"csrftoken" value＝"tokenvalue"/>
```

这样，Token 就以参数的形式加入请求了。

（3）服务器验证 Token

当用户从客户端得到 Token 后，再次提交给服务器时，服务器需要判断 Token 的有效性。验证过程中需要先解密 Token，对比下加密字符串和时间戳，如果加密字符串一致且时间未过期，那么这个 Token 就是有效的。

这种方法要比检查 Referer 或者 Origin 更安全一些，Token 可以产生并放在 Session 之中，每次请求时，需把 Token 从 Session 中拿出，与请求中的 Token 进行比对。但这种方法比较麻烦，那么该怎样把 Token 以参数的形式加入请求呢？

下面将以 Java 为例，介绍一些 CSRF Token 的服务端校验逻辑，内容如下：

```java
HttpServletRequest req = (HttpServletRequest)request;
HttpSession s = req. getSession();

// 从 session 中得到 csrftoken 属性
String sToken = (String)s. getAttribute("csrftoken");
if(sToken == null){
    // 产生新的 token 放入 session 中
    sToken = generateToken();
    s. setAttribute("csrftoken",sToken);
    chain. doFilter(request, response);
} else{
    // 从 HTTP 头中取得 csrftoken
    String xhrToken = req. getHeader("csrftoken");
    // 从请求参数中取得 csrftoken
    String pToken = req. getParameter("csrftoken");
    if(sToken！= null && xhrToken！= null && sToken. equals(xhrToken)){
        chain. doFilter(request, response);
    }else if(sToken！= null && pToken！= null && sToken. equals(pToken)){
        chain. doFilter(request, response);
    }else{
request. getRequestDispatcher("error. jsp"). forward(request,response);
    }
}
```

这个 Token 的值必须是随机生成的，这样就不会被攻击者猜到，可以利用 Java 应用程序的 java. security. SecureRandom 类来生成足够长的随机标记，替代生成算法包括使用 256 位 BASE64 编码哈希，选择这种生成算法的开发人员必须确保在散列数据中使用随机性和唯一性来生成随机标识。开发人员通常只需为当前会话生成一次 Token。在初始生成此 Token 之后，该值将存储在会话中，并用于每个后续请求，直到会话过期。当最终用户发出请求时，服务器端必须验证请求中 Token 的存在性和有效性，与会话中找到的 Token 相比较。如果在请求中找不到 Token，或者提供的值与会话中的值不匹配，则应中止请求，重置 Token，并将事件记录为正在进行的潜在 CSRF 攻击。

3. 分布式校验

在大型网站中，使用 Session 存储 CSRF Token 会带来很大压力。访问单台服务器的 Session 往往是同一个，而大型网站的服务器通常不止一台，可能有几十台至几百台，甚至机房分布在不同的省份，用户发起的 HTTP 请求通常要经过像 Ngnix 之类的负载均衡器之后，再路由到具体的服务器上。由于 Session 默认存储在单机服务器内存中，因此，在分布式环境下，同一个用户发送的多次 HTTP 请求可能会先后落到不同的服务器上，会导致后面发起的 HTTP 请求无法获取前面的 HTTP 请求存储在服务器中的 Session 数据，从而使 Session 机制在分布式环境下失效。在分布式集群中，CSRF Token 需要存储在 Redis 之类的公共存储空间。

由于使用 Session 存储、读取和验证 CSRF Token 的实现过程会比较复杂，同时还会引起性能问题，所以，目前很多网站采用 Encrypted Token Pattern 方式。这种方式的 Token 是一个计算出来的结果，而非随机生成的字符串。这样在校验时，无须再读取存储的 Token，只用再次计算一次即可。

这种 Token 的值通常是 UserID、时间戳和随机数通过加密的方法生成的，这样既能保证分布式服务的 Token 一致，又能保证 Token 不容易被破解。

在 Token 解密成功之后，服务器可以访问解析值，Token 中包含的 UserID 和时间戳将会被拿来验证有效性，将 UserID 与当前登录的 UserID 进行比较，将时间戳与当前时间进行比较。

Token 是一个比较有效的 CSRF 防护方法，只要页面没有 XSS 漏洞泄露 Token，那么接口的 CSRF 攻击就无法成功。但是此方法的实现比较复杂，需要给每一个页面都写入 Token（前端无法使用纯静态页面），每一个 Form 及 Ajax 请求都携带这个 Token，且后端对每一个接口都要进行校验，并保证页面 Token 与请求 Token 一致。这就使这个防护策略不能在通用的拦截上统一进行拦截处理，而需要每一个页面和接口都添加对应的输出和校验。这种方法不仅工作量巨大，而且有可能产生遗漏。

4. 双重 Cookie 验证

在会话中存储 CSRF Token 比较烦琐，而且不能在通用的拦截上统一处理所有的接口，如此就有了另一种防御措施——使用双重提交 Cookie，利用 CSRF 攻击不能获取到用户 Cookie 中内容的特点，可以要求 Ajax 和表单请求携带一个 Cookie 中的值。

双重 Cookie 验证防御有以下步骤：

- 在用户访问网站页面时，向请求域名注入一个 Cookie，内容为随机字符串。
- 在前端向后端发起请求时，取出 Cookie 中的内容，并添加到 URL 的参数中。
- 后端接口验证 Cookie 中的字段与 URL 参数中的字段是否一致，不一致则拒绝。

此方法相对于 CSRF Token 简单许多。可以直接通过前后端拦截的方法自动化实现。后端校验也更加方便，只需要进行请求中字段的对比，不需要再进行查询和存储 Token。但是，此方法并没有大规模应用，其在大型网站上的安全性还是没有 CSRF Token 高，原因如下：

- 如果用户访问的网站为 www. a. com，而后端的 API 域名为 api. a. com。那么在 www. a. com 下，前端拿不到 api. a. com 的 Cookie，也就无法完成双重 Cookie 认证。
- 认证 Cookie 必须被种在 a. com 下，这样每个子域都可以访问，并且任何一个子域都可以修改 a. com 下的 Cookie。
- 某个子域名存在漏洞，被跨站脚本 XSS 攻击（如 upload. a. com）。虽然这个子域下并没有值得窃取的信息，但攻击者修改了 a. com 下的 Cookie。
- 攻击者可以直接使用自己配置好的 Cookie，向 XSS 攻击的用户在 www. a. com 下发起 CSRF 攻击。

这样，使用 XSS 和 CSRF 两种攻击方式的组合，攻击者就有机会攻破双重 Cookie 验证防御。

5. Samesite Cookie 属性

为了从源头上解决 CSRF 防御问题，Google 起草了一份改进 HTTP 协议，实际就是为 Set-Cookie 响应头新增 Samesite 属性，用来标明这个 Cookie 是个"同站 Cookie"，而同站 Cookie 只能作为第一方 Cookie，不能作为第三方 Cookie。Samesite 有两个属性值，分别是 Strict 和 Lax。

首先，"Samesite = Strict" 被称为严格模式，表明这个 Cookie 在任何情况下都不可能作为第三方 Cookie，如在 b. com 下设置 Cookie。内容如下：

```
Set-Cookie:foo = 1; Samesite = Strict
Set-Cookie: bar = 2;Samesite = Lax
Set-Cookie:baz = 3
```

在 a. com 下发起对 b. com 的任意请求，foo 的 Cookie 不会被包含在 Cookie 请求中，但 bar 会。比如，一家购物网站需要识别用户是否登录，把 Cookie 设置成了 Samesite = Strict，那么用户从搜索引擎页面，甚至是从本公司其他域名链接进入购物网站，都不会是登录状态。这是因为购物网站的服务器不会接受这个 Cookie，以致其他网站发起的对这家购物网站的任意请求，都不会带上这个 Cookie。

其次，"Samesite = Lax" 被称为宽松模式，稍微放宽了限制。例如，在 b. com 中设置了上一例子的 Cookie，当用户从 a. com 单击链接进入 b. com 时，foo 这个 Cookie 不会被包含在 Cookie 请求头中，但 bar 和 baz 会。也就是说，用户在不同网站之间通过链接跳转不会受影响。但假如这个请求是从 a. com 发起的对 b. com 的异步请求，或者页面跳转是通过表单的 POST 提交触发的，则 bar 也不会发送。

生成 Token 放到 Cookie 中，并且设置 Cookie 的 Samesite，Java 代码内容如下：

```
private void addTokenCookieAndHeader(HttpServletRequest httpRequest, HttpServletResponse httpResponse) {
        //生成 token
        String sToken = this. generateToken();
        //手动添加 Cookie 实现支持"Samesite = strict"
        //Cookie 添加双重验证
        String CookieSpec = String. format("% s = % s; Path = % s; HttpOnly; Samesite = Strict", this. determineCookieName(httpRequest), sToken, httpRequest. getRequestURI());
```

```
        httpResponse. addHeader("Set-Cookie", CookieSpec);
        httpResponse. setHeader(CSRF_TOKEN_NAME, token);
    }
```

如果 SamesiteCookie 被设置为 Strict，浏览器在任何跨域请求中都不会携带 Cookie，就算新标签重新打开也不携带，所以说 CSRF 攻击基本没有机会。但是，跳转子域名或者是重新打开一个新标签进入该网站，之前的 Cookie 都不会存在，尤其是需要登录的网站。对用户来讲，体验可能不会很好。

如果 SamesiteCookie 被设置为 Lax，那么其他网站通过页面跳转过来时，可以使用 Cookie 保障外域连接打开页面时用户的登录状态。但其安全性比较低。

还有一个问题就是 Samesite 的兼容性不是很好，现阶段除了 Chrome 和 Firefox 等主流浏览器支持之外，一些小众浏览器还未支持。

三、 SQL 注入攻击

SQL 注入是网络攻击中最常见的攻击方式，通过向服务器端发送恶意的 SQL 语句或 SQL 语句片段，注入服务器端的数据库查询逻辑中，改变原有的查询逻辑，从而可以轻松读取数据库内容，甚至是利用数据库内部功能或缺陷提升权限来获取服务器权限。

（一）SQL 注入的类型

SQL 注入的类型包括数字注入、字符串注入、UNION SELECT 注入，以下分别说明。

1. 数字注入

攻击者利用数字逻辑关系，构造恶意 SQL 语句注入数据库。例如，在浏览器地址栏输入"sample. com/sql/article. php？id=1"，这是一个 GET 型接口，发送这个请求相当于调用一个查询语句：

```
$ sql = "SELECT *  FROM article WHERE id =", $ id
```

正常情况下，应该返回一个 id=1 的文章信息。如果在浏览器地址栏输入"sample. com/sql/article. php？id=-1 OR 1 =1"，这就是一个 SQL 注入攻击，可能会返回所有文章的相关信息。这是因为" id = -1"是 false，"1 = 1"是 true，整个 Where 子语句是 ture，所以 Where 条件相当于未生效，那么查询的结果相当于整张表的内容。

2. 字符串注入

攻击者提交给服务器的字符串中，使用特殊字符构造恶意 SQL 语句来注入数据库。例如，有这样一个用户登录场景，登录界面包括用户名和密码输入框，以及提交按钮。

使用 POST 请求，登录时调用接口"sample.com /sql/login.html"，首先连接数据库，然后后台对 POST 请求参数中携带的用户名、密码进行参数校验，即 SQL 的查询过程。假设正确的用户名和密码为 user 和 pwd123，输入正确的用户名和密码后提交，相当于调用了以下的 SQL 语句：

```
SELECT *  FROM user WHERE username = 'user'  AND password = 'pwd123'
```

由于用户名和密码都是字符串，SQL 注入方法即把参数携带的数据变成 MySQL 中注释的字符串。MySQL 中有 2 种注释的方法。

（1）特殊字符"#"。"#"字符后面所有的字符串全部当成注释来处理。假如用户名输入"user#"（单引号用来闭合 user 左边的单引号），密码随意输入，如"111"。此时 SQL 语句变成如下内容：

```
SELECT *  FROM user WHERE username = 'user'#'AND password = '111'
```

忽略掉"#"及后面的注释，相当于如下内容：

```
SELECT *  FROM user WHERE username = 'user'
```

攻击者用这种方式，绕过了验证，直接拿到了返回的数据。

（2）特殊字符"-- "。"--"字符后面有一个空格。后续的字符串全部当成注释来处理。假如用户名输入"user'-- "（注意--后面有个空格，单引号闭合 user 左边的单引号），此时 SQL 语句变成如下内容：

```
SELECT *  FROM user WHERE username = 'user'-- 'AND password = '111'
```

忽略掉"-- "及后面的注释变或如下内容：

```
SELECT *  FROM user WHERE username = 'user'
```

攻击者用这种方式，绕过了验证，直接拿到了返回的数据。

3. UNION SELECT 注入

攻击者构造包含查询语句的恶意 SQL 语句，可以轻松读取数据库信息。例如，在浏览器地址栏输入"sample. com/sql/article. php？id＝1"，这是一个 GET 型接口，发送这个请求相当于调用一个查询语句：

```
$ sql = "SELECT *  FROM article WHERE id =", $ id
```

正常情况下，应该返回一个 id＝1 的文章信息。那么，如果在浏览器地址栏输入内容如下：

```
sample. com/sql/article. php? id＝1% 20and% 201＝2% 20union% 20select% 201,2,user(),version(),database(),6,7
```

此时，攻击者构造出的 SQL 语句内容如下：

```
SELECT *  FROM article WHERE id ＝1 and 1＝2 union select 1,2,user(),version(),database(),6,7
```

该查询语句在返回文章内容的同时也会返回用户信息、数据库信息等。

（二）防御 SQL 注入攻击

SQL 注入漏洞是软件中极其危险的漏洞，一旦被渗透，相当于整个后台数据库暴露在攻击者的面前，所以就应运而生了多种防御手段。对软件来说，最直接的方法就是使用数据库 ORM（Object Relational Mapping，对象关系映射）框架，Python、Java、Go 等编程语言都有众多的 ORM 框架。一款成熟的 ORM 框架，无须做额外的配置就能实现 SQL 注入防御。同时要注意，大部分 ORM 框架也提供了原生 SQL 语句的使用接口，若使用 ORM 的原生 SQL，而且没有做防御，同样有可能被 SQL 注入攻击。

四、单击劫持

单击劫持（Click Jacking）是一种视觉上的欺骗手段，攻击者往往使用透明的 iframe 覆盖在一个网页上，然后诱使用户在该页面上进行操作。调整 iframe 页面的位置，可以使伪造的页面恰好与 iframe 里受损页面里一些功能重合（按钮），通过一些内容（如游戏）误导使用者单击。虽然使用者单击的是其所看到的网页，但其单击的是另一个覆盖在原网页之上的透明页面。攻击者利用这种视觉欺骗的方式，以达到窃取用户信息或劫持用户操作的目的。Click Jacking 是仅次于 XSS 和 CSRF 的前端漏洞，由于其需要诱使用户交互，攻击成本较高，所以不被重视，但危害不容小觑。

测试一个网站是否存在单击劫持漏洞，只需要在本地创建一个 HTML 页面，使用 iframe 包含目标网页。内容如下：

```
<html>
<body>
<iframe src = "https://www. w3school. com. cn/html/html _ iframe. asp" width = "400"
height ="150"></iframe>
</body>
</html>
```

若 iframe 能加载并显示目标网页，则目标网页存在单击劫持风险。若目标网站拒绝请求，则不存在单击劫持风险，如图 13-2 所示。

对单击劫持的防御主要有 3 种方式。

图 13-2　拒绝 iframe 加载请求

（一）X-FRAME-OPTIONS 机制

在微软公司发布的新一代浏览器 Internet Explorer 8.0 中，首次提出全新的安全机制 X-FRAME-OPTIONS。该机制有两个选项，分别是 DENY 和 SAMEORIGIN。DENY 表示，任何网页都不能使用 iframe 载入该网页；SAMEORIGIN 表示，符合同源策略的网页，可以使用 iframe 载入该网页。如果浏览器使用了这个安全机制，当网站发现可疑行为时，会提示用户正在浏览网页存在安全隐患，并建议用户在新窗口中打开。这样攻击者就无法通过 iframe 隐藏目标的网页。

（二）使用 FrameBusting 代码

单击劫持攻击首先需要将目标网站载入恶意网站中，而使用 iframe 载入网页是最有效的方法。Web 安全研究人员针对 iframe 特性提出了 Frame Busting 代码，可以使用 JavaScript 脚本阻止恶意网站载入网页，当检测到网页被非法网页载入时，就执行自动跳转功能。FrameBusting 代码是一种能有效防御网站被攻击者恶意载入的方法，需要注意的是，如果用户浏览器禁用 JavaScript 脚本，那么 FrameBusting 代码也无法正常运行。所以，该类代码只能提供部分保障功能。

（三）使用认证码认证用户

单击劫持漏洞，通过伪造网站界面进行攻击，网站开发人员可以通过认证码识别用户，确认是用户发出的单击命令后，才执行相应操作。识别用户最有效的方法是认证码认证。例如，在网站上广泛存在的发帖认证码，要求用户输入图形中的字符，输入某些图形的特征等。

五、中间人攻击

中间人攻击（MITM，Man-in-the-middle Attack）是指攻击者与通信的两端，分别创建独立的联系，并交换其所收到的数据，使通信的两端认为相互之间正在通过一个私密的连接直接与对方对话。但事实上，整个会话都被攻击者完全控制。在中间人攻击中，攻击者可以拦截通信双方的通话并插入新的内容。例如，在一个未加密的 Wi-Fi 无线接入点可接受范围内，中间人攻击者可以作为一个中间人进入此网络；另外，网络运营商也可能因利益关系受到蛊惑，劫持 HTTP 未加密的内容，任意插入广告再传输给用户。

简单来说，攻击者就是介入通信的传话员，攻击者知道通信双方的所有通信内容，而且可以任意增加、删除、修改双方的通信内容，而通信双方对此毫不知情。

（一）防御中间人攻击

对访问互联网而言，无论是通过浏览器还是 App 客户端，一般都会使用 HTTPS 的方式通信，这是一种比较有效的加密方式。在这种通信过程中，客户端或操作系统都内置了权威 CA（Certification Authority）的根证书，而服务器在通信之初，会预先返回到 CA 获取签名证书，然后客户端再用根证书来验证证书的有效性，最后将已通过验证的证书所提供的公钥数据加密。值得一提的是权威的证书机构不会把签名信息泄露出去。

（二）CA 证书颁发机构

CA 证书颁发机构也称认证机构，是一家公司或者组织负责验证实体（如网站、公司、个人等）的身份，并发行加密的数字证书。认证机构的权威性来自行业和市场的认可，并得到主流浏览器的厂商的认可和支持。早年，中国铁路 12306 使用自己签名的证书，却不被主流浏览器认可，导致用户需要在首次访问时下载证书并安装，这是其实是一项危险的操作，攻击者可以利用这个机制把非法证书安装到用户设备上。现在 12306 已经采用 DigiCert 颁布的证书，访问中国铁路 12306 官网即可看到，如图 13-3 所示。

图 13-3　中国铁路 12306 官网 HTTPS 证书

目前比较权威的 CA 证书颁发机构有 DigiCert、GeoTrust、Sectigo、Globalsign、Thawte、TrustAsia、DNSPod、SecureSite、WoTrus 等。部分证书颁发机构的证书型号和对应的信息见表 13-1。值得说明的是，目前有一些非营利性认证机构提供免费的证书，如"Let's Encrypt"。免费证书都是单个域名的证书，由于没有严格的认证过程，所以无法做身份识别，即没有包含传统数字证书的所有功能。

单个域名：即只支持绑定 1 个域名，可以是二级域名"demo. com"，也可以是三级域名"example. demo. com"，均可以支持，但不支持二级域名下的所有子域名。域名级数最多可以支持 100 级。

多个域名：即单个证书可以绑定多个域名，最多可以支持域名数量以官网售卖为准。

泛域名：即支持绑定一个有且只有一个泛域名，泛域名只允许添加一个通配符。如"＊. demo. com""＊. example. demo. com"最多支持 100 级；"＊. ＊. demo. com"多个通配符的泛域名是不支持的。

表 13-1　　　　　　　　　　　　　证书品牌信息参考

证书品牌	支持域名	证书型号
TrustAsia	单个域名	域名型免费版（DV）SSL 证书
	单个域名	企业型（OV）SSL 证书
	单个域名	增强型（EV）SSL 证书
	多个域名	域名型（DV）SSL 证书
	多个域名	企业型（OV）SSL 证书
	多个域名	增强型（EV）SSL 证书
	泛域名	域名型（DV）通配符 SSL 证书
	泛域名	企业型（OV）通配符 SSL 证书
	通配符多域名	域名型（DV）通配符 SSL 证书
	通配符多域名	企业型（OV）通配符 SSL 证书
GlobalSign	单个域名	企业型（OV）SSL 证书
	单个域名	增强型（EV）SSL 证书
	多个域名	企业型（OV）SSL 证书
	多个域名	增强型（EV）SSL 证书
	泛域名	企业型（OV）通配符 SSL 证书
	通配符多域名	企业型（OV）通配符 SSL 证书
DNSPod〔国密标准（SM2）〕	单个域名	域名型（DV）SSL 证书
	单个域名	企业型（OV）SSL 证书
	单个域名	增强型（EV）SSL 证书
	多个域名	域名型（DV）SSL 证书
	多个域名	企业型（OV）SSL 证书
	多个域名	增强型（EV）SSL 证书
	泛域名	企业型（OV）SSL 证书
	泛域名	域名型（DV）SSL 证书

通配符多域名：即支持绑定多个泛域名，泛域名只允许添加一个通配符。例如，"＊.demo.com""＊.example.demo.com"最多支持 100 级，"＊.＊.demo.com"多个通配符的泛域名是不支持的。

（三）使用证书配置 HTTPS

申请并使用证书配置 Web 服务器的 HTTPS，需要两个前提条件：一是需要准备具有实际控制权的域名，二是需要有 Web 服务器的命令行访问权限。在实际使用时，可以根据所选择证书颁发机构的操作手册去配置。以下内容将通过"Let's Encrypt"的免费证书来演示配置过程。

打开 "Let's Encrypt" 的官网，然后根据官网提示，打开证书自动化配置工具 Certbot 的官网；再按照操作提示，选择 Web 容器软件和操作系统。如图 13-4 所示。

安装 Certbot，命令如下：

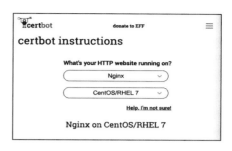

sudo snap install --classic certbot

图 13-4　选择 Web 容器软件和操作系统

配置软链接，命令如下：

sudo ln -s /snap/bin/certbot /usr/bin/certbot

申请证书，命令如下：

sudo certbot --nginx

此处 nginx 参数，会基于选择不同的 Web 容器软件的名称，出现相应的变动。

配置自动更新，命令如下：

sudo certbot renew --dry-run

全部配置完成后，在浏览器中访问目标域名，确认在 URL 的前面出现一把锁形状的图标，即表示 HTTPS 加密传输已生效。单击锁图标，浏览器弹出 "链接是安全的" 文字说明。

第二节　Django 框架的安全性

考核知识点及能力要求：

• 掌握 Django 框架安全性概念。

- 掌握 Dashboard 安全性开发的配置方法。
- 能够熟练使用 Django 的安全性进行 Dasboard 开发，提高网站安全性。

在 OpenStack 后端计费模块开发中，开发人员需要注意网站安全性，下面介绍几种 Django 框架中安全性设置。

一、防御跨站脚本攻击 XSS

Django 的 XSS 防御机制的核心思想是利用模板系统对特殊字符进行转义。这样做，表面上确实能避开大量的 XSS 攻击，但是这种机制不适用于富文本场景，并且完全依赖于模板系统。在现实的企业开发中，这种过于简单的机制非常难以满足需求。

发起 XSS 攻击的人可以向用户的浏览器进行脚本攻击。这种攻击通常由存储在数据库中的恶意脚本实现，这些脚本会被检索出来，并显示给其他用户；或者通过其他用户单击链接，攻击者的 JavaScript 脚本会攻击用户的浏览器。如果数据在加载到页面之前，未经过彻底的清理，那么 XSS 攻击可以来自任何不可信任的数据源，如 Cookies 或者 Web 服务器。

在当前流行的 MVC 框架中，视图层常用的技术是使用模板引擎对页面进行渲染，Django 正是如此。而模板引擎本身会提供一些编码方法，例如，在 Dashboard 开发中，如果后端想给前端传值，可以使用过滤器中的 escape 对变量中特殊字符进行转义，命令如下：

```
<td>{{ flavor_dict. vcpus |escape }}核</td>
```

Django 模板同时支持 auto-escape，这符合 Secure by Default 原则。Django 模板默认开启 auto-escape，也是如下代码能取得同样的效果。

```
<td>{{ flavor_dict. vcpus }}核</td>
```

当然，如果认为某部分内容绝对安全可靠，无须将特殊字符转义，或者有时希望 Django 不要对特殊字符转义，也可以关闭 auto-escape。

关闭的方法有两种。

第一种方法是使用 safe，命令如下：

```
<td>{{ flavor_dict. vcpus |safe }}核</td>
```

第二种方法是大面积关闭 auto-escape。如果感觉这些数据是安全的，就可以在 Dashboard 中这样设置，命令如下：

```
{% autoescape off % }
<tr>
        <td class = "bl">{{ project_dict. name }}</td>
        <td>{{ project_dict. projects }}</td>
        <td>{{ project_dict. date }}</td>
        <td>{{ project_dict. cost }}</td>
</tr>
{% endautoescape % }
```

除了 Django 默认开启 autoescape 对特殊字符进行 html 实体编码外，同时，过滤器中还提供了 Urlencode 函数针对 URL 地址进行编码。在 Dashboard 中，计费中心数据 a 标签中的 href 属性设置如下：

```
<a href = '{%  url 'horizon:ratingfunction:billing:cost_center'page = page_data. previous_
page_number  |urlencode % }'class = "page-link">上一页</a>
```

如果 url 的值为 https://www. example. org/foo？a = b&c = d"，那么转义后 URL 的值为 "https%3A//www. example. org/foo%3Fa%3Db%26c%3Dd"。

二、防御跨站请求伪造 CSRF

CSRF 攻击是一种常见的 Web 攻击方式，随着 Web 安全技术的发展，各类 Web 后端开发框架都内置了 CSRF 防御功能，Django 框架主要通过中间件的方式实现。

为更清晰地分析 CRSF 防御过程，可以不考虑 CsrfViewMiddleware 中间件与 Django 其他中间件之间的执行流程，只分析该中间件的运行机制。下面以用户提交表单为例进行过程分析。

（一）Django 用户正常访问过程分析

Django 开启了 CRSF 防御，页面表单嵌入 " {%csrf_token%}"，当用户首次打开表单页面（没有该网站的 Cookie 数据）时，向服务器发出 GET 请求。Django 在接收到请求之后，第一步分发到 CsrfViewMiddleware 中间件，执行 process_request 方法，此时获取 Cookie 信息为空，则进行 URL 匹配；第二步 URL 匹配后执行 process_view 方法，因请求方法是 GET，则直接执行视图函数；第三步视图函数根据 GET 请求方法，执行相应的 Render 函数渲染模板。系统检查到表单嵌入"｛% vcsrf_token%｝"且"request. META［"CSRF_COOKIE"］"为空，则执行 get_token 函数，生成一个新的 csrf_secret，csrf_secret 又利用_salt_cipher_secret 函数加密，返回值的同时把该值赋值给"request. META［"CSRF_COOKIE"］"和新生成的 csrfmiddlewarctoken input 标签；第四步模板渲染完之后会触发 process_response，通过_set_token 方法把"request. META［"CSRF_COOKIE"］"等一些其他 Cookie 信息存入用户 Cookie 中，并把渲染后的模板页面返回给用户浏览器。这时用户浏览器中就显示出表单页面，同时表单中含有 csrfmiddlewaretoken input 标签，Cookie 中包含 esrf_token 数据。至此，一次完整的用户 GET 请求结束。

用户填入表单数据，向浏览器发出 POST 请求。第一步执行 process_request 方法，通过_get_token 方法获取 Cookie 信息赋值给 request. META［"CSRF_COOKIE"］。经 URL 匹配后，第二步执行 process_view 方法，因请求为 POST，且 request. META［"CSRF_COOKIE"］不为空，则分别从 Cookice（request. META［"CSRF_COOKIE"］）和表单中 csrfmiddlewaretoken 字段中取值。经过算法计算，若结果相同，则进入第三步执行视图函数，即判断请求方法为 POST，执行相关的处理，第四步把"request. META［"CSRF_COOKIE"］"值等一些其他 Cookie 信息再次存入用户 Cookie 中（Cookie 的值不变，但 expire 信息会有变化），并把渲染后的模板页面返回给用户浏览器。至此，用户 POST 请求过程执行完毕。

（二）Django 防御 CSRF 攻击过程分析

攻击者在任意网站中设置相同的表单字段，利用已登录用户的 Cookie 状态信息（此时 Cookie 中有数据），向授信网站发出 POST 请求。当请求执行 CSRF 中间件的 process_view 方法时，因攻击请求的表单字段中不包含 csrfmiddlewaretoken 字段，则直接返回 403 错误页面。

发起 CSRF 攻击的人可以使用其他用户的证书执行操作，而且是在其不知情或不同意的情况下。

Django 内置保护措施来防御大多数 CSRF 攻击，需要在合适的地方授权并使用。但和多数缓解性技术一样，该措施是有局限性的。例如，可以全局禁用 CSRF 模块或者特定的视图。如果网页有脱离控制的子域，还将会有其他限制。

CSRF 保护机制通过检查每一个 POST 请求中的密文来实现。这保证恶意用户不能"复现"一个表单，并用 POST 提交到网页，并让一个已登录用户无意中提交该表单。恶意用户必须知道特定于用户的密文（使用 Cookie）。

在部署 HTTPS 时，CsrfViewliddleware 会检查 HTTP 报文的 referer 首部是否设置为同源的 URL（包括子域和端口）。因为 HTTPS 提供了额外的安全性，所有通过转发不安全连接请求，并在支持的浏览器中，使用 HSTS 来确保连接在可用的地方使用了 HTTPS。

（三）Dashboard 开发 CSRF 防御配置方法

Django 设计 CSRF 防御方法中，csrfimiddlewaretoken 字段的值是随机变化的，且采用了加密算法，攻击者很难模拟 csrfimiddlewarctoken 的值。为了用户更加安全，防止 Cookie 信息泄露，Django 的 Coakie 信息加密保存在 session 中。

Django 的 CSRF 中间件使用极为复杂，同步请求处理与异步请求处理的使用方法不一样，异步处理是根据是否使用 AngularJS，使用方法又有差异。而且 CSRF 防御如果要实现细粒度的控制，又要使用各种装饰器函数，下面看看具体用法。

采用同步请求处理的 Dashboard 项目中，要应用 CSRF 防护机制有以下两个步骤：

• 确保"django. middleware. csrf. CsrfViewMiddleware"中间件被激活。该中间件默认被激活，且注意该中间件应放在所有视图中间件之前，因为所有视图中间件都默认为 csrf 攻击已被处理。在 Dashboard 项目中，"openstack_dashboard/setting. py"中第 77 行的 MIDDLEWARE 中的"django. middleware. csrf. CsrfViewMiddleware"处于打开状态。

• 在 Dashboard 项目模板页面的每一个 POST 表单旁添加 csrf_token 标签，命令如下：

```
<form action = "" method = "post">{%  csrf_token % }
```

但一定要切记，若某表单的目标链接是第三方网站的链接，则不要在该表单旁使
用 csrf_token 标签，否则会造成 csrf_token 缺失。

三、防御 SQL 注入

SQL 注入能让恶意用户在数据库中执行任意 SQL 代码，这将导致记录被删除或泄
露。Django 的 querysets 在被参数化查询构建出来时，就被保护而免于 SQL 注入。查询
的 SQL 代码与查询的参数是分开定义的。参数可能来自用户，从而不安全，因此便由
底层数据库引擎进行转义。

在 Dashboard 开发中，防范 SQL 注入的方案有以下两种。

第一种，总是使用 Django 自带的数据库 API，会根据所使用的数据库服务器（如
PostSQL 或 MySQL）的转换规则，自动转义特殊的 SQL 参数。

第二种，在 cursor. execute( ) 的 SQL 语句中使用 "%s"，而不要在 SQL 内直接添加
参数。如果使用这项技术，数据库基础库将会自动添加引号，同时在必要情况下转义
参数。

Python 代码实现内容如下：

```python
from django. db import connection

def user_contacts(request):
    user = request. GET['username']
    sql = "SELECT *  FROM user_contacts WHERE username = % s"
    cursor = connection. cursor()
    cursor. execute(sql, [user])
```

四、防御单击劫持

单击劫持能让恶意网页覆盖另一个网页，可能会有毫不知情的用户被骗入目标网
页并执行意料之外的操作。

Django 包含单击劫持保护，在 Dashboard 项目开发中，确保 "django. middleware. click jacking. XFrameOptionsMiddleware" 中间件被激活。在 Dashboard 项目中，"openstack_dashboard/setting. py" 中的 MIDDLEWARE 中间件列表中添加了 "django. middleware. clickjacking. XFrameOptionsMiddleware"。

五、 HTTPS 传输加密

HTTPS（Hyper Text Transfer Protocol over SecureSocket Layer）在 HTTP 的基础上，通过传输加密和身份认证保证了传输过程的安全性。

在 Dashboard 项目开发中，设置的 SECURE_PROXY_SSL_HEADER 的方法时，打开 Dashboard 项目中 "openstack_dashboard/local/local_setting. py" 文件中进行配置，内容如下：

```
# Set SSL proxy settings:
# Pass this header from the proxy after terminating the SSL,
# and don't forget to strip it from the client's request.
# For more information see:
# https://docs. djangoproject. com/en/dev/ref/settings/#secure-proxy-ssl-header
SECURE_PROXY_SSL_HEADER = ('HTTP_X_FORWARDED_PROTO', 'https')


# If Horizon is being served through SSL, then uncomment the following two
# settings to better secure the cookies from security exploits
CSRF_COOKIE_SECURE = True
SESSION_COOKIE_SECURE = True
```

设置 "SECURE_SSL_REDIRECT" 为 True，这样 HTTP 的请求就会被重定向到 HTTPS。

如果浏览器使用默认的 HTTP 来实现初始连接，可能会导致已有的 Cookies 泄露。将 "CSRF_COOKIE_SECURE" 和 "CSRF_COOKIE_SECURE" 设置为 True，浏览器就会仅用 HTTPS 连接来发送 cookies。

HSTS（HTTP Strict Transport Security）是国际互联网工程组织 IETF 正在推行一种新的 Web 安全协议，网站采用 HSTS 后，用户访问时无须手动在地址栏中输入 HTTPS，浏览器会自动采用 HTTPS 访问网站地址，从而保证用户始终访问到网站的加密链接，保护数据传输安全。

思考题

1. 使用 HTTPS 就安全了吗？为什么？

2. 使用 ORM 框架后，可以不用再考虑 SQL 注入攻击了吗？为什么？

3. 查资料搜索 Django 框架的安全性配置有哪些？

4. 查资料搜索 Spring Security 的安全性配置有哪些？

5. 软件防火墙 Firewalld 和 iptables 有什么区别？为什么 CentOS 7 系统使用了 Firewalld 防火墙，但是 iptables 命令还能使用？

参考文献

［1］中华人民共和国人力资源和社会保障部，中华人民共和国工业和信息化部．云计算工程技术人员国家职业技术技能标准（2021年版）［S］．北京：中国劳动社会保障出版社，2021．

［2］沈建国，陈永．OpenStack云计算基础架构平台技术与应用［M］．北京：人民邮电出版社，2017．

［3］金永霞，孙宁，朱川．云计算实践教程［M］．北京：电子工业出版社，2016．

［4］何坤源．Linux KVM虚拟化架构实战指南［M］．北京：人民邮电出版社，2015．

［5］叶毓睿，雷迎春，李炫辉，等．软件定义存储：原理、实践与生态［M］．北京：机械工业出版社，2016．

［6］英特尔亚太研发有限公司．OpenStack设计与实现［M］．3版．北京：电子工业出版社，2020．

［7］奥马尔·海德希尔，坚登·杜塔·乔杜里．精通OpenStack［M］．山金孝，刘世民，肖力，译，北京：机械工业出版社，2019．

［8］董文娟，尚小冬，张军．OpenStack CI/CD：原理与实践［M］．北京：机械工业出版社，2018．

［9］黄索远．Django项目开发实战［M］．北京：清华大学出版社，2020．

［10］山金孝．OpenStack 高可用集群（下册）：部署与运维［M］．北京：机械工业出版社，2017.

［11］戢友．OpenStack 开源云王者归来：云计算、虚拟化、Nova、Swift、Quantum 与 Hadoop［M］．北京：清华大学出版社，2014.

［12］李宗标．深入理解 OpenStack Neutron［M］．北京：机械工业出版社，2017.

［13］陆平，赵培，左奇，等．Open Stack 系统架构设计实战［M］．北京：机械工业出版社，2016.

［14］余何．PaaS 实现与运维管理：基于 Mesos +Docker+ELK 的实战指南［M］．北京：电子工业出版社，2015.

［15］喻涛，田亮．深度实践 OpenStack：基于 Python 的 OpenStack 组件开发［M］．北京：机械工业出版社，2018.

［16］周志明．凤凰架构：构建可靠的大型分布式系统［M］．北京：机械工业出版社，2021.

［17］徐焱，李文轩，王东亚．Web 安全攻防：渗透测试实战指南［M］．北京：电子工业出版社，2018.

［18］FlappyPig 战队．CTF 特训营：技术详解、解题方法与竞赛技巧［M］．北京：机械工业出版社，2020.

［19］刘文懋，江国龙，浦明，等．云原生安全：攻防实践与体系构建［M］．北京：机械工业出版社，2021.

［20］龚正，吴治辉，闫健勇．Kubernetes 权威指南：从 Docker 到 Kubernetes 实践全接触［M］.5 版．北京：电子工业出版社，2021.

［21］吉吉·塞凡．精通 Kubernetes［M］．任瑾睿，胡久林，译．北京：人民邮电出版社，2020.

［22］张磊．深入剖析 Kubernetes［M］．北京：人民邮电出版社，2021.

［23］迈克尔·豪森布拉斯．Kubernetes 编程［M］．李凡希，任震宇，译．北京：中国电力出版社，2021.

［24］杨柳伟．Angular 企业级应用开发实战［M］．北京：电子工业出版社，2019.

［25］未来科技 . Bootstrap 实战从入门到精通 ［M］. 北京：中国水利水电出版社，2017.

［26］孙鑫 . Vue. js 3. 0 从入门到实战 ［M］. 北京：中国水利水电出版社，2021.

［27］阿里·勒纳 . Angular 权威教程 ［M］. Nice Angular 社区，译 . 北京：人民邮电出版社，2017.

［28］姜桥 . 微服务项目实战派——从 Spring Boot 到 Spring Cloud ［M］. 北京：电子工业出版社，2022.

［29］龙中华 . Spring Cloud 微服务架构实战派 ［M］. 北京：电子工业出版社，2020.

［30］廖显东 . Go Web 编程实战派——从入门到精通 ［M］. 北京：电子工业出版社，2021.

［31］朱荣鑫，黄迪璇，张天 . Go 语言高并发与微服务实战 ［M］. 北京：中国铁道出版社，2020.

［32］驻云科技，乔锐杰 . 阿里云运维架构实践秘籍 ［M］. 北京：机械工业出版社，2020.

［33］张磊，陈乐 . 云数据中心网络架构与技术 ［M］. 北京：人民邮电出版社，2019.

［34］阿里集团，阿里云智能事业群，云原生应用平台 . 阿里云云原生架构实践 ［M］. 北京：机械工业出版社，2021.

［35］朱利安·威汉特 . 云原生安全与 DevOps 保障 ［M］. 覃宇，译 . 北京：电子工业出版社，2020.

［36］林·巴斯，约翰·克莱恩 . 云原生 DevOps 指南 ［M］. 张海龙，杜万，王晓枫，译 . 武汉：华中科技大学出版社，2021.

［37］苗春雨 . 网络安全渗透测试 ［M］. 北京：电子工业出版社，2021.

［38］陈本峰，李雨航，高巍，等 . 零信任网络安全——软件定义边界 SDP 技术架构指南 ［M］. 北京：电子工业出版社，2021.

［39］张振峰 . 云上合规：深信服云安全服务平台等级保护 2. 0 合规能力技术指南

［M］. 北京：电子工业出版社，2020.

［40］陈驰 . 云存储安全实践［M］. 北京：电子工业出版社，2020.

［41］周凯 . 云安全：安全即服务［M］. 北京：机械工业出版社，2020.

［42］王绍斌 . 云计算安全实践——从入门到精通［M］. 北京：电子工业出版社，2021.

［43］李文强 . Docker+Kubernetes 应用开发与快速上云［M］. 北京：机械工业出版社，2020.

［44］齐曙光，顾鹏，李玉昇，等 . 数据中心基础设施测试技术［M］. 北京：清华大学出版社，2020.

［45］钟景华 . 新基建：数据中心规划与设计［M］. 北京：电子工业出版社，2021.

［46］王薇薇，陈德全，骆奎 . 数据中心设计运维标准、规范解读与案例［M］. 北京：机械工业出版社，2020.

后记

过去十年是云计算突飞猛进的十年，全球云计算市场规模增长数倍，我国云计算市场从最初的十几亿增长到现在的千亿规模，各国政府纷纷推出"云优先"策略，我国云计算政策环境日趋完善，云计算技术不断发展成熟，云计算应用从互联网行业向政务、金融、工业、医疗等传统行业加速渗透。未来，云计算仍将迎来下一个黄金十年，进入普惠发展期。

工业和信息化部《云计算发展三年行动计划（2017—2019年）》指出，我国将以推动制造强国和网络强国战略实施为主要目标，以加快重点行业领域应用为着力点，以增强创新发展能力为主攻方向，夯实产业基础，优化发展环境，完善产业生态，健全标准体系，强化安全保障，推动我国云计算产业向高端化、国际化方向发展，全面提升我国云计算产业实力和信息化应用水平。

相关云计算发展调查报告显示，95%的企业认为使用云计算可以降低企业的IT成本，其中超过10%的用户成本节省在一半以上。另外，4%以上的企业表示使用云计算提升了IT运行效率，IT运维工作量减少和安全性提升的占比分别为25.8%和24.2%。可见，云计算将成为企业数字化转型的关键要素。

我国的云计算产业正处于全面高速发展的阶段，需要大量的专业人才为产业提供支撑。以《人力资源社会保障部办公厅　市场监管总局办公厅　统计局办公室关于发布人工智能工程技术人员等职业信息的通知》（人社厅发〔2019〕48号）为依据，在充分考虑科技进步、社会经济发展和产业结构变化对云计算工程技术人员专业要求的基础上，以客观反映云计算技术发展水平及其对从业人员的专业能力要求为目标，根据《云计算工程技术人员国家职业技术技能标准（2021 年版）》（以下简称《标准》）对云计算工程技术人员职业功能、工作内容、专业能力要求和相关知识要求的描述，人力资源社会保障部专业技术人员管理司联合工业和信息化部教育与考试中心，组织有关专家开展了云计算工程技术人员培训教程（以下简称教程）的编写工作，用于全国专业技术人员新职业培训。

云计算工程技术人员是从事云计算技术研究，云系统构建、部署、运维，云资源管理、应用和服务的工程技术人员。其共分为三个专业技术等级，分别为初级、中级、高级。其中，初级、中级各分为两个职业方向：云计算运维、云计算开发；高级不分职业方向。

与此相对应，教程也分为初级、中级、高级，分别对应其专业能力考核要求。初级、中级教程分别有两本，对应初级、中级的云计算运维、云计算开发两个职业方向，高级教程不分职业方向。同时，为适应读者进行理论学习的需求，本系列教程单独设置《云计算工程技术人员——云计算基础知识》，内容涵盖了《标准》中职业道德基本知识和法律法规知识要求、基础理论知识要求，以及初级、中级、高级的技术基础知识，可方便读者进行理论考试备考。

在使用本系列教程开展培训时，应当结合培训目标与受众人员的实际水平和专业方向，选用合适的教程。在云计算工程技术人员培训中涉及的基础知识是初级、中级、高级工程技术人员都需要掌握的；初级、中级云计算工程技术人员培训中，可以根据培训目标与受众人员实际，选用云计算运维、云计算开发两个职业方向培训教程的一至两本。培训考核合格后，获得相应证书。

初级教程包含《云计算工程技术人员（初级）——云计算运维》和《云计算工程技术人员（初级）——云计算开发》共两本。《云计算工程技术人员（初级）——云计算运维》一书内容对应《标准》中云计算初级工程技术人员云计算运维方向应该具备的专业能力要求；《云计算工程技术人员（初级）——云计算开发》一书内容对应《标准》中云计算初级工程技术人员云计算开发职业方向应该具备的专业能力要求。

本教程适用于大学专科学历（或高等职业学校毕业）以上，具有较强的学习能力、计算能力、表达能力及分析、推理和判断能力，参加全国专业技术人员新职业培训的人员。

云计算工程技术人员需按照《标准》的职业要求参加有关课程培训，完成规定学时，取得学时证明。初级 128 标准学时，中级 160 标准学时，高级 192 标准学时。

本教程编写过程中，得到了人力资源社会保障部、工业和信息化部相关部门的正确领导，得到了一些大学、科研院所、行业龙头企业的专家学者的大力帮助和指导，同时参考了多方面的文献，吸取了许多专家学者以及行业优秀企业的研究成果，在此表示由衷感谢。

由于编者水平、经验与时间所限，本书的不足与疏漏之处在所难免，恳请广大读者批评与指正。

本书编委会